激 光 原 理

（第二版）

陈钰清
王静环　编著

ZHEJIANG UNIVERSITY PRESS
浙江大学出版社

图书在版编目(CIP)数据

激光原理 / 陈钰清,王静环编著. 2 版 —杭州:浙江大学出
版社,1992.5(2020.8 重印)
ISBN 978-7-308-00728-3

Ⅰ.①激… Ⅱ.①陈…②王… Ⅲ.①激光—理论 Ⅳ.TN24

中国版本图书馆 CIP 数据核字(2001)第 089023 号

激 光 原 理(第二版)

陈钰清　　王静环　编著

责任编辑	杜希武
封面设计	刘依群
出版发行	浙江大学出版社
	(杭州天目山路 148 号　邮政编码 310007)
	(网址:http://www.zjupress.com)
排　版	杭州中大图文设计有限公司
印　刷	杭州良诸印刷有限公司
开　本	787mm×1092mm　1/16
印　张	15.25
字　数	371 千
版 印 次	2010 年 7 月第 2 版　2020 年 8 月第 17 次印刷
书　号	ISBN 978-7-308-00728-3
定　价	39.00 元

目　　录

第一章　激光的物理基础 ·· (1)

第一节　光的电磁波理论 ·· (1)

第二节　光波的模式和光子的量子状态 ······················· (3)

第三节　光的相干性和相干体积 ······························· (7)

第四节　光子简并度 ··· (10)

第五节　黑体辐射 ··· (11)

第六节　光的自发辐射、受激吸收和受激辐射 ············· (13)

第七节　激光的产生 ··· (18)

第八节　激光器和激光的特性 ··································· (22)

习　　题 ··· (29)

第二章　光学谐振腔 ··· (31)

第一节　光学谐振腔的构成和作用 ····························· (31)

第二节　光学谐振腔的模式 ······································· (33)

第三节　光学谐振腔的损耗，Q 值及线宽 ····················· (39)

第四节　光学谐振腔的几何光学分析 ·························· (42)

第五节　光学谐振腔的衍射理论分析 ·························· (51)

第六节　平行平面腔的 Fox—Li 数值迭代法 ················· (55)

第七节　稳定球面镜共焦腔 ······································· (61)

第八节　一般稳定球面镜腔及等价共焦腔 ···················· (74)

第九节　非稳定谐振腔 ··· (81)

第十节　选模技术 ··· (89)

习　　题 ··· (95)

第三章　高斯光束 ··· (101)

第一节　高斯光束的基本性质 ··································· (101)

第二节　高斯光束的传输 ··· (108)

第三节　高斯光束通过薄透镜的变换 ························· (111)

第四节　高斯光束的聚焦 ··· (115)

第五节　高斯光束的自再现变换和 ABCD 定律在光学谐振腔中的应用 ·········· (118)

第六节　高斯光束的匹配 ··· (120)

第七节　高斯光束的准直 ……………………………………………… (122)
习　题 ………………………………………………………………… (125)

第四章　光场与物质间的相互作用 …………………………………… (128)
第一节　光场与物质相互作用的经典理论 …………………………… (128)
第二节　光谱线加宽 …………………………………………………… (136)
第三节　光场与物质相互作用的速率方程描述 ……………………… (150)
习　题 ………………………………………………………………… (154)

第五章　激光放大与振荡原理 ………………………………………… (156)
第一节　激光泵浦和集居数密度反转 ………………………………… (156)
第二节　激活介质的稳态增益放大 …………………………………… (160)
第三节　激光器振荡原理 ……………………………………………… (172)
习　题 ………………………………………………………………… (193)

第六章　激光过程动力学 ……………………………………………… (197)
第一节　激光振荡的建立 ……………………………………………… (197)
第二节　激光尖峰和弛豫振荡 ………………………………………… (203)
第三节　激光器调 Q 原理 ……………………………………………… (209)
第四节　激光器锁模 …………………………………………………… (216)
第五节　激光器半经典理论概述 ……………………………………… (223)
习　题 ………………………………………………………………… (234)

常用激光及原子常数表 ………………………………………………… (236)

参考文献 ………………………………………………………………… (237)

第一章　激光的物理基础

本章概述有关激光的物理基础知识。先回顾波动光学的基本理论和有关的数学表述式,然后重点讨论光的相干性和光波模式的关系,光的受激辐射以及光的放大和振荡的基本概念,激光器的基本原理和构成,激光辐射的特点。

第一节　光的电磁波理论

在物理学中,对光辐射场的性质存在两种不同的描述方法:一种是从波动观点出发把光辐射场看作是各种不同频率的电磁场的集合;另一种则从粒子的观点出发,把光辐射场看作是数目不固定的光子。两种观点都得到相同的结果,这说明光具有波动和粒子相统一的二重性,即所谓波粒二像性。

一、波动方程

波动理论认为,光是一定频率范围内的电磁波,其运动规律可用麦克斯韦方程组来描述。在有介质存在的普遍情况下,麦克斯韦方程组的微分形式为:

$$\bigtriangledown \times \vec{E} = -\frac{\partial \vec{B}}{\partial t} \tag{1-1-1}$$

$$\bigtriangledown \cdot \vec{D} = \rho \tag{1-1-2}$$

$$\bigtriangledown \times \vec{H} = -\frac{\partial \vec{D}}{\partial t} + \vec{J} \tag{1-1-3}$$

$$\bigtriangledown \cdot \vec{B} = 0 \tag{1-1-4}$$

该方程组对于物理性质连续的空间各点都成立。式中 $\vec{E}$ 和 $\vec{H}$ 分别为电场和磁场强度矢量,$\vec{D}$ 为电感应强度矢量,$\vec{B}$ 为磁感应强度矢量,ρ 为自由荷密度,$\vec{J}$ 为自由电荷的电流密度。以上各量一般均是时间和空间坐标的函数。在已知电荷和电流分布的情况下,从麦克斯韦方程组还得不到场的唯一确定解,还必须由物质方程给予补充。物质方程是介质在电磁场的作用下发生传导、极化和磁化现象的数学表达式。电磁场($\vec{E}$、$\vec{H}$)可以在介质中感生电和磁的偶极子,从宏观来说,可以导致电的极化 $\vec{P}$ 或者磁的极化 $\vec{M}$,从而可得到下列物质方程:

$$\vec{D} = \varepsilon_0 \vec{E} + \vec{P} \tag{1-1-5}$$

$$\vec{B} = \mu_0 (\vec{H} + \vec{M}) \tag{1-1-6}$$

$$\vec{J} = \sigma \vec{E} \tag{1-1-7}$$

式中:σ 为电导率;ε_0 为真空中的介电常数;μ_0 为真空中的磁导率。

在线性极化近似下 $\vec{P} = \chi \varepsilon_0 \vec{E}$ (1-1-8)

式中 χ 为介质的线性极化系数。

考虑到物质方程,则麦克斯韦方程(1-1-1)式和(1-1-3)式可写为

$$\nabla \times \vec{E} = -\frac{\partial}{\partial t} \mu_0 (\vec{H} + \vec{M})$$ (1-1-9)

$$\nabla \times \vec{H} = \sigma \vec{E} + \frac{\partial}{\partial t} (\varepsilon_0 \vec{E} + \vec{P})$$ (1-1-10)

在非磁性各向同性均匀介质中,$\vec{M} = 0$,从麦克斯韦方程组导出对光现象起主要作用的电场强度所满足的波动方程。

对(1-1-9)式两边取旋度(即 $\nabla \times$)之后,得到

$$-\mu_0 \frac{\partial}{\partial t} (\nabla \times \vec{H}) = \nabla \times \nabla \times \vec{E}$$ (1-1-11)

利用矢量关系

$$\nabla \times \nabla \times \vec{E} = \nabla (\nabla \cdot \vec{E}) - \nabla^2 \vec{E}$$ (1-1-12)

将(1-1-10)式和(1-1-12)式代入(1-1-11)式,可得

$$\nabla^2 \vec{E} - \nabla (\nabla \cdot \vec{E}) = \mu_0 \sigma \frac{\partial \vec{E}}{\partial t} + \mu_0 \varepsilon_0 \frac{\partial^2 \vec{E}}{\partial t^2} + \mu_0 \frac{\partial^2 \vec{P}}{\partial t^2}$$ (1-1-13)

如果所考虑的是均匀各向同性介质,电磁波是在不包含电荷的非导体介质中传输,则可以认为其中的电导率 $\sigma = 0$,因而 $\vec{J} = \sigma \vec{E} = 0$,以及电荷密度 $\rho = 0$,因而 $\nabla \vec{E} = 0$,并利用 $C^2 = \frac{1}{(\varepsilon_0 \mu_0)}$ 则可得到光在非磁性的、各向同性的极化介质中传输的波动方程式:

$$\nabla^2 \vec{E} - \frac{1}{C^2} \frac{\partial^2 \vec{E}}{\partial t^2} = \frac{1}{\varepsilon_0 C^2} \frac{\partial^2 \vec{P}}{\partial t^2}$$ (1-1-14)

这是一个二阶微分方程,式中 $\vec{E}$(V/cm)为光波的电场强度;$\vec{P}$(A·s/cm^2)为介质的电极化程度;C 为真空中的光速。

(1-1-14)式是线性光学的基本方程,它描述了各向同性均匀介质中的所有光学现象,如几何光学现象,衍射、干涉和金属光学现象等。但是不能描述光波在等离子体,磁化介质和双折射晶体中的传输。

二、赫姆霍兹方程

在真空中 $\vec{P} = 0$,波动方程(1-1-14)式的特解是在 z 方向传输的单色平面波,如

$$\vec{E} = \vec{E}_0 \cos(\omega t \pm \vec{k} z + \varphi)$$ (1-1-15)

式中:$\vec{k}$ 表示传输方向上的波矢量;$k = \omega/c = 2/\pi\lambda$ 为波矢大小;$\omega = 2\pi\nu$ 为圆频率;λ 又是真空波长;φ 为初相。

除用实数 E 表示电场强度外,激光中也常用复数。复数场强可表示成

$$\vec{u} = \vec{u}_0 \cdot e^{iwt}$$ (1-1-16)

众所周知,只有它的实部才表示实际的场强,而共轭复数场强 $\vec{u}$、u^* 之和的 1/2 则为实际的场强,即

$$\vec{E} = \frac{1}{2} (\vec{u} + \vec{u}^*)$$ (1-1-17)

介质的极化强度也可用复数表示：

$$\vec{P}=\frac{1}{2}(\vec{\mathscr{T}}+\vec{\mathscr{T}}^{*}) \tag{1-1-18}$$

式中带"*"量为共轭量；

$$\vec{\mathscr{T}}=\varepsilon_0\chi\vec{u}\,;$$

$$\vec{\mathscr{T}}=\varepsilon_0\chi\vec{u_0}\,。$$

在各向同性的均匀介质中，极化系数在时间和空间上都是常数。利用(1-1-17)式和(1-1-18)式，可以将光波在极化介质中传输的波动方程(1-1-14)式写成复数形式；

$$\Delta\vec{u}-\frac{1}{c^2}(1+\chi)\frac{\partial^2\vec{u}}{\partial t^2}=0 \tag{1-1-19}$$

在稳态情况下，利用(1-1-16 式)将波动方程(1-1-19)式化简为

$$\Delta\vec{u_0}+\vec{\eta}^2k^2\vec{u_0}=0$$

式中$\vec{\eta}$是介质的复数折射率，$\vec{\eta}=\sqrt{1+\chi}$这个方程的特解只有在某些特殊情况下才是可能的，在大多数情况下只是近似，作为一次简化，辐射场的矢量特性可忽略，这样波动方程式就可过渡到赫姆霍茨方程。在标量场假设下(1-1-20)式可成为

$$\Delta u_0+\vec{\eta}^2k^2u_0=0 \tag{1-1-21}$$

在真空中$\vec{\eta}=1$，于是有

$$\Delta u_0+k^2u_0=0 \tag{1-1-22}$$

(1-1-21)式和(1-1-22)式都称为赫姆霍茨方程。这个方程与波动方程是等价的。对于空间变数与时间变数可分离的波函数，其空间部分应满足这个方程。在第三章将从这个方程出发，导出各种形式高斯光束的表达式。

第二节　光波的模式和光子的量子状态

一、光子的基本性质

按照光的量子理论，光是一种以光速 C 运动的光子所组成的，并同其他的基本粒子(电子、质子、中子等)一样，具有一定的能量、动量和质量等。此外，组成实际光辐射的大量光子的集合，应遵循一定的统计规律性，这些规律性可用量子统计学的理论加以描述。

光子的基本性质可归纳如下：

1. 光子的能量 ε 与光波频率 ν 对应，即

$$\varepsilon=h\nu \tag{1-2-1}$$

式中 h 为普朗克常数。

2. 光子具有运动质量 m，可表示为

$$m=\frac{\varepsilon}{c^2}=\frac{h\nu}{c^2} \tag{1-2-2}$$

光子的静止质量为零。

3. 光子的动量 $\vec{P}$ 与单色平面光波的波矢 $\vec{k}$ 对应：

$$\vec{P} = mc\vec{n_0} = \frac{h\nu}{c}\vec{n_0} = \frac{h}{2\pi}\frac{2\pi}{\lambda}\vec{n_0} = \hbar\vec{k} \qquad (1\text{-}2\text{-}3)$$

式中 $\hbar = \dfrac{h}{2\pi}$; $\vec{k} = \dfrac{2\pi}{\lambda}\vec{n}$; $\vec{n_0}$ 为光子运动方向(平面波的传播方向)上的单位矢量。

4. 光子具有两种可能的独立偏振状态,对应于光波场的两个独立偏振方向。

5. 光子具有自旋,并且自旋量子数为整数,故光子的集合服从量子统计学中的玻色——爱因斯坦统计规律。

由以上的叙述可见,光子作为物质的基本单元的一种形式,它的粒子属性(动量、能量、质量等)与波动属性(频率、波矢、偏振等)是密切联系在一起的,这种内在的联系,只有在量子电动力学的理论基础上,才能从理论上把光的电磁(波动)理论和光子(微粒)理论在电磁场的量子化描述基础上统一起来,从而在理论上阐明了光的波粒二像性。因此,描写光的运动有两种方式,一种是从波动观点出发,另一种是从光子的观点出发。

二、光波的模式和光子的量子状态

在激光理论中,光波模式是一个重要概念。我们先从光的波动理论讨论,就是光的运动服从经典电磁理论的麦克斯韦方程组。对于在给定空间内任一点处光(电磁场)的运动情况,在初始条件和边界条件确定后,原则上就可求解麦克斯韦方程组,一般可得到很多解,而且这些解的任何一种线性组合都可满足麦克斯韦方程,每一个特解,代表一种电磁场(光)的分布,即代表电磁场(光)的一种本征振动状态。我们把每一个能代表场振动的分布叫做电磁场(光)的一种模式(或称一种波型),场的不同本征振动状态表示为不同的模式。对于封闭的体积,这种模式,实际上就是存在于该体积内的各种不同频率的驻波。

在光频区,一种光的模式表示麦克斯韦方程组的一个特解,代表具有一定偏振、一定传播方向、一定频率和一定寿命的光波。因此,可以得到在给定体积内,所可能存在的光模式的数目 g。

现在讨论光在如图 1-2-1 所示的体积为 V 的各向同性介质中运动时,可能存在的模式数目。我们分下列三种情况讨论:

1. 在偏振和频率都是一定的情况下,因传播方向不同,可能存在的模式数目。由物理光学可知,各种模式的光在传播方向上的区别由它们的衍射来决定。假设光波是平面波,任何两个模式的光束在方向上必须至少相差一个平面波的衍射角,才能分辨开来。对应于从尺度为 d 的光源发出的波长为 λ 的光,因衍射限制,在 R 处所张的立体角为

$$d\Omega = \left(\frac{\lambda}{2d}\cdot R\right)^2 \pi / R^2 \approx \left(\frac{\lambda}{d}\right)^2 \qquad (1\text{-}2\text{-}4)$$

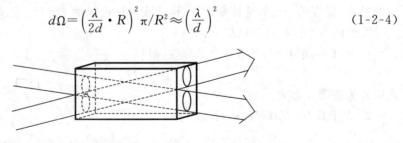

图 1-2-1　体积为 V 的各向同性介质中可能存在的模式数

若取衍射孔的大小为单位面积,则 $d\Omega = \lambda^2$ 因此在整个空间 4π 立体角内,在单位体积中可

以分辨出的模式数为

$$\frac{4\pi}{d\Omega} = \frac{4\pi}{\lambda^2} \tag{1-2-5}$$

2. 在传播方向和偏振都一定时,因频率的不同,在 $\nu + \Delta\nu$ 内,可能存在的模式数。一个寿命 Δt 的光波波列。如图 1-2-2 所示,由测不准定理可决定光谱宽度

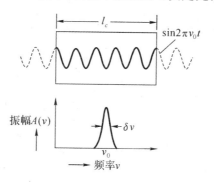

图 1-2-2 光波列及其频宽

$$\delta\nu \approx 1/\Delta t \tag{1-2-6}$$

这里 $\Delta t = l_c/c$,c 是光速,l_c 是光波波列的长度,所以,$\delta\nu \approx c/l$。两个光波的频率之差大于 $\delta\nu$ 时,才能在测量中分辨出来。这样,在 ν 到 $\nu + \Delta\nu$ 频率间隔内的光,可能有

$$\frac{\Delta\nu}{\delta\nu} = \frac{l_c \Delta\nu}{c} \tag{1-2-7}$$

个模式。若光波的波列长度为单位长度,则上式为

$$\frac{\Delta\nu}{\delta\nu} = \frac{\Delta\nu}{c} \tag{1-2|8}$$

3. 偏振态不同而可能存在的模式数。具有任意偏振状态的单色平面波,都可以分解为两个振动方向互相垂直的,且彼此有一定相位关系的线偏振光,所以互相垂直的两个线偏振状态是描写光偏振特性的两个独立的偏振状态。这样,光具有两种独立的偏振状态。而对于给定的传播方向和频率的光,只可能有两种不同的模式。

综上所述,我们得到在单位体积中,在 $\nu + \Delta\nu$ 频率间隔内,因传播方向,频率以及偏振状态的不同,所可能存在的光模式数为

$$\frac{g}{V} = \frac{4\pi}{\lambda^2} \frac{\Delta\nu}{c} \times 2 \tag{1-2-9}$$

由此可得,在体积 V 内,在频率 ν 到 $\nu + \Delta\nu$ 间隔内,光的模式数为

$$g = \frac{8\pi\nu^2}{c^3} \Delta\nu V \tag{1-2-10}$$

对于光波段,g 是一个很大的数目。例如 $V = 1$ 厘米^3,$\nu = 10^{14}$ 赫兹,$\Delta\nu \approx 10^{10}$ 赫兹,则 g 为 10^8。这就是说,在光波段,通常有大量的模式的光同时存在。以后我们还将提到,只有在激光器中才能得到一个或少数几个模式的光,所以强度很大,其余的上亿个模式的光非常弱,要小十几个数量级。

在激光理论中,模式的概念是重要的。现在再从粒子观点阐明光子状态的概念,并将证明,光子态和光波模是等效的概念。根据光子统计理论,光子的运动状态,不能用相空间

中的一点来代表。因为光子的动量与坐标之间存在海森堡测不准关系

$$\left.\begin{array}{l} \Delta P_x \Delta x \geqslant h \\ \Delta P_y \Delta y \geqslant h \\ \Delta P_z \Delta z \geqslant h \end{array}\right\} \qquad (1\text{-}2\text{-}11)$$

这表示,如果光子坐标 x 测量值越准确,则动量 P_x 的测量值就越不准确。所以只能在相空间划出面积元 $\Delta P_x \Delta x = h$,$\Delta P \Delta y = h$,$\Delta P_z \Delta z = h$,来确定光子的一种状态。凡满足条件

$$\Delta P_x \Delta x \leqslant h$$
$$\Delta P_y \Delta y \leqslant h$$
$$\Delta P_z \Delta z \leqslant h$$

即在相空间面积元 h 内的各点,物理上是不能分开的,因而属于同一状态。这样,在六维相空间 (x,y,z,P_x,P_y,P_z) 内,光子的一种状态所对应的相空间体积元为

$$\Delta x \Delta y \Delta z \Delta P_x \Delta P_y \Delta P_z \leqslant h^3 \qquad (1\text{-}2\text{-}12)$$

上述相空间体积元称为相格。相格是相空间中用任何实验所能分辨的最小尺度。光子的某一运动状态只能定域在一个相格中,但不能确定它在相格内部的对应位置。

光子在以动量 P_x,P_y,P_z 组成的动量空间内,它的一种运动状态占据动量空间的体积元

$$\delta p = \Delta P_x \cdot \Delta P_y \cdot \Delta P_z$$

由(1-2-12)式得

$$\delta p = \frac{h^3}{\Delta x \Delta y \Delta z} = \frac{h^3}{V}$$

上式中的 $V = \Delta x \Delta y \Delta z$ 是光子运动的体积。

现在我们讨论,在 $\nu + \Delta \nu$ 频率间隔内,因光子的动量不同,所可能存在的状态数。这相当于求出光子在动量空间中一个半径为 $P = h\nu/c$,厚度为 $\mathrm{d}p = h\Delta\nu/c$ 的球壳内,可能有的光子状态数为 $4\pi p^2 \mathrm{d}p$,如图 1-2-3 所示。再考虑光子只可能存在两种不同的偏振状态,所以在体积 V 内,ν 到 $\nu + \Delta \nu$ 频率间隔内,因能量、动量及偏振状态的不同,并根据(1-2-3)式和(1-2-13)式。所有可能的光子状态数为

$$g = \frac{4\pi p^2 \mathrm{d}p}{\delta p} \times 2 = \frac{4\pi \nu^2 \Delta\nu}{c^3} V \times 2 = \frac{8\pi \nu^2 \Delta\nu}{c^3} V \qquad (1\text{-}2\text{-}14)$$

此式与(1-2-10)式的结果相一致。这表明从波动的观点得到光的模式数,与从光子的观点得到光子的量子状态数是相同的。

下面对光的模式和量子状态的概念再从物理学上作进一步讨论。

(1)由量子电动力学知道,某一种模式的光能量是量子化的,即它的能量可以表示 $h\nu$ 的整数倍。同样,该模式光的动量也可表示为 $(h\nu/c)\vec{n}_0 = \hbar\vec{k}$ 的整数倍,$\vec{k}$ 为波矢量。这种能量为 $h\nu$ 的物质单元,是属于该模式光的光子。

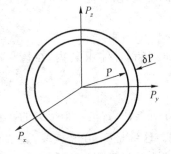

图 1-2-3　球壳内的光子状态数

如果不考虑偏振状态,具有相同能量和动量的光子在运动状态上是不可区分的,所以都属于同一种模式的光,它们都处于同一个模式内,由于光子是波色子,一种模式内的光子数目

是没有限制的。

（2）光的模式和光子的量子状态，两者在概念上是等效的。根据前面的讨论，在给定的体积内，可能存在的光的模式数目等于光子的运动状态数目，所以，一种光的模式对应于光子的一种量子状态，在相空间中由一个相格描写，相格的体积为 h^3。同样，一种光的模式在相空间中也占有一个相格。现在我们考虑在空间 $\Delta x \Delta y \Delta z$ 体积内驻波形式的光模式，驻波可以看作为由两列沿相反方向传播的行波组成。因此，一个光波模在相空间 P_x，P_y 和 P_z 轴方向所占的线度为

$$\left.\begin{array}{l}\Delta P_x = 2\hbar\Delta k_x \\ \Delta P_y = 2\hbar\Delta k_y \\ \Delta P_z = 2\hbar\Delta k_z\end{array}\right\} \tag{1-2-15}$$

则沿三个坐标轴方向传播的波分别应满足驻波条件：

$$\Delta x = m\frac{\lambda}{2}, \Delta y = n\frac{\lambda}{2}, \Delta z = q\frac{\lambda}{2} \tag{1-2-16}$$

式 m, n, q 为正整数，而波矢 $\vec{k}$ 的三个分量应满足下列条件

$$\begin{cases} k_x = \dfrac{\pi}{\Delta x}m, \\[2mm] k_x = \dfrac{\pi}{\Delta y}n, \\[2mm] k_x = \dfrac{\pi}{\Delta z}q, \end{cases} \tag{1-2-17}$$

每一组 m, n, q 对应于腔内的一种模式（包括两种偏振态）。

如果在以 k_x、k_y、k_z 为轴的直角坐标系中，即在波矢空间中表示光波模，则每个模对应波矢空间的一点，如图 1-2-4 所示。每一个模式在三个坐标轴方向与相邻模的间隔为

$$\Delta P_x \Delta P_y \Delta P_z \Delta x \Delta y \Delta z = h^3 \tag{1-2-18}$$

可见，一种光的模式在相空间占据一个相格的体积，而光子的一种运动状态在相空间内也占有一个相格 h^3，所以光的模式和光子的量子状态在概念上是等价的属于一种模式的各个光子都具有相同的量子状态；一种光的模式对应着一种光子的量子状态，反之亦然；模式即代表可以相互区分的光子的量子状态。

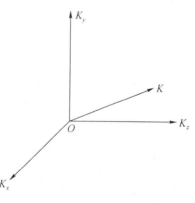

图 1-2-4　波矢空间

从量子电动力学观点，电磁场（光波）的本征状态或模式与光子的量子状态是完全一致的物理概念。事实上，量子化后，它们代表着电磁场不同量子状态。

第三节　光的相干性和相干体积

为了进一步把光子的量子状态和光子的相干性两个概念联系起来，下面介绍光源的相干性。

在一般情况下,光的相干性理解为:在不同的时刻光波场的某些特性(例如光波场的相位)的相关性。在相干性的经典理论中引入光场的相干函数作为相干性的度量。但是,作为相干性的一种粗略描述,常常使用相干体积的概念。如果在空间体积 V_c 内各点的光波场都具有明显的相干性,即在这个体积内任意两点的相干度都接近于1,则 V_c 称为相干体积。相干体积的概念,可根据简单的几何关系定义为

$$V_c = A_c L_c \qquad\qquad (1-3-1)$$

式中:A_c 为垂直于光传播方向截面上的相干面积,L_c 为沿传播方向的相干长度,故(1-3-1)式又可写为

$$V_c = A_c \tau_c c \qquad\qquad (1-3-2)$$

式中:c 为光速,$\tau_c = L_c/c$ 是沿传播方向通过相干长度 L_c 所需要的时间,称为相干时间。

普通光源发光,是大量独立振子(例如发光原子)的自发辐射,每个振子发出的光波是持续一段时间 Δt 或在空间占有长度 $c\Delta t$ 的波列组成,如图 1-3-1 所示。

图 1-3-1 单个原子发射的光波波列及其频谱

不同振子发出的光波相位是随机变化的,对于原子谱线来说,Δt 为原子的激发态寿命,($\Delta t \approx 10^{-8}$ 秒),对波列进行频谱分析,就得到它的频带宽度,$\Delta\nu \approx 1/\Delta t$,$\Delta\nu$ 是光源单色性的度量。

由物理光学可知,光波的相干长度就是光波的波列长度,即

$$L_c = l_c = c\Delta t = \frac{c}{\Delta\nu} \qquad\qquad (1-3-3)$$

则相干时间可表示为与光源带宽的关系,即

$$\tau_c = \Delta t = \frac{1}{\Delta\nu} \qquad\qquad (1-3-4)$$

上式表明,光源单色性越好,则相干时间越长。

下面由光的波动性来讨论光波的相干体积,在图 1-3-2 杨氏双缝干涉实验中,由线度为 $\Delta x = \overline{S'_0 S''_0}$ 的光源 σ 上一点 s_0 发出的光,经狭缝 A 和 B 之后,投射到屏幕上迭加产生干涉条纹,这时如果其间的程差

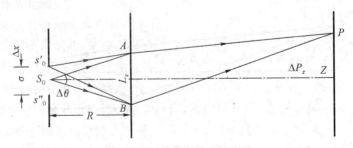

图 1-3-2 杨氏双缝干涉实验

$$\Delta L = \overline{S'_0 BP} - \overline{S'_0 AP} = 2m\left(\frac{\lambda}{2}\right) \tag{1-3-5}$$

为半波长的偶数倍,则 P 点处为明区,倘若

$$\Delta L = (2m+1)\frac{\lambda}{2} \tag{1-3-6}$$

为半波长的奇数倍,则 P 点处为暗区。

可是理想的光源是没有的,事实上都是有一定大小的扩展光源。这样 σ 面上每一点都在屏上产生一组干涉条件,全部干涉条纹将呈现出模糊不清的效果。由此可见,欲使干涉场图清晰,必须控制扩展光源面源 σ 的尺寸范围,使得满足下列条件:

$$\Delta L - \Delta L_0 \leqslant \frac{\lambda}{2} \tag{1-3-7}$$

其中 ΔL_0 为轴上点 S_0 经夹缝 A、B 到达 P 点的程差,即 $\Delta L_0 = \overline{S_0 BP} - \overline{S_0 AP}$,在这种情况下,$\sigma$ 上各点发出的光在屏幕上所呈现的干涉虽然并不完全重合,但是相对位错距离要比亮条纹刚好迭加在暗条纹上的位错距离要小。因而,迭加的结果,纵然会使干涉条纹的清晰度变坏些,但不致变得模糊不清。由图 1-3-2 可知,条件(1-3-7)式可表示:

$$\Delta L - \Delta L_0 = \frac{\Delta x \cdot Lx}{2R} \leqslant \frac{\lambda}{2} \tag{1-3-8}$$

式中 R 表示光源到狭缝的距离。

(1-3-8)式又可写为 $\Delta\theta \cdot \Delta x \leqslant \lambda$,式中 $\Delta\theta = L_x/R$ 表示两缝间距对光源的张角,所以线度 x 又可写成

$$(\Delta x)^2 \leqslant \left(\frac{\lambda}{\Delta\theta}\right)^2 \tag{1-3-9}$$

为简单起见,设光源的面积 $\sigma = (\Delta x)^2$。此式的物理意义是:如果要求传播方向(或波矢 k)限于张角 $\Delta\theta$ 之内的光波是相干的,则光源的面积必须小于 $(\lambda/\Delta\theta)^2$。因此,$(\lambda/\Delta\theta)^2$ 就是扩展光源的相干面积,或者说,只有从面积小于 $(\lambda/\Delta\theta)^2$ 的光源面上发出的光波才能保证张角 $\Delta\theta$ 之内的双缝具相干性。

空间相干的条件是要求 A、B 狭缝射出到达屏幕上的光子都应属于同一量子状态。于是,关于光的相干性可以表述为:包含在同一量子状态内的光子是相干的,而不同量子状态的光子则是不相干的。

现在把以垂直于光传播方向的平面上的相干面积为底,而以相干长度为高所限定的空间域称为相干体积。它的大小为

$$\Delta V_{cs} = C\Delta t(\Delta x)^2 = \frac{C}{\Delta\nu}\left(\frac{\lambda}{\Delta\theta}\right)^2 = \frac{C^3}{\nu^2 \Delta\nu(\Delta\theta)^2} \tag{1-3-10}$$

可见相干体积 ΔV_{cs} 是由谱线宽度 $\Delta\nu$ 与双缝对光源张角 $\Delta\theta$ 来确定。即要求传播方向限于 $\Delta\theta$ 之内,并具有谱线宽度 $\Delta\nu$ 的光波相干,则光源应局限在空间体积 V_{cs}。因而在同一相干体积内的光子都是属于同一量子状态的,而处于同一量子状态中的光子数就是光子的简并度。

现在再从光子观点分析,可以证明,相干体积的概念相应于量子统计理论中所定义的相空间的一个相格。

为此,考虑满足条件 $\Delta\nu/\nu \ll 1$ 的准单色光束,设其沿边长为 Δx 见方的扩展光源沿法线

的方向传播,如图 1-3-3 所示。此时,具有不同动量的光子可以由相空间的概念描述,即处于同一量子状态的光子应满足测不准关系(1-2-11)式。

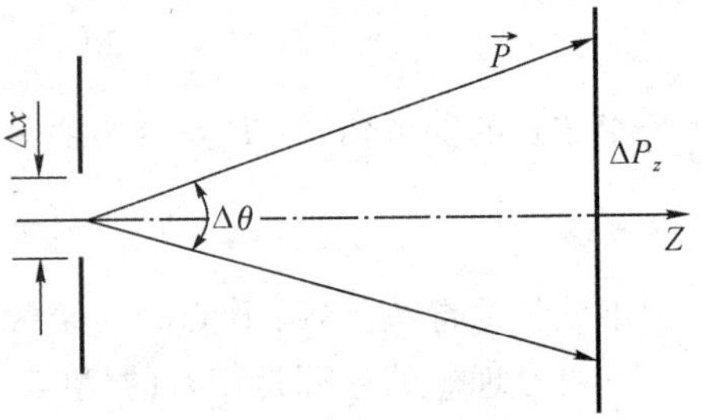

根据图 1-3-3,由面积为 $(\Delta x)^2$ 的光源发出动量 $\vec{P}$ 限于立体角 $\Delta\theta$ 内的光子,因此光子具有的动量是测不准量,其各分量为

$$\Delta P_x = \Delta P_y \approx |\vec{P}| \Delta\theta = \frac{h\nu}{c}\Delta\theta \qquad (1\text{-}3\text{-}11)$$

因为 $\Delta\theta$ 很小。故有

$$P_z \approx |\vec{P}|$$

所以,ΔP_z 的测不准量主要来自频率的测不准量,即

$$\Delta P_z \approx \Delta|\vec{P}| = \frac{h}{c}\Delta\nu \qquad (1\text{-}3\text{-}12)$$

图 1-3-3　扩展光源的传播

如果具有上述动量测不准量的光子处于同一相格之内,即处于一个光子态,则光子占有的相格空间体积(即光子的坐标测不准量),可根据(1-2-12)式,(1-3-11)式及(1-3-12)式求得

$$\Delta x \Delta y \Delta z = \frac{h^3}{\Delta P_x \Delta P_y \Delta P_z} = \frac{c^3}{\nu^2 \Delta\nu (\Delta\theta)^2} = V_{CS} \qquad (1\text{-}3\text{-}13)$$

上式表明,相格的空间体积和相干体积相等。如果光子属于同一光子态,则它们应该包含在相干体积之内。由此可得到如下二点相干性的重要结论:

(1)相格空间体积以及一个光波模或光子态占有的空间体积都等于相干体积。

(2)属于同一量子状态的光子或同一模式的光波是相干的,不同量子状态的光子或不同模式的光波是不相干的。

这样,模式、光子的量子状态、相干体积、相格这些概念都是等价描述。事实上,同一个相格可以对应光子的两种偏振状态,考虑到偏振,应该说一个相干体积对应两种光子的量子状态。

第四节　光子简并度

处于同一相格中的光子数,与处于一个模式中的光子数,以及处于相干体积内的光子数和处于同一量子态中的光子数,都有相同的含义。均定义为光子简并度,并用 δ 表示。

光子属于波色子,不服从泡利原理,所以在光辐射场中允许两个或两个以上的光子处于同一种量子状态,或者说处于同一相格内。当体系处于热平衡时,在 n 个光子中,出现在能量为 $\varepsilon_i = h\nu_i$ 状态最可几的数目 n_i,根据玻色——爱因斯坦统计规律,由体系的温度 T 和光子的能量 ε_i 决定

$$n_i = \frac{g_i}{e^{\frac{h\nu_i}{KT}} - 1} \qquad (1\text{-}4\text{-}1)$$

式中 g_i 是对应于能量 ε_i 的退化度。处于能量 ε_i 的每一个运动状态的平均光子数为

$$\bar{\delta} = \frac{n_i}{g_i} = \frac{1}{e^{\frac{h\nu_i}{KT}} - 1} \tag{1-4-2}$$

(1-4-2)式表示热光源的光子简并度。普通光源的光子简并度是很低的。例如,对于 $T=6000K$ 的黑体(相当于太阳表面的温度),在可见光波段 $\bar{\delta} \approx 10^{-3}$。

光源的光子简并度反映光源辐射能量的情况。下面我们讨论光简并度与光源的单色亮度 B_ν 之间的关系。设光源辐射的光为准平行,准单色光,光束截面为 ΔS,立体角为 $\Delta\Omega$,频宽为 $\Delta\nu$,平均光功率为 P,则在 Δt 时间间隔内通过 ΔS 截面的光子总数为

$$n = \frac{P\Delta t}{h\nu} \tag{1-4-3}$$

在频率 ν 到 $\nu + \Delta\nu$ 间隔内的光子分布在 $\Delta\Omega$ 立体角范围内的光子状态数或模式数,由(1-2-10)式可得

$$g_{\Delta\Omega} = \frac{\Delta\Omega}{4\pi} g = \frac{2\nu^2 \Delta\nu}{C^3} V\Delta\Omega$$

在 Δt 时间内,光束在垂直于 ΔS 截面传播时,光束所占据的空间范围应为

$$V = \Delta S \Delta t C$$

代入上式可得

$$g_{\Delta\Omega} = \frac{2}{\lambda^2} \Delta\Omega\Delta S\Delta\nu\Delta t \tag{1-4-4}$$

由此可求出,一种光子量子状态或模式,所具有的平均光子数为

$$\bar{\delta} = \frac{n}{g_{\Delta\Omega}} = \frac{P}{(2h\nu/\lambda^2)\Delta\Omega\Delta S\Delta\nu} \tag{1-4-5}$$

在光度学中,通过单位截面,单位频宽和单位立体角的光功率为光辐射的单色定向亮度

$$B_\nu = \frac{P}{\Delta S\Delta\nu\Delta\Omega} \tag{1-4-6}$$

则光子简并度 $\bar{\delta}$ 与单色亮度 B_ν 之间的关系为

$$\bar{\delta} = \frac{\lambda^2}{2} \frac{B_\nu}{h\nu} \tag{1-4-7}$$

由此可见,光子简并度对应于线度为 λ 的光源,在单位时间,单位立体角内发出单位频宽的光子数目。光源的光子简并度,从微观上反映出光源的单色亮度。例如,对于单模的激光器,若 $P=1$ 毫瓦,$\Delta\nu = 1$ 赫兹,光子能量 $h\nu \approx 3 \times 10^{-12}$ 尔格,则 $\bar{\delta} \sim 10^{16}$。可见,激光比普通光源的光子简并度高出十几个数量级。所以,激光器是在光源的单色亮度(亦即光子简并度)方面获得重大突破的新型光源。

第五节 黑体辐射

激光的受激辐射和自发辐射两个极为重要的概念是爱因斯坦重新推导黑体辐射普朗克公式中提出来的,而黑体辐射理论是描述物体处于热平衡状态时吸收和辐射能量的宏观特征及其规律的。

一、黑体辐射的实验现象

由经典电磁理论可知,所有波长的电磁辐射都是由物质所含的电荷(电子或离子)的振动而产生的。任何物质在一定温度下都要辐射(当然也要吸收)能量,这种现象称为热辐射或温度辐射。物体在热辐射时,由于电子、离子的振动及自由电子的运动,而辐射各种波长的电磁波,其能量按波长的分布由辐射体的温度决定。

任何物体都有吸收电磁辐射的本领,通常用吸收系数 $a(\lambda, T)$ 来表示,它定义为物体在温度 T 时,入射到物体的表面上的波长为 λ 的电磁辐射能量中,有 $a(\lambda, T)$ 部分被吸收了。

所谓黑体(绝对黑体的简称),是指入射到该物体面上各种波长的能量都能完全吸收的物体,亦即 $a(\lambda, T) = 1$,它所发出的电磁辐射称为黑体辐射。在自然界中,没有性质和绝对黑体相符合的物体。但是,用人为的方法可以设计出尽量接近绝对黑体的模型。图 1-5-1 所示的空腔辐射体是一种比较理想的绝对黑体。它是一个内部挖有封闭空腔的物体,在壁上开一个小孔,当该物体加热到一定温度 T 后,空腔内表面的热辐射在腔内来

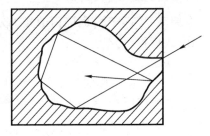

图 1-5-1　空腔辐射体

回反射形成一个稳定的辐射场。若腔内的辐射能量通过小孔向外辐射,则可认为小孔的辐射能就是绝对黑体在温度 T 时的辐射;同样,当外界的各种波长的辐射射入小孔后,就进入腔内来回反射而不再逸出腔外,那么这个小孔面的吸收系数 $a(\lambda, T) = 1$,即可认为它是一个绝对黑体,其他的辐射体 $a(\lambda, T) < 1$。根据斯忒藩(Stefem)定律,黑体发出的总辐射为

$$I(T) = \sigma T^4 \qquad\qquad (1-5-1)$$

式中:T 为绝对温度;σ 为斯忒藩常数($\sigma = 5.6697 \times 10^{-12}$ 瓦/厘米^2·度^4);$I(T)$ 为物体每单位表面积辐射的总能量。辐射场的能量密度按其频率分布完全由温度确定,而与构成腔的具体材料无关,因此黑体辐射也称为热辐射或温度辐射。

在一定温度下,黑体辐射的单色能量密度 $\rho(\nu)$ 按频率 ν 分布的实验结果如图 1-5-2 的虚线所示。

为了说明这一实验结果,在经典统计的基础上,建立瑞利(Rayleigh)和金斯(Jeans)公式和总结实验得到的维恩经验公式。前者只能说明实验曲线的长波部分,后者只能说明实验曲线的短波部分。所以经典的统计理论不能处理黑体辐射问题。量子理论的出现,才能成功地建立一个方程加以说明。

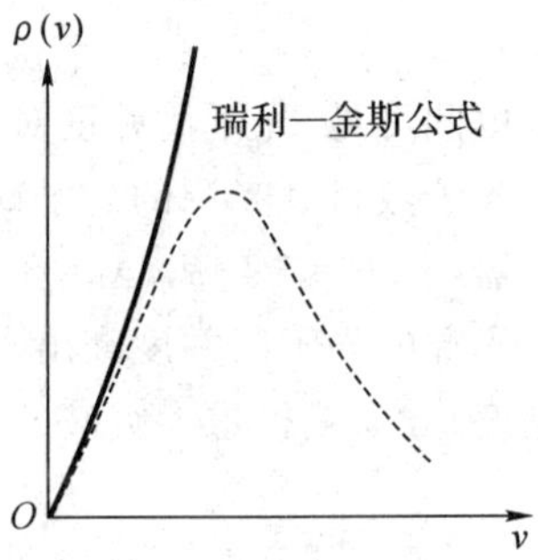

二、黑体辐射的普朗克公式

图 1-5-2　黑体辐射

根据热辐射场的振子量子化理论,得到了黑体辐射的普朗克公式,更全面地处理这个问题是采用量子统计的方法。

由于黑体辐射是处于热平衡状态,空腔内光子体系在热平衡状态时,根据统计物理学,服从玻色——爱恩斯坦统计分布。即在 n 个光子中,出现在能量为 $\varepsilon = h\nu$ 状态的最可几的数目为(1-4-1)式

$$n_i = \frac{g_i}{e^{\frac{h\nu i}{KT}} - 1}$$

由此可求出黑体在温度 T 时，在 ν 到 $\nu + \Delta\nu$ 频率间隔内的平衡辐射能量

$$W = nh\nu \tag{1-5-2}$$

式中

$$n = \frac{n_i}{g_i} g \tag{1-5-3}$$

这里 g 是光子的状态数，由(1-2-14)式、(1-4-1)式和(1-5-3)式，可得

$$W = \frac{1}{e^{\frac{h\nu}{KT}} - 1} \cdot \frac{8\pi\nu^2 \Delta\nu}{C^3} V h\nu \tag{1-5-4}$$

由此可得单位体积和 $\Delta\nu$ 频率范围内的黑休辐射能量为

$$W = \frac{8\pi h\nu^3}{C^3} \cdot \frac{1}{e^{\frac{h\nu}{KT}} - 1} \Delta\nu = \frac{8\pi\nu^2 \Delta\nu}{C^3} \frac{1}{e^{\frac{h\nu}{KT}} - 1} h\nu \tag{1-5-5}$$

所以由(1-5-5)式得到单位体积和单位频宽的黑体辐射能量，即单位频率间隔的能量密度为

$$\rho(\nu, T) = \frac{8\pi h\nu^3}{C^3} \cdot \frac{1}{e^{\frac{h\nu}{KT}} - 1} \tag{1-5-6}$$

这就是黑体辐射的普朗克公式，它能够很好地解释实验曲线图1-5-2，在(1-5-5)式中右端的第一因子、实际上是单位体积内的光子状态数(或模式数)，第二个因子是热平衡状态下的光子简并度，即一种运动状态所具有的平均光子数，最后一个因子是一个光子的能量。

$\dfrac{h\nu}{e^{\frac{h\nu}{KT}} - 1}$ 是具有同一种光子运动状态(或同一种光波模式)的光子平均能量。

我们可以在黑体辐射和激光器发出的辐射之间进行对比，一个红宝石激光器在波长 $\lambda = 6943$ 埃输出约 1 兆瓦/厘米^2 的脉冲，线宽约 0.1 埃。对于一个黑体，则温度要达到 $4174K$，其辐射峰值才在 6943 埃，而在这个峰值附近 0.1 埃范围内，辐射通量仅有 16 毫瓦/厘米^2 左右。这说明从脉冲激光器比从热物体可以得到大得多的功率。

第六节 光的自发辐射、受激吸收和受激辐射

爱因斯坦在光量子理论的基础上，重新推导了黑体辐射的能量密度公式(1-5-6)，同样得出了普朗克公式。爱因斯坦在推导中，引入了两个极为重要的概念:受激辐射和自发辐射的概念。他采用的光和物质相互作用的模型，只考虑原子的二个能级。如图1-6-1所示的能级 E_1 和 E_2，单位体积内处于两能级的原子数(即原子数密度)分别用 n_1 和 n_2 表示，原子从能级 E_2 向能级 E_1 跃迁，辐射出光子 $h\nu$;由低能级向高能级跃迁，吸收光子 $h\nu$。辐射光子的过程，分自发辐射和受激辐射，以下我们分别予以讨论。

一、自发辐射

由原子物理学可知，原子可以处于不同的运动状态，具有不同的内部能量，这些能量在数值上是分立的。若原子处于内部能量最低的状态，则称此原子处于基态。其他比基态能

量高的状态,都叫激发态。在热平衡情况下,绝大多数原子都处于基态。处于基态的原子,从外界吸收能量以后,将跃迁到能量较高的激发态。

当原子被激发到高能级 E_2 时,它在高能级上是不稳定的,总是力图使自己处于低的能量状态 E_1,如图 1-6-1 所示。

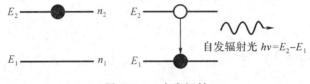

自发辐射光 $h\nu = E_2 - E_1$

图 1-6-1　自发辐射

处于高能级的原子,即使在没有任何外界作用的情况下,它也有可能从高能级 E_2 跃迁到低能级 E_1,并把相应的能量释放出来,这种在没有外界作用的情况下,原子从高能级向低能级的跃迁方式有两种:一种跃迁过程中释放的能量以热量的形式放出,称为无辐射跃迁。另一种跃迁过程所释放的能量是通过光辐射形式放出,称为自发辐射跃迁。辐射出的光子能量 $h\nu_{21}$ 满足玻尔条件:

$$E_2 - E_1 = h\nu_{21}$$

我们假定,参与自发辐射的原子数 dn_{21},原子通过激发若在时刻 t,处于高能级 E_2 上的原子数密度为 n_2,从时间 t 到 $t+dt$ 时间,即在 dt 时间间隔内,若在单位体积中有 dn_{21} 个原子从高能级 E_2 自发跃迁低能级 E_1 上去,则显然 dn_{21} 应与 n_2 成正比,也与 dt 成正比,即

$$dn_{21} = A_{21} n_2 dt \tag{1-6-1}$$

式中,A_{21} 称为原子从高能级 E_2 跃迁到低能级的自发辐射爱因斯坦系数。由此式得

$$A_{21} = \frac{dn_{21}}{dt} \cdot \frac{1}{n_2} \tag{1-6-2}$$

A_{21} 表示单位时间内 n_2 个高能级原子中发生自发辐射的原子数与 n_2 的比值。所以 A_{21} 也称为原子在单位时间参与自发辐射的自发辐射跃迁几率。

原子光谱实验结果指出,原子的自发辐射系数 A_{21} 大约为 10^8/秒数量级。很容易证明,A_{21} 与原子激发能级 E_2 的平均寿命 τ_{21} 之间的关系为

$$\tau_{21} = \frac{1}{A_{21}}$$

此外,当知道了自发辐射几率 A_{21} 时,还可以计算出自发辐射强度 I。在单位时间内,处于高能级的 n_2 个原子中,应有 $A_{21} n_2$ 个原子参与自发辐射,所以光强为

$$I = n_2 A_{21} h\nu \tag{1-6-4}$$

应该指出,原子自发辐射的特点是原子的自辐射几率 A_{21} 只与原子本身性质有关,与外界辐射场 $\rho(\nu, T)$ 无关。所以原子自发辐射是完全随机的,各个原子在自发跃迁过程中彼此无关,这样产生的自发辐射光的相位、偏振态以及传播方向上都是杂乱无章的,光能量分布在一个很宽的频率范围内。所以,以自发辐射为机制的光源发出的光,其单色性、相干性、定向性都很差,而且没有确定的偏振状态。

二、受激吸收

当原子系统受到外来的能量为 $h\nu_{21}$ 的光子作用(激励)下,如果 $h\nu_{21} = E_2 - E_1$,则处于低

能级 E_1 上的原子由于吸收一个能量为 $h\nu_{21}$ 的光子而受到激发,跃迁到高能级 E_2 上去,这种过程称为光的受激吸收,如图 1-6-2 所示。

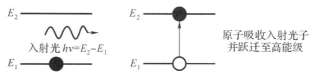

E_2 ——————— E_2 ●————————
入射光 $h\nu = E_2 - E_1$ 原子吸收入射光子
                                                     并跃迁至高能级
E_1 ●———————— E_1 ○————————

图 1-6-2 受激吸收

下面讨论处于低能级的原子,在外界光作用下参与受激吸收过程的几率。设在时间 t,处于低能级 E_1 上的原子数密度为 n_1,处于高能级 E_2 上的原子数密度为 n_2,若在 t 到 $t+dt$ 时间内,由于从外界吸收了频率 ν_{21} 附近的辐射能密度 $\rho(\nu,T)$,而使得单位体积中有 dn_{21} 个原子从 E_1 跃迁到 E_2,则 dn_{12} 应该和 $\rho(\nu,T)$、n_1 以及 dt 成正比,即

$$dn_{12} = B_{12}\rho(\nu,T)n_1 dt \qquad (1\text{-}6\text{-}5)$$

式中 B_{12} 称为原子从低能级 E_1 跃迁到高能级 E_2 的受激吸收爱因斯坦系数。上式可改写为

$$B_{12}\rho(\nu,T)dt = \frac{dn_{12}}{n_1} \qquad (1\text{-}6\text{-}6)$$

由此可知,$B_{12}\rho(\nu,T)dt$ 等于在 t 到 $t+dt$ 时间内,在单位体积内,从低能级 E_1 跃迁到高能级 E_2 的原子数 dn_{12},和原来在时刻 t 处于低能级 E_1 上的原子数 n_1 之比,亦即 $B_{12}\rho(\nu,T)$ 表示在单位时间内原子受激吸收的几率,用 W_{12} 表示:

$$W_{12} = B_{12}\rho(\nu,T) \qquad (1\text{-}6\text{-}7)$$

原子受激吸收的特点:原子受激吸收几率 W_{12} 与外来光的频率有关,当外来光的频率等于原子的两个特定能级 E_2、E_1 的间隔所对应的频率 ν_{12} 时,受激吸收几率最大,原子受激吸收几率的大小和外来光有严格的频率选择性。原子的受激吸收几率 W_{12} 还与爱因斯坦系数 B_{12} 有关,B_{12} 由原子系统的两个特定能级 E_2、E_1 决定的。原子的受激吸收几率与外来光辐射能量密度 $\rho(\nu)$ 的数值大小有关,即 $\rho(\nu)$ 越大则 W_{12} 越大。

三、受激辐射

光的受激吸收的反过程就是受激辐射。即:当原子受到外来的能量为 $h\nu_{21}$ 的光子作用(激励)时,如果 $h\nu_{21} = E_2 - E_1$,则处在高能级 E_2 上的原子也会在能量为 $h\nu_{21}$ 光子诱发下,而从高能级 E_2 跃迁到低能级 E_1,这时原子发射一个与外来光子一模一样的光子,这种过程叫受激辐射,如图 1-6-3 所示

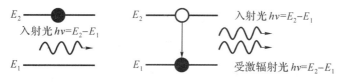

E_2 ●———————— E_2 ○———————— 入射光 $h\nu = E_2 - E_1$
入射光 $h\nu = E_2 - E_1$
                                                              受激辐射光 $h\nu = E_2 - E_1$
E_1 ———————— E_1 ●————————

图 1-6-3 受激辐射

现在讨论原子受激辐射光的几率。设在光辐射能量密度为 $\rho(\nu,T)$ 的外来光作用下,原子产生受激辐射,有 dn_{21} 个原子在 t 到 $t+dt$ 时间内,从 E_2 能级跃迁到 E_1 能级,则

$$dn_{21} = B_{21}\rho(\nu,T)n_2 dt \qquad (1\text{-}6\text{-}8)$$

B_{21}叫做原子从高能级E_2跃迁到低能级E_1的受激辐射爱因斯坦系数。可改写成

$$B_{21}\rho(\nu,T)\mathrm{d}t=\frac{\mathrm{d}n_{21}}{n_2} \tag{1-6-9}$$

所以,$B_{21}\rho(\nu,T)\mathrm{d}t$等于在$t$到$f+\mathrm{d}t$时间内,在单位体积中,从高能级$E_2$受激跃迁到低能级$E_1$的原子数$\mathrm{d}n_{21}$和原来在时刻$t$处于高能级$E_2$上的原子数之比,即$B_{21}\rho(\nu,T)$表示在单位时间内原子受激辐射的跃迁几率。记作$W_{21}$:

$$W_{21}=B_{21}\rho(\nu,T) \tag{1-6-10}$$

根据经典辐射理论,原子的受激辐射过程可以认为原子的电子在外来光辐射场作用下,进行强迫振荡的过程。这样,原子的电子振荡时所发光的频率、相位、偏振以及传播方向均应与外来的光相同,也就是说,原子受激辐射出的光,与外来的引起受激辐射的光有相同的频率、相位、偏振以及传播方向。在同一个外来的光辐射场作用下,若有大量的原子产生受激辐射,则产生的光子都具有相同的量子状态,也就是处于同一种光模式。或者说,都处在同一个相干体积内。因而,通过受激辐射,可以实现同态光子数放大从而可得到光子简并度极高的相干光。

激光器发光,正是利用受激辐射的上述特点,所以,激光具有方向性好、单色性好、强度高的特点。

四、爱因斯坦三系数A_{21}、B_{21}、B_{12}的相互关系

现在根据上述相互作用物理模型分析空腔黑体的热平衡过程,从而导出爱因斯坦三系数之间的关系。

前面已研究了光与原子相互作用的三种过程,即光的受激吸收、受激辐射和自发辐射,这三个过程是同时出现的。在热平衡情况下,辐射率和吸收率应相等,即单位时间内物质辐射出的光子数,等于单位时间内被物质吸收的光子数。光的电磁场的总光子数保持不变,辐射的光谱能量密度保持不变,所以

$$A_{21}n_2+B_{21}\rho(\nu,T)n_2=B_{12}\rho(\nu,T)n_1 \tag{1-6-11}$$

处于高能级E_2和低能级E_1的原子数密度分别为n_2和n_1,在热平衡时,各能级上的原子数密度(或称集居数密度)服从玻尔兹曼统计分布:

$$\frac{n_2}{n_1}=\frac{g_2\mathrm{e}^{-E_2/KT}}{g_1\mathrm{e}^{-E_1/KT}}=\frac{g_2}{g_1}\mathrm{e}^{-h\nu/KT} \tag{1-6-12}$$

式中g_1和g_2分别表示能级E_1和E_2的简并度,或称统计权重。由(1-6-11)式和(1-6-12)式可得到黑体辐射能量密度:

$$\rho(\nu,T)=\frac{A_{21}/B_{21}}{\dfrac{B_{12}g_1}{B_{21}g_2}\mathrm{e}^{h\nu/KT}-1} \tag{1-6-13}$$

将此式与普朗克公式(1-5-6)比较便可得到

$$\frac{A_{21}}{B_{21}}=\frac{8\pi h\nu^3}{C^3} \tag{1-6-14}$$

$$\frac{g_1}{g_2}\cdot\frac{B_{12}}{B_{21}}=1 \tag{1-6-15}$$

(1-6-14)式和(1-6-15)式所表示的A_{21}、B_{21}和B_{12}之间的关系称为爱因斯坦关系式当

简并度 $g_1 = g_2$ 时，(1-6-15)式变为

$$B_{12} = B_{21} \qquad\qquad (1\text{-}6\text{-}16)$$

或

$$W_{12} = W_{21} \qquad\qquad (1\text{-}6\text{-}17)$$

由(1-6-14)式可得

$$A_{21} = \frac{8\pi h\nu^3}{C^3} B_{21} \qquad\qquad (1\text{-}6\text{-}18)$$

(1-6-16)式表明，当其他条件相同时，受激辐射和受激吸收具有相同的几率，即一个光子作用在高能级 E_2 上的原子引起受激辐射的可能性，恰好相当于它作用在低能级 E_1 上的原子时被吸收的可能性。在热平衡状态时，高能级上的原子数少于低能级上的原子数。因此，在正常情况下，吸收比发射更频繁地出现，其差额由自发辐射补偿。(1-6-18)式表明，自发辐射的出现随 ν^3 而增加，波长越短，自发辐射的几率越大。

我们知道，当光与物质相互作用时，自发辐射、受激辐射和受激吸收这三个过程是同时出现的。为此须从技术上考虑如何实现受激辐射产生激光。

五、光和物质相互作用的几种处理方法

在激光形成过程中，光和物质相互作用，即光频电磁场和物质粒子(原子、分子、离子)之间的相互作用是激光物理基础的核心问题。当然，我们上面讨论的三个物理过程不是孤立的，而是相互制约同时发生的，因此必须建立上述三过程的统一理论模型。

严格的激光物理模型是用量子电动力学来描述的。这种处理方法的特点是：它对光频电磁场和物质粒子都作量子化处理，并将两者作为一个统一物理体系加以研究。原则上，量子电动力学的激光理论可以描述激光的全部特性，特别是当需要严格确定激光的相干性、噪声以及线宽极限等特性时，这一理论将显得更重要。但是，这种处理方法在数学上十分繁复，不易求解，本书不予讨论。

实际上，相当一部分激光物理现象的处理可采用其他较简便的方法。这样的处理方法有三种，分别简单介绍如下：

1. 经典理论

这种方法的特点是，对激光腔内光频电磁场与组成物质的原子体系都用经典理论描述，即用经典的麦克斯韦方程描述电磁场，并认为原子如同经典的电偶极子。所以研究光与原子的相互作用，可归结为研究电磁场与电偶极子之间的相互作用，因而整个经典辐射理论体系属于经典电动力学范畴。由此出发，经典电磁场理论能够定性地说明原子的自发辐射及其谱线宽度，光的吸收和放大等光和物质相互作用现象。此外，在激光理论中，它还是处理光学谐振腔和激光传输问题的有力工具。这一理论在描述光和物质的非共振作用(例如非线性光学效应)时也起一定作用。特别是对自由电子激光器，则完全可以采用运动电子电磁辐射的经典理论来描述。

2. 半经典理论

半经典理论基本上属于量子力学的理论处理方法。其特点是：激光腔内光频电磁场的运动采用经典电动力学的麦克斯韦方程组来描述，而物质原子的内部能量运动用量子力学的薛定谔方程来描述。这一理论是 1964 年兰姆(Lamb)开始研究的，所以又称兰姆理论。这种处理方法已精确阐明与激光有关的大部分物理过程。如强度特性(反转粒子数的烧孔

效应与光功率曲线的兰姆凹陷）、增益饱和效应、多模耦合与竞争效应、模的位相锁定效应及激光振荡的频率牵引与频率推斥效应等。这一理论方法的局限性是不能反映和光波场的量子化特性有关的那些现象的规律性，如自发辐射的产生，激光振荡的线宽极限，激光振荡中的噪声和相干性等。此外，这种方法在数学处理上也比较复杂，将在第六章第五节作简要介绍。

3. 速率方程理论

速率方程的理论基础就是第一章第六节中爱因斯坦的关于光的自发辐射、受激辐射和受激吸收等概念。它是在不考虑光子的相位特性和光子数的起伏特性情况下，由全量子化处理方法派生出来的，它比全量子化处理方法简单、方便。换言之，速率方程理论是全量子理论的一种简化形式。它把光频电磁场看成量子化的光子，把物质体系描述成具有量子化能级的粒子体系。速率方程理论主要用于描述激光的光强特性，近似地描述烧孔效应、兰姆凹陷与多模竞争等特性。但对于增益介质色散等频率特性和与量子起伏有关的激光特性研究，这一理论就不能解释。本书以速率方程理论作为重点。

第七节　激光的产生

众所周知，要使受激辐射起主要作用而产生激光，必须具备三个前提条件：

(1)有提供放大作用的增益介质作为激光工作物质，其激活粒子(原子、分子或离子)有适合于产生受激辐射的能级结构；(2)有外界激励源，使激光上下能级之间产生集居数反转；(3)有激光谐振腔，使受激辐射的光能够在谐振腔内维持振荡。概括来说：集居数反转和光学谐振腔是激光形成的两个基本条件，由激励源的激发在工作物质的能级间实现集居数反转是形成激光的内在依据，光学谐振腔则是形成激光的外部条件。前者是起决定性作用的，但在一定条件下，后者对激光的形成和激光束的特性也起强烈的影响。

一、集居数反转分布和光的受激辐射放大

1. 集居数反转分布

现在考虑两个表示原子分别处在高能级和低能级的两能级系统。假如一个能量等于这两个能级的能量差的光子趋近于这两个原子，即光子的频率与原子系统的两个能级共振，那么是吸收还是受激辐射出现的可能性大呢？爱因斯坦证明，在正常情况下，两种过程发生的可能性是相等的。假如在高能级中的原子数较多，则使受激辐射占优势；若在低能级中的原子数较多，则吸收将多于受激辐射。

在物质处于热平衡状态，各能级上的集居数服从玻耳兹曼统计分布，即(1-6-12)式，并令 $g_2 = g_1$，可得

$$\frac{n_2}{n_1} = e^{\frac{-(E_2 - E_1)}{KT}}$$

式中，因 $E_2 > E_1$，所以 $n_2 < n_1$，即在热平衡状态下，高能级上的集居数总是小于低能级的集居数。由此可知，光通过这种介质时，光的吸收总是大于光的受激辐射。因此，通常情况下，物质只能吸收光子。

在激光器工作物质内部,由于外界能源的激励(光泵或放电激励),破坏了热平衡,有可能使得处于高能级 E_2 上的集居数 n_2 大大增加,达到 $n_2 > n_1$,这种情况称为集居数反转分布也称为粒子数反转分布。这就是说,只有处于非热平衡状态,才有可能产生集居数反转分布,如图 1-7-1 所示,我们把原子从低能级 E_1 激励到高能级 E_2 以使在某两个能级之间实现集居数反转的过程称为泵浦(或抽运)。泵浦的方法可以是各种各样的,常用的方法有:光泵浦、放电泵浦、化学反应泵浦、重粒子泵浦和离子辐射泵浦等。

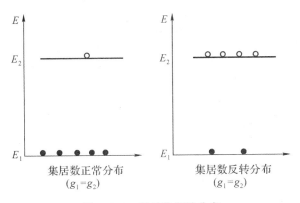

集居数正常分布　　　　　集居数反转分布
$(g_1 = g_2)$　　　　　　　$(g_1 = g_2)$

图 1-7-1　集居数反转分布

2. 光在增益介质中的放大

在外来能量激发下,使激光工作物质中高能级 E_2 和低能级 E_1 之间实现了集居数反转分布,这样的工作物质为激活物质(或激光介质,增益介质)。

有一束能量为 $\varepsilon = h\nu_{21} = E_2 - E_1$ 的入射光子通过处于这种分布下的激活物质,这时光的受激辐射过程将超过受激吸收过程,而使受激辐射占主导地位。在这种情况下,光在激活物质内部将越走越强,使该激光工作物质输出的光能量超过入射光的能量,这就是光的放大过程。其实,这样一段激活物质就是一个放大器。放大作用的大小通常用放大(或增益)系数 G 来描述,见图 1-7-2 所示。

设工作物质内部距离为 $Z = 0$ 处的光强为 I_0,距离为 z 处的光强为 $I(Z)$ 距离为 $Z + dZ$ 处的光强度为 $I(Z) + dI(Z)$。

光强度的增加值 $dI(Z)$ 与距离的增加值 dZ 成正比,同时也与光强度 $I(Z)$ 成正比,即

$$dI = G(Z)I(Z)dZ \qquad (1-7-1)$$

式中的比例系数 $G(Z)$ 称为增益系数。(1-7-1)式又可改写为

$$G(Z) = \frac{1}{I}\frac{dI(Z)}{dZ} \qquad (1-7-2)$$

所以,增益系数 $G(Z)$ 相当于光沿着 Z 轴方向传播时,在单位距离内所增加光强的百分比。其单位是(厘米)$^{-1}$。

为简单起见,我们假定增益系数 $G(Z)$ 不随光强 $I(Z)$ 变化,实际上只有当 I 很小时,这一假定才能够近似成立,此时 $G(Z)$ 为一常数记为 G^0,称为小讯号增益系数。于是,(1-7-1)式为线性微分方程,对此式作积分计算,可得

$$I(Z) = I_0 e^{G^0 Z} \qquad (1-7-3)$$

这就是图 1-7-2 所示的线性增益或小讯号增益情况。当频率为 $\nu = (E_2 - E_1)/h$ 的光在激

光器工作物质内部传播时,其强度 $I(Z)$ 将随着距离 Z 的增加而指数增加,也即工作物质起放大器作用。显然,这是因为在能级 E_2 和 E_1 间已实现集居数反转分布的缘故。

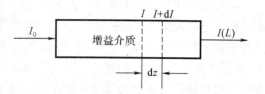

如果跃迁频率 ν 处在光频区,则这种光的受激辐射放大称为激光,它的英文名称为"Laser",这是"Light amplification bystimulated emission of radiation"的缩写。当然"Laser"不仅用于可见光,也适用于远红外、近红外、紫外甚至 χ 射线区,分别称作红外激光、紫外激光和 χ 射线激光。

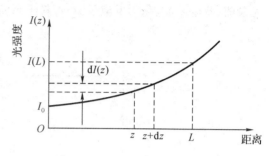

图 1-7-2 增益介质的光放大

二、激光的振荡和阈值条件

在许多大功率装置中激光放大器广泛地被用作弱的激光束逐级放大。在激光放大器中引入正反馈而产生振荡形成稳定的激光振荡器。这种激光振荡器就是激光器。

1. 激光的振荡

光强 I 的增加是由于高能级原子向低能级受激跃迁的结果,亦即光放大是以集居数反转程度的减少而获得的,且光强 I 越大则集居数反转程度减少得越多,所以集居数反转程度随 Z 的增加而减少。于是增益系数 G 也随 Z 的增加而减小,使增益系数随光强的增大而下降,这种现象称为增益饱和。

光在增益介质放大器内传播放大时,总是存在着各种各样光的损耗,故引入损耗系数 α,α 定义为光通过单位长度介质后光强衰减的百分数。可表示为

$$\alpha = -\frac{\mathrm{d}I}{\mathrm{d}Z} \cdot \frac{1}{I(Z)} \qquad (1\text{-}7\text{-}4)$$

同时考虑介质的增益和损耗,则有

$$\mathrm{d}I(Z) = [G(I) - \alpha]I(Z)\mathrm{d}Z \qquad (1\text{-}7\text{-}5)$$

设初始有一微弱光 I_0 进入无限长放大器,随着 I_0 的传播,其光强 $I(Z)$ 将按小信号放大规律

$$I(Z) = I_0 \exp[(G^0 - \alpha)Z] \qquad (1\text{-}7\text{-}6)$$

增加,但是,随着 $I(Z)$ 的增加,$G(I)$ 将由于饱和效应而减小,因而 $I(Z)$ 的增长将逐渐变慢。最后,当增益和损耗达到平衡(即 $G(I) = \alpha$ 时),$I(Z)$ 不再增加并达到一个稳定的极限值 I_m 见图 1-7-3 所示。只要增益介质足够长,就能形成确定大小的光强 I_m,而 I_m 只与放大器本身参数有关,与初始光强 I_0 的大小无关。这就是光的自激振荡概念。只要激光放大器的长度足够大,它就可能成为一

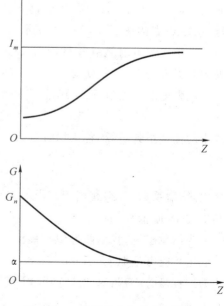

图 1-7-3 增益饱和与自激振荡

个自激振荡器,即实现稳态运转的激光振荡。

实际的激光振荡器是将具有一定长度的光学放大器放置在由两块镀有高反射率的反射镜所构成的光学谐振腔内,这样,初始光强 I_0 就会在反射镜间往返传播,等效于增加激活介质的长度。由于在腔内总存在频率在 ν_0(激活介质中心频率)附近的微弱自发辐射光(相当于初始光强 I_0),它经过多次受激辐射放大而有可能在轴向光波模上产生光的自激振荡,这就是激光器。所以,一个激光器应包括光放大器和光谐振腔两部分。

2. 阈值条件

在激光器中,必须使光在增益介质中来回一次所产生的增益,足以补偿光在介质来回传播中光的各种损耗(从部分反射镜输出的激光也称作一种损耗),这样才形成激光。下面讨论激光器的起振条件。所谓起振条件就是激光器实现振荡所需要的最低条件,又称阈值条件。下面介绍激光器产生激光振荡的阈值条件。

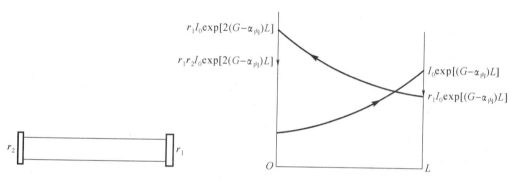

图 1-7-4　阈值条件的形成

设增益介质的长度(图 1-7-4)为 l 等于谐振腔长 L,增益系数为 $G(\nu)$,也是光波频率 ν 的函数,两反射镜面的反射率分别为 r_1 和 r_2,除反射镜透射以外的每单位长度上平均损耗系数为 $\alpha_{内}$。在增益介质左端 $Z=0$ 处,光强度为 I_0,则光到达增益介质右端 $Z=L$ 处,光强度增加到 $I_0\exp[(G-\alpha_{内})L]$,其中 $\exp[(G-\alpha_{内})L]$ 为放大倍数,经过右方反射镜面反射后,光强度减少到 $r_1 I_0\exp[(G-\alpha_{内})L]$;光再达到增益介质左端 $Z=0$,光强度增加到 $r_1 I_0\exp[2(G-\alpha_{内})L]$;经过左方反射镜面反射后,光强度减少到 $r_1 r_2 I_0\exp[2(G-\alpha_{内})L]$。这时,光在增益介质中正好来回一次。由此可知,要使光在增益介质中来回一次所产生的增益足以补偿在这次来回中光的损耗,为此必须保证:

$$r_1 r_2 I_0\exp[2(G-\alpha_{内})L]\geqslant I_0$$

即

$$r_1 r_2\exp[2(G-\alpha_{内})L]\geqslant 1 \tag{1-7-7}$$

此式称为阈值条件,即形成激光所必须满足的条件。

(1-7-7)式可以写作

$$G(\nu)\geqslant\alpha_{内}-\frac{1}{2L}\ln(r_1 r_2) \tag{1-7-8}$$

若引入总平均损耗系数:

$$\alpha=\alpha_{内}-\frac{1}{2L}\ln(r_1 r_2) \tag{1-7-9}$$

则(1-7-8)式又可改写为

$$G(\nu) \geqslant \alpha \tag{1-7-10}$$

由此式可知,单位长度的增益必须超过单位长度上的损耗,才能形成激光振荡。

概括地说,要形成激光,首先必须利用激励能源,使工作物质内部的一种粒子在某些能级间实现集居数反转分布,这是形成激光的前提条件;还必须满足阈值条件,这是形成激光的决定性条件。对于各种激光器,都必须满足这两个条件才能形成激光。

第八节　激光器和激光的特性

1917 年爱因斯坦就预言受激辐射的存在,但在一般热平衡情况下,物质的受激辐射总是被受激吸收所掩盖,因而未能在实验中观察到。直到 50 年代前后,韦伯、法布里肯特、巴索夫和普罗克哈罗夫、汤斯等人提出了用受激辐射的方法获得放大的概念。1960 年迈曼制成了第一台红宝石脉冲激光器,它标志了激光技术的诞生。从此,激光技术的发展非常迅速。已在上千种工作物质(包括固体、气体、液体、半导体等)上实现了光放大或制成了激光器,本节概括地介绍几种典型激光器的基本工作原理、结构和激光束的特性。

一、激光器

一般的激光器都必须具备三个基本部分,即工作物质、谐振腔和激励能源。

1. 光泵浦激光器

图 1-8-1 为一般光泵浦固体激光器的基本结构示意图,常用的工作物质有红宝石(介质为掺铬的 Al_2O_2 晶体)、掺钕钇铝石榴石 Nd^{2+}:YAG)和钕玻璃。这里以红宝石激光器为例进行讨论。

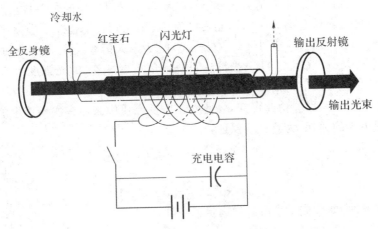

图 1-8-1　光泵浦固体激光器示意图

1960 年休斯研究实验室的迈曼用红宝石晶体做工作物质,研制成第一台固体激光器、在光谱的红光区域 6943 埃处得到脉冲激光作用。

红宝石激光器的工作物质是一根淡红色的红宝石晶体棒,晶体的基质是 AL_2O_3,掺入重量百分比为 0.05% 的 Cr^{3+} 离子(又称为激活离子),晶体中形成激光的是铬离子 Cr^{3+}(即一个铬原子失去三个外层电子而形成正离子)。晶体对红光的折射率 $n=1.76$,棒的两端面严格平行,与棒轴垂直并且抛光。

谐振腔是工作物质的两端各放上一块反射镜构成的。两反射镜严格平行并与晶体棒的轴线垂直,其中一块反射镜是全反射镜,其反射率 $r_1 \approx 1$;另一块反射镜是部分反射镜,其反射率 $r < 1$,激光就是从部分反射镜一端输出的。这两块反射镜面镀有多层介质膜,其反射率 r_1 和 r_2 都是对激光波长如 6943 埃而言的。

红宝石激光器工作物质中的铬离子是被脉冲氙灯的光照射后才发光的。因此,脉冲氙灯和其电源以及聚光器构成红宝石激光器的激励能源。

工作时,先在电容器组上充电,将 $700 \sim 1000$ 伏的高压加到氙灯两电极上,但这时氙灯不发光,当触发器给灯的镍铬丝加上万伏的瞬时高压,在灯管内形成火花而导通,这时储能电容器组中的电能量通过氙灯释放出来。因而脉冲氙灯就发出很强的闪光。脉冲氙灯和红宝石晶体棒分别位于椭圆柱聚光器的两条焦线上,使氙灯发出的闪光集中到红宝石棒上。聚光器内表面镀有金属高反射膜。

现讨论在脉冲氙灯的闪光照射(激励)下,红宝石晶体中铬离子形成受激辐射的物理过程。红宝石晶体 Cr^{3+} 的三能级系统如图(1-8-2)所示,当氙灯的闪光照射红宝石晶体时,大量基态 Cr^{3+} 离子受激跃迁到能带 E_3 内,但铬离子 Cr^{3+} 在 E_3 能带上是很不稳定的,其寿命只有 10^{-9} 秒,它们纷纷各自放出能量 $E_3 - E_2$ 而很快地跃迁到寿命较长(约 10^{-3} 秒)的亚稳态能级 E_2,这些能量传给了铬离子 Cr^{3+} 周围的晶格,而使红宝石棒发热,这个过程是无辐射跃迁,与发射和吸收光子无关。

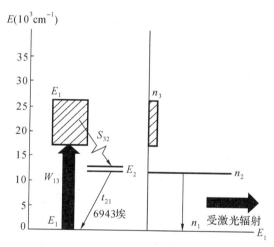

图 1-8-2 红宝石晶体中 Cr^{3+} 能级图三能级系统

处在 E_2 上的铬离子 Cr^{3+} 不断自发跃迁,回到基态 E_1 并发出 6943 埃自发辐射荧光。如果此时氙灯的闪光不足以引起集居数反转时,红宝石只能发出上述荧光。当氙灯光增加到足够强而使 $n_2 > n_1$,也就是把晶体中多于一半的铬离子 Cr^{3+} 从能级 E_1 抽运到 E_2 上去。即达到集居数反转状态时,红宝石晶体就转化为 6943 埃波长的放大器。如果提供适当的反馈,当氙灯光强增加到某一阈值,以致增益 G 增大到满足阈值条件,激光器才开始振荡,并发出 6943 埃激光。在红宝石晶体中参与形成受激辐射的 Cr^{3+} 是三能级系统,它的激光下能级是基态能级,在热平衡时,几乎全部离子数 n 都处在此能级上($n_1 \approx n, n_2 \approx 0$)。所以,为了实现集居数反转,最低限度要将大于 $n/2$ 的基态能级的粒子数抽运到 E_2 能级上,这就要求有很强的激励光源,所以三能级激光器的效率不高。

另一类很常用的固体激光材料,是通过把三价钕离子 Nd^{2+} 掺在钇铝石榴石($YAG=Y_3Al_5O_{12}$)或玻璃中。在这类材料中参与形成受激辐射是三价的钕离子,上面讨论红宝石激光器的许多考虑方法也适用于 Nd 激光器,与红宝石系统相比,Nd 系统的缺点之一是缺乏很宽的吸收带,故不能有效地俘获闪光灯发射的光子。

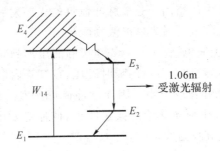

图 1-8-3   Nd:YAG 晶体中 Nd^{+3} 能级图四能级系统

然而,Nd 是一个四能级系统,如图 1-8-3 所示,E_1 为基态能级,E_4 为吸收带,受激辐射产生在亚稳能级 E_3 与另一中间能级 E_2 之间,辐射波长为 1.06 微米。四能级系统的激光下能级不是基态能级 E_1,而是中间能级 E_2。E_2 能级在热平衡下基本上是空的($n_2\approx0$),因而四能级系统很容易实现 E_3 和 E_2 能级间的集居数反转($n_3>n_2$),所以四能级系统激光器的阈值光强比三能级系统低得多,因而 Nd:YAG 激光器的效率 1~2% 高于红宝石激光器的效率 0.1~0.4%。

Nd^{3+}:YAG   1.06 微米跃迁的荧光谱线比钕玻璃的谱线宽度窄得多($\Delta\lambda_{YAG}\sim7\text{Å}\ll\Delta\lambda_{玻璃}\sim300\text{Å}$)。这是由于玻璃的无定形结构所造成的,它使各个 Nd^{3+} 离子的周围环境也稍有不同。从而使离子的能级分裂发生微小的变化。因此不同离子的辐射频率也有微小的差别,从而引起自发辐射光谱的加宽。因为 Nd^{3+}:YAG 和钕玻璃之间的谱线宽度存在巨大的差别,所以为得到相同的增益,对后者的泵浦就必须强得多。

然而,对许多应用来说,增益不是唯一的条件。例如:激光核聚变需要将能量存储在集居数反转中,然后利用主振荡器发射的脉冲来不断提取这一能量。玻璃能够被制作得十分均匀,能够抛光到很高的精度,并可做成大块,故是一种大储能材料。

2. 气体放电激光器

在红宝石激光器问世后不久,1961 年由贝尔电话实验室的贾范等人研制成第一个连续工作的氦氖气体激光器。

气体激光器比其他激光器具有许多优点,主要是因为激活介质(气体)非常均匀,即使是在强放电电流下也是如此,某些气体激光器还可利用简单的放电来激励,且它们的效率较高。由于介质均匀,大多数气体激光器都能产生近乎理想的高斯光束,一些激光器还可以工作于大体积、高功率状态。然而,这类激光器也存在一些缺点。例如,气体激光器的体积大,要求的激励电压高和电流大。尽管这样,气体激光器,特别是 CO_2 激光器在连续功率和效率方面还是处于领先地位的。

现我们借助于图 1-8-4,He-Ne 激光能级图解释这种激光器的运转。在一般情况下,He、Ne 混合气体的比例 5:1,充在放电毛细管内,总气压约几托(几百个帕斯卡)。由于气

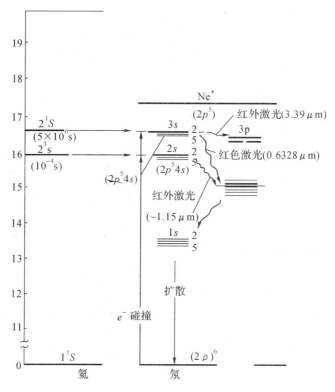

图 1-8-4　He-Ne 能级图

体放电(直流或射频放电)激励使 Ne 原子的某二个能级之间形成集居数反转,He 是一种辅助气体,其作用有助于把 Ne 原子从基态能级激励到高能级。He-Ne 激光器的 Ne 原子是四能级系统,在热平衡情况下,He 原子和 Ne 原子全部处在各自的基态能级上,所有上能级基本上是空的。在一定放电条件下,阴极发射的电子高速向阳极运动,电子在运动过程中与大量基态 He 原子发生非弹性碰撞,当然也与 Ne 原子碰撞,使部分 He 原子从基态跃迁到激光高能级 He＊(2^1s)和 He＊(2^3s)。少量 Ne 原子亦可直接从基态激励到激光高能级 He＊(3s)和 Ne＊(2s)。因为 He 的 2^1s 和 2^3s 能级是亚稳态,其寿命分别为 5×10^{-6} 秒和 10^{-4} 秒,故能在其上积累大量的激发态 He＊(2^1s)和 He＊(2^3s),其能量与 Ne 的 3s 和 2s 能级的能量几乎相等。当激发态 He 原子和基态 Ne 原子发生非弹性碰撞并交换能量而将 Ne 原子激励到 Ne 的 3s 和 2s 能级,这个过程称为能量的共振转移。由于 He＊(2^1s)与 Ne＊(3s)以及 He＊(2^3s)与 Ne＊(2s)之间的能量差很小,共振转移几率很大,所以在 Ne＊(3s)和 Ne＊(2s)能级上积累了大量的激发态 Ne 原子。因为 Ne 的 3s 态寿命比 3p 和 2p 态的寿命长,Ne 的 2s 态寿命亦比 2p 态的寿命长。所以在 3s－2p(0.6328 微米)、2s－2p(1.15 微米)和 3s－3p(3.39 微米)之间形成集居数反转,输出激光。

图 1-8-5 表示典型的气体激光器(外腔式)。激光器的两块反射镜通常是球面反射镜,镀了多层介质膜。其中一块是全反射镜,另一块是输出反射镜。放电管的两端窗口倾斜成布儒斯特角,则电场矢量在纸面内的辐射经过布儒斯特窗口时没有反射损耗,所以输出是线偏振激光。

虽然 He-Ne 激光器是一种小功率器件,但实际上垄断了对光准直、精密测量和其他小

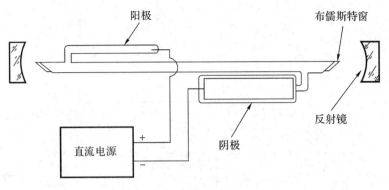

图 1-8-5　典型的气体激光器

功率应用的市场。

　　属于气体放电激励的常用激光器还有氩离子(Ar^+)激光器、二氧化碳(CO_2)分子激光器、金属(如 Cd、Cu、Au)蒸气激光器和准分子激光器等。

　　3. 半导体激光器

　　半导体激光器是用半导体材料作为工作物质的一类激光器。类似气体和固体激光器，其基本结构原则上仍由工作物质、谐振腔和激励能源组成。主要的工作物质有 GaAs(砷化镓)、GaAlAs(镓铝砷)等。一般采用半导体晶体的解理面作为反射镜构成谐振腔，其他结构形式有波纹周期结构等。常用的激励能源有电注入，光激励、高能电子束激励和碰撞电离激励等装置。

　　象任何激光器一样，为了得到增益，必须建立起高度的非平衡状态，在导带底部和价带顶部之间形成集居数反转，即导带底部电子数大于价带顶部的电子数，就能对能量约为禁带宽度的光子实现受激辐射放大。然而，形成集居数反转最实际的方法是把载流子注入到 p-n 结中去，当然也可以使用上面所说的其他一些方法，来产生大量过剩的电子——空穴对，这对于受激发射占主导作用是必不可少的。

　　由于半导体激光器有着超小型、高效率和高速工作的优异特点，必然有着广泛的用途。特别在当前光通信领域中，半导体激光器是最为重要的激光光纤通信的光源。在光信息处理和光存储、光计算机外部设备的光耦合和全息照相以及测距、雷达等方面都将得到重要的应用。半导体激光器是目前发展最快和最有应用前景的激光器。

二、激光的特性

　　激光器是强相干光源，它所辐射的激光是一种受激辐射相干光，是在一定条件下光频电磁场和激光工作物质相互作用，以及光学谐振腔的选模作用的结果。激光束与普通光相比最突出的特性是它具有高度的方向性、单色性、相干性和高亮度。实际上，这四个特性本质上可归结为一个特性，即激光具有很高的光子简并度，也就是说，激光可以在很大的相干体积内有很高的相干光强。以下我们将分别讨论激光束的这四个特性，说明这些特性的物理意义并分析激光束具有这些特性的原因。

　　1. 激光的方向性

　　激光器输出的激光束具有很高的定向性，一般激光器只向着数量级约为 $10^{-6}\,\mathrm{sr}$(球面度)的立体角范围内发射激光束，它比普通光源 4π 弧度的立体角范围里发光要小几百万倍。由此可见,激光束的方向性比普通光源发出的光好得多。激光束好的方向性主要是由于激光器受激辐射的机理和光学谐振腔对光束的方向限制所决定。然而,激光所能达到的最小光束发散角还要受到衍射极限的限制,它不能小于激光通过输出孔径的衍射角 θ_m , θ_m 称为衍射极限。设光腔的输出孔径为 D ,则

$$\theta_m \approx \frac{\lambda}{D} \tag{1-8-1}$$

式中 θ_m 的提纲为弧度 (rad) ; λ 为激光波长。由此可得激光束的立体发散角

$$\Omega_m = \theta_m^2 = \left(\frac{\lambda}{D}\right)^2 \tag{1-8-2}$$

式中 Ω_m 为立体衍射角,其量纲为 sr 。

例如,He-Ne 气体激光器, $\lambda = 0.6328$ 微米,取 $D = 3$ 毫米,则衍射极限 $\theta_m \approx 2 \times 10^{-4}$ 弧度,即为 0.2 毫弧度(mrad)。实际 He-Ne 激光器已达 3×10^{-4} 弧度,这数值已十分接近衍射极限 θ_m 。固体激光器方向性较差,一般在 10^{-2} 弧度,半导体激光器发散角更大,约在 $(5 \sim 10) \times 10^{-2}$ 弧度。

2. 激光的单色性

普通光源发出的光,其光谱成分有连续的或准连续的,它由各种颜色的光组成,某一种颜色的光都有一个比较宽的波长范围,所以不能称为单色光。即使同一种原子从高能级 E_2 跃迁到另一个低能级 E_1 而发射某一频率 ν 的光谱线,也总是有一定频率宽度 $\Delta\nu$ 的,这是由于原子的激发态总有一定的能级宽度,以及其他种种原因引起的频率宽度 $\Delta\nu$ (见第四章第二节)。激光的谱线成分也不是绝对纯净的,所谓单色性是指中心波长为 λ ,线宽为 $\Delta\lambda$ 范围的光, $\Delta\lambda$ 叫谱线宽度。单色性常用比值 $\Delta\nu/\nu = \Delta\lambda/\lambda$ 来表征,同样也可用频率范围为 $\Delta\nu$ 表示单色性。由于 $\nu = c/\lambda$,所以上述比例式可写成

$$\Delta\nu = C\frac{\Delta\lambda}{\lambda^2} \tag{1-8-3}$$

由此可见,对于一条光谱线若已知 $\Delta\nu$,则可由(1-8-3)式求出 $\Delta\lambda$,反之亦可。一般地说,线宽 $\Delta\nu$ 和 $\Delta\lambda$ 越窄,光的单色性越好。在普通光源中,即使是单色性最好的同位素 Kr^{86} 灯发出波长 $\lambda = 0.6057$ 微米的光谱线,在低温条件下,其宽度 $\Delta\lambda = 0.47 \times 10^{-6}$ 微米。与此相比,一台单模稳频 He-Ne 激光器发出的波长 $\lambda = 0.6328$ 微米激光,其宽度可窄到 $\Delta\lambda < 10^{-11}$ 微米。由此可见,采用单模稳频技术后的激光其单色性非常好,这是普通光源所达不到的。

3. 激光的高亮度

光源的亮度是表征光源定向发光能力强弱的一个重要参量。对于在发光表面垂直的方向上,光源亮度

$$B = \frac{\Delta P}{\Delta S \Delta \Omega} \tag{1-8-4}$$

这样定义的亮度,通常也称为定向亮度,其量纲为 $W/(cm^2 \cdot sr)$ 。(1-8-4)式中, ΔP 为光源在面积为 ΔS 的发光表面上和 $\Delta \Omega$ 立体角范围内发出的光功率;对于激光器来说, ΔP 相当于输出激光功率, ΔS 为激光束截面积, $\Delta \Omega$ 为光束立体发散角。

普通光源,由于定向性很差,因此亮度极低。例如太阳的亮度值为 $B \approx 2 \times 10^3 W/(cm^2 \cdot sr)$ 。

对于激光器来说,由于谐振腔对光束的方向限制作用,输出光束的发散角很小,因此相应的亮度值很高,按目前发展水平,一般常见的各类激光器输出激光的亮度值范围为

气体激光器：$B = 10^4 \sim 10^8 \, \mathrm{W/(cm^2 \cdot sr)}$

固体激光器：$B = 10^7 \sim 10^{11} \, \mathrm{W/(cm^2 \cdot sr)}$

调 Q 固体激光器：$B = 10^{12} \sim 10^{17} \, \mathrm{W/(cm^2 \cdot sr)}$

由上述数值可看出，激光输出定向亮度值远远大于普通光源的亮度值。目前利用锁模技术，已能使钕玻璃激光器发出 $\Delta t < 3 \times 10^{-12} \, \mathrm{s}$ 的超短脉冲，峰值功率已超过 $17 \times 10^{12} \, \mathrm{W}$，其亮度就更高了。

总之，正是由于激光能量在空间上和时间上的高度集中，才使得激光具有普通光所达不到的亮度。

4. 相干性

光的相干性是指在不同时刻、不同空间点上两个光波场的相关程度。这种相关程度在两个光波传播到空间同一点叠加时，则表现为形成干涉条纹的能力。

光频电磁场的相干特性，完全由辐射场本身的空间方向分布特性和频谱分布特性所决定。相干性又可分为空间（横向）相干性和时间（纵向）相干性。空间相干性用来描述垂直于光束传播方向上各点之间的相位关系，而时间相干性则用来描述光束传播方向上各点的相位关系。

(1)空间相干性

空间相干性是指光源在同一时刻、在不同空间、各点发出的光波相位关联程度。光束的空间相干性和它的方向性是紧密联系的。对于普通光源，其空间相干性可以用杨氏双缝干涉实验（如图 1-3-2）来说明光辐射场的空间相干性。从(1-3-9)式可以看出，只有当光束发散角小于某一限度，即 $\Delta\theta \leqslant \dfrac{\lambda}{\Delta x}$ 时，光束才具有明显的空间相干性。由平行平面腔 FEM_{00} 单横模激光器可知，工作物质内所有激发态原子在同一 FEM_{00} 模光波场激发下受激辐射，并且受激辐射光与激发光波场同相位、同频率、同偏振和同方向，即所有原子的受激辐射都在 TEM_{00} 模内，因而该激光器发出的 TEM_{00} 模激光束接近于沿腔轴传播的平面波，即接近完全相干的光，并具有很小的光束发散角。为了提高激光器的空间相干性，首先应限制激光器工作在 IEM_{00} 单横模，其次是选择合理的腔结构以提高激光束的方向性。

(2)时间相干性

时间相干性是指光源同一点在不同的时刻 t_1 和 t_2 发出的光波的相位关联程度。同样，光束的时间相干性和它的单以性亦是紧密联系的。对于普通光源的时间相干性可用迈克尔逊干涉仪实验来说明光波辐射场的时间相干性。(1-3-4)式 $\tau_1 = 1/(\Delta\nu)$ 说明光波的相干时间 τ_c 和单位性 $\Delta\nu$ 之间的关系。

由于激光辐射的单色性很高，频率 $\Delta\nu$ 很小，其相干时间 τ_c 很长，亦即时间相干性很好。例如正弦波在同一点任意二个时刻的光有固定相位差，能产生干涉，所以是相干的。光谱线越窄越接近于正弦波，时间相干性就越好。时间相干性还可用相干长度 $L_c = C/(\Delta\nu)$ 表示，其物理意义是沿光束传播方向上小于或等于 L_c 距离内，空间任意两点的光场都是完全相干的。激光的单色性好（$\Delta\nu$ 小）决定了它具有很长的相干长度。例如 He-Ne 稳频激光器的频宽 $\Delta\nu$ 可以窄到 $10\,\mathrm{kHz}$，相干长度达到 $30\,\mathrm{km}$。

综上所述，激光器的单模（TEM_{00}）和稳频（单纵模）对提高相干性十分重要，一个稳频的 TEM_{00} 单纵模 He-Ne 激光器发出的激光十分接近于理想的单色平面波，即完全相干光。

习　题

1.1　为使氦氖激光器的相干长度达到 1km,它的单色性 $\Delta\lambda/\lambda$ 应是多少?

1.2　(1)一质地均匀的材料对光的吸收为 $0.01mm^{-1}$,光通过 10cm 长的该材料后,出射光强为入射光强的百分之几? (2)一光束通过长度为 1m 的均匀激活的工作物质,如果出射光强是入射光强的两倍,试求该物质的增益系数。

1.3　如果激光器和微波激射器分别在 $\lambda=10\mu m$,$\lambda=5\times10^{-1}\mu m$ 和 $\nu=3000MHz$ 输出 1W 连续功率,试问每秒钟从激光上能级向下级能跃迁的粒子数是多少?

1.4　设一光子的波长 $\lambda=5\times10^{-1}\mu m$,单色性 $\Delta\lambda/\lambda=10^{-7}$,试求光子位置的不确定量 Δx,若光子的波长变为 $5\times10^{-4}\mu m$(x 射线)和 $5\times10^{-8}\mu m$(γ 射线),则相应的 Δx 又是多少?

1.5　设一对激光能级为 E_2 和 E_1($g_1=g_2$),两能级间的跃迁频率为 ν(相应的波长为 λ),能级上的粒子数密度分别为 n_2 和 n_1,试求

(1)当 $\nu=3000MHz$、$T=300K$ 时,$n_1/n_2=$?

(2)当 $\lambda=1\mu m$、$T=300K$ 时,$n_2/n_1=$?

(3)当 $\lambda=1\mu m$、$n_2/n_1=0.1$ 时,$T=$?

1.6　假定工作物质的折射率 $\eta=1.73$,试问 ν 为多大时,$A_{21}/B_{21}=1J\cdot S/m^3$,这是什么光范围?

1.7　如果工作物质的某一跃迁波长为 100nm 的远紫外光,自发跃迁几率 A_{10} 等于 10^6S^{-1},试问:(1)该跃迁的受激辐射爱因斯坦系数 B_{10} 是多少? (2)为使受激跃迁几率比自发跃迁几率大三倍,腔内的单色能量密度 ρ 应为多少?

1.8　如果受激辐射爱因斯坦系数 $B_{10}=10^{19}m^3s^{-3}w^{-1}$,试计算在(1)$\lambda=6\mu m$(红外光);(2)$\lambda=600nm$(可见光);(3)$\lambda=60nm$(远紫外光);(4)$\lambda=0.60nm$($x$ 射线时),自发辐射跃迁几率 A_{10} 和自发辐射寿命。又如果光强 $I=10W/mm^2$,试求受激跃迁几率 W_{10}。

1.9　由两个全反射镜组成的稳定光学谐振腔,腔长为 0.5m,腔内振荡光的中心波长为 6328A,试求该光的频带宽度 $\Delta\lambda$ 的近似值。

1.10　(1)一光束入射到长为 10cm,增益系数为 $0.5cm^{-1}$ 的工作物质中,求出射光强以对入射光强的比值;(2)一初始光强为 I_0 波长为 λ 的光束入射到长为 l 的工作物质中,如果它的增益系数为 $G=A\cos^2 kz$($0\leqslant z\leqslant l$),式中 A 和 k 为常数。试求从工作物质出射的光强 I 的表达式。

1.11　一支氩离子激光管连续输出功率 1W,在输出镜面上的光斑半径为 0.5mm,光束发散角为 1mrad,求此氩离子激光管的辐射亮度,并且试与太阳表面的积分辐射亮度作比较(太阳表面温度 $T=6000K$)。

1.12 有一支输出波长为 6328A,线宽为 10^3 Hz,输出功率为 1mW 的氦氖激光器,发散角为 1mrad。问:(1)每秒发出的光子数目是多少? (2)如果输出光束的直径是 1 毫米,那么对于一个黑体来说,要求它从相等的面积上以及整个相同的频率间隔内,发射出与激光器发射相同的光子,所需温度应多高?

第二章　光学谐振腔

　　光学谐振腔是常用激光器的三个主要组成部分之一,在简单情况下,它是在激活物质两端适当地放置两个反射镜组成。它的作用是提供正反馈,使激活介质中产生的辐射能多次通过介质,当受激辐射所提供的增益超过损耗时、在腔内得到放大、建立并维持自激振荡。它的另一个重要作用是控制腔内振荡光束的特性,使腔内建立的振荡被限制在腔所决定的少数本征模式中,从而提高单个模式内的光子数,获得单色性好、方向性好的强相干光。通过调节腔的几何参数,还可以直接控制光束的横向分布特性、光斑大小、振荡频率及光束发散角等。研究光学谐振腔的目的,就是通过了解谐振腔的特性,来正确设计和使用激光器的谐振腔,使激光器的输出光束特性达到应用的要求。

　　光学谐振腔的研究大量集中在无源腔上(又称为非激活腔或被动腔),即无激活介质存在的腔。当腔内充有工作介质并设有能源装置后称为有源腔(激活腔或主动腔)。理论和实验表明,对于低增益或中等增益的激光器,无源腔的模式理论可以作为有源腔的良好近似,但对高增益激光器,必须适当加以修正。激活介质的作用主要在于补偿腔内电磁场在振荡过程中的能量损耗,使之满足阈值条件,而激活介质对场的空间分布和振荡频率的影响是次要的,不会使模发生本质的变化。至于激活介质存在引起的某些效应,如增益介质中的模竞争效应,增益介质在跃迁中心频率附近的反常色散所引起的频率牵引效应等。我们将在第四、五、六章中再作适当介绍。

　　关于光学谐振腔的理论,可归结为用近轴光线处理方法的几何光学理论和波动光学的衍射理论,由这两种理论都可以得到腔内场的本征状态(即模式)。几何光学理论分析在各种几何结构的激光腔中光线的行为。在本章中,我们将讨论传播矩阵并用以处理光腔中激光束的传播和光腔的稳定条件,然而几何光学分析方法的主要缺点在于不能得到谐振腔的衍射损耗和波模特性的深入描述,只考虑腔的菲涅耳数 N 甚大于 1 的腔特性。为了对腔模特性作更深入的了解,必须用菲涅耳——基尔霍夫衍射积分为基础的光学谐振腔的衍射积分方程理论,利用这个方程原则上可以求得任意光腔(稳定腔、非稳定腔和临界腔)的模参数,包括腔模的场振幅、相位分布、谐振频率和衍射损耗等。然而目前尚只有对称共焦腔才能求出衍射积分方程的近似解析解,在此基础上可解决一般稳定球面腔的模式问题。

第一节　光学谐振腔的构成和作用

一、光学谐振腔的构成和分类

　　最简单的光学谐振腔是在激活介质两端恰当地放置两个镀有高反射率的反射镜构成,

与微波腔相比光频腔的主要特点是:侧面敞开的、设有光学边界以抑制振荡模式,并且它的轴向尺寸(腔长)远大于振荡波长,一般也远大于横向尺寸即反射镜的线度。因此,这类腔为开放式光学谐振腔,简称开腔。通常的气体激光器和部分固体激光器谐振腔具有开腔的特性。

近几年,由于半导体激光器和气体波导激光器的迅速发展,固体介质波导腔和气体空心波导腔日益受到人们的重视。由于波导管的孔径往往较小,以致不能忽略侧面边界的影响。半导体激光谐振腔是波导腔的另一种形式,它们可称作为"半封闭腔"。

开式谐振腔是最重要的结构形式,除了平行平面腔(简称 F-P 腔)及由两块共轴球面镜构成的谐振腔外;还有由两个以上的反射镜构成的折叠腔和环形腔;由两个或多个反射镜构成的开腔内插入透镜一类光学元件而构成的复合腔等。反射镜的形状也还有抛物面、双曲面、柱面等型式。本章主要讨论共轴球面镜腔(也包括平行平面腔)的模特性。

激光器中常见的谐振腔的形式(图 2-1-1):

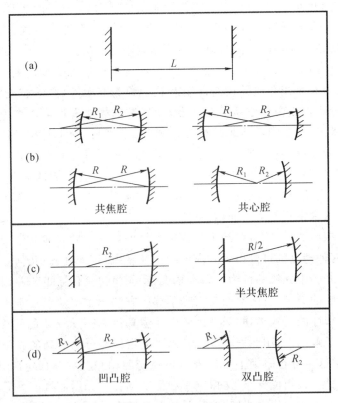

图 2-1-1 光学谐振腔的几种常见形式
(a)平行平面腔;(b)凹球面镜腔;(c)平凹腔;(d)凹凸与双凸腔

1. 平行平面镜腔。由两块相距 L、平行放置的平面反射镜构成,如图 2-1-1(a)所示。

2. 双凹球面镜腔。由两块相距为 L,曲率半径分别为 R_1 和 R_2 的凹球面反射镜构成,如图 2-1-1(b)所示。图中黑圆点表示凹面镜的曲率中心。

当 $R_1=R_2=L$ 时,两凹面镜焦点在腔中心处重合,称为对称共焦球面镜腔;当 $R_1+R_2=L$ 表示两凹面镜曲率中心在腔内重合,称为共心腔。

3. 平面—凹面镜腔。由相距为 L 的一块平面反射镜和一块曲率半径为 R 的凹面反射镜构成。当 $R = 2L$ 时,这种特殊的平凹腔称为半共焦腔,如图 2-1-1(c)所示。

4. 特殊腔。如由凸面反射镜构成的双凸腔、平凸腔、凹凸腔等,在某些特殊激光器中,需使用这类谐振腔,如图 2-1-1(d)所示。

二、光学谐振腔的作用

谐振腔是激光器的重要组成部分之一,对大多数激光工作物质,适当结构的谐振腔对产生激光是必不可少的。其主要作用表现在下列两个方面:

1. 提供光学正反馈作用

激光器内受激辐射过程具有"自激"振荡的特点,即由激活介质自发辐射诱导的受激辐射,在腔内多次往返而形成持续的相干振荡。腔的正反馈作用是使得振荡光束在腔内行进一次时。除了由腔内损耗和通过反射镜输出激光束等因素引起的光束能量减少外,还能保证有足够能量的光束在腔内多次往返经受激活介质的受激辐射放大而维持继续振荡。

谐振腔的光学反馈作用取决于两个因素:一是组成腔的两个反射镜面的反射率,反射率越高,反馈能力越强;二是反射镜的几何形状以及它们之间的组合方式。上述两个因素的变化都会引起光学反馈作用大小的变化,即引起腔内光束损耗的变化。

2. 产生对振荡光束的控制作用

主要表现为对腔内振荡光束的方向和频率的限制。由于激光束的特性与光腔结构有密切联系,因而可用改变腔的参数(反射镜、几何形状、曲率半径、镜面反射率及配置)方法来达到控制激光束的目的。具体地说,可达到以下几方面的控制作用:(1)有效地控制腔内实际振荡的模式数目,使大量的光子集结在少数几个状态之中,提高光子简并度,获得单色性好,方向性强的相干光;(2)可以直接控制激光束的横向分布特性、光斑大小、谐振频率及光束发散角等;(3)可以改变腔内光束的损耗,在增益一定的情况下能控制激光束的输出功率。

应该指出,对于激活介质具有足够高增益的情况下,无需反射镜,而只利用激活介质对自发辐射的行波放大作用,也能获得时空相干性好、方向性强的光束,通常将这种情况称为超辐射,但超辐射的光束特性一般较激光振荡器时要差。当然,这毕竟是一种个别情况,对一般低增益的激活介质,只有利用腔的正反馈作用,使辐射光多次通过增益介质才能不断获得受激放大直到饱和,才能形成高强度的相干辐射。在这种情况下,反射镜的重要作用是非常突出的。

第二节　光学谐振腔的模式

电磁场理论表明,在具有一定边界条件的腔内,电磁场只能存在于一系列分立的本征状态之中,场的每种本征状态将具有一定的振荡频率和空间分布。通常将谐振腔内可能存在的电磁场本征态称为腔的模式(或称波型)。从光子的观点来看,腔的模式也就是腔内可区分的光子状态,同一模式内的光子、具有完全相同的状态(如频率、偏振和运动方向)。不同的模对应于不同的场分布和振荡频率。光学谐振腔的模式可以分为纵模和横模。

腔内电磁场的本征态应由麦克斯韦方程组及腔的边界条件决定。由于不同类型和结构的谐振腔其边界条件各不相同，因此谐振腔的模式也各不相同，如果给定了腔的具体结构，则振荡模的特征也随之确定下来，这表明了模式对腔的结构之间具体依赖关系。根据所选择的几何结构，可以在腔内建立驻波或行波，或二者均建立。例如，在平行平面反射镜或球面反射镜构成的谐振腔中建立驻波，在这种驻波模中，相反方向传播的波之间有固定相位和振幅关系。而由多个反射镜构成的多边形振荡回路谐振腔（即环形腔）能够建立一系列的行波。在行波模中，沿同一路径在相反方向传播的波振幅之间是互不相关的。

一、驻波条件

现在分析均匀平面波在平行平面腔内沿腔轴线方向的往返传播。当光波在腔镜上反射时，入射波和反射波会发生干涉，为在腔内形成稳定的振荡，要求光波因干涉而得到加强。由多光束干涉理论知道，相长干涉的条件是：光波在腔内沿轴线方向传播一周，如图 2-2-1(a)$A \to A' \to B$ 所产生的相位差 $\Delta\Phi$ 为 2π 整数倍，也就是说，只有某些特定频率的光才能满足谐振条件：

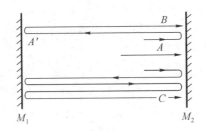

图 2-2-1　（a)平行平面腔中平面波的往返传播

$$\Delta\Phi = q \cdot 2\pi \tag{2-2-1}$$

式中：q 为正整数。

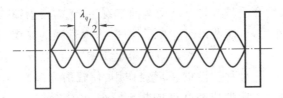

图 2-2-1　（b)光腔中的驻波

设图 2-2-1(b)中所示的平行平面谐振腔内充满折射率为 η 的均匀介质，腔长为 L（几何长度），光波在腔内轴线方向来回一周所经历的光学长度为 $2L' = 2\eta L$。

由程差和相差间的关系式得到相应改变量为

$$\Delta\Phi = \frac{2\pi}{\lambda} \cdot 2\eta L = q \cdot 2\pi \tag{2-2-2}$$

式中，λ 为光波在真空中的波长。由(2-2-2)式可得

$$L = q \cdot \frac{\lambda}{2\eta} = q \frac{\lambda_q}{2} \tag{2-2-3}$$

式中 $\lambda_q = \lambda/\eta$ 为物质中的谐振波长。谐振频率为

$$\nu_q = q \cdot \frac{C}{2\eta L} \tag{2-2-4}$$

式中下标为对应于序数 q 的波长或频率。

由上述讨论可知,长度为 L 的平行平面腔只对频率满足(2-2-4)式沿轴向传播的光波共振,从而提供正反馈,因此,(2-2-4)式称为谐振条件,ν_q 称为腔的谐振频率。在平行平面腔内存在两列沿轴线相反方向传播的同频率光波,这两列光波叠加的结果,将在腔内形成驻波。根据波动光学,当光波波长和平行平面腔腔长满足(2-2-3)式时,将在腔内形成稳定的驻波场,这时腔长应为半波长的整数倍,参看图2-2-1(b)。(2-2-3)式称为驻波条件。因为(2-2-3)式与谐振条件(2-2-4)式是等价的,所以,激光器中满足谐振条件的不同纵模对应着谐振腔内各种不同的稳定驻波场。

二、纵模

平行平面腔中,满足(2-2-4)式沿轴线方向(即纵向)形成的驻波场称为它的本征模式。其特点是:在腔的横截面内场是均匀分布的,沿腔的轴线方向形成驻波,驻波的波节数由 q 决定。通常把由整数 q 所表征的腔内纵向的稳定场分布称为激光的纵模(或轴模),q 称为纵模的序数(即驻波系统在腔的轴线上零场强度的数目)。不同的纵模相应于不同的 q 值,对应不同的频率。

腔内两个相邻纵模频率之差 $\Delta\nu_q$ 称为纵模的频率间隔。由(2-2-4)式得

$$\Delta\nu_q = \nu_{q+1} - \nu_q = \frac{C}{2\eta L} \tag{2-2-5}$$

由(2-2-5)式可知,$\Delta\nu_q$ 与 q 无关,对于一定的光腔为一常数,因而腔的纵模在频率尺度上是等距离排列的,如图2-2-2所示。图中每一个纵模均有一定的谱线宽度 $\Delta\nu_C$。

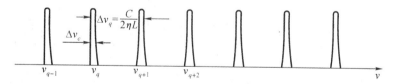

图 2-2-2　平行平面腔的纵模

例如,对于腔长 $L = 10$ 厘米的 He-Ne 气体激光器,设 $\eta = 1$,由(2-2-5)式可得 $\Delta\nu_q = 1.5 \times 10^9$ Hz;对腔长 $L = 30$ 厘米的 He-Ne 气体激光器,$\Delta\nu_q = 0.5 \times 10^9$ Hz。由于普通的 Ne 原子辉光放电中,其中心频率 $\nu = 4.74 \times 10^{14}/s$(波长为6328A)的荧光光谱线宽 $\Delta\nu_q = 1.5 \times 10^9$ Hz。但在光学谐振腔中允许的谐振频率是一系列分列的频率,其中只有满足谐振条件(2-2-4)式,同时又满足阈值条件,且落在 Ne 原子 6328A 荧光线宽范围内的频率成分才能形成激光振荡。因此10cm腔长的 He-Ne 激光器只能出现一种频率的激光。通常称为只有一个纵模振荡。这种激光器称为单频(或单纵模)激光器。而腔长 30cm 的 He-Ne 激光器则可能出现三种频率的激光,也就是可能出现三个纵模。这种激光器称为多频(或多纵模)激光器,如图2-2-3所示。

由此可知,光学谐振腔的谐振条件决定的谐振频率有无数个,但只有落在原子(或分子、离子)的荧光谱线宽度内,并满足阈值条件的那些频率才能形成激光,激光的纵模频率

相应于一定 q 值下的谐振频率,因而纵模频率只是有限的几个。激光器中出现的纵模数与下列两个因素有关:

(1)工作原子(分子或离子)自发辐射的荧光线宽 $\Delta\nu_F$ 越大,可能出现的纵模数越多。

(2)激光器腔长 L 越大,相邻纵模的频率间隔 $\Delta\nu_q$ 越小,因而同样的荧光谱线宽度内可容纳的纵模数越多。

在这里,我们利用平面波在平行平面腔中的相长干涉,正确地绘出腔内存在不同频率的多纵模振荡的可能性。而且正确地求出了纵模频率的间隔的公式(2-2-5)。同样地,这一公式也可以很容易地由法卜里-珀洛(Fabry-Perot)干涉仪理论得出。

在本章后几节我们还将看到,对于其他类型的

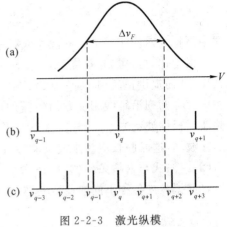

图 2-2-3 激光纵模
(a)荧光谱线;(b)单个纵模在荧光线宽内;
(c)三个纵模在荧光线宽内

谐振腔,如球面腔,具有同一横向场分布(模)的相邻纵模间隔都可用(2-2-5)式计算,因此,这是光腔理论的重要结果之一。

三、横模

除了纵向(Z 轴方向)外,腔内电磁场在垂直于其传播方向的横向 X-Y 面内也存在稳定的场分布,通常称为横模,不同的横模对应于不同横向稳定的光场分布和频率,图 2-2-4 示出矩形反射镜(轴对称)和圆形反射镜(旋转对称)系统中最初若干个横模的图形及线偏振腔模结构。图中箭头长短表示振幅大小,箭头所示为场强方向。

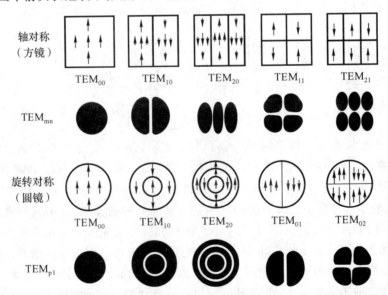

图 2-2-4 方形反射镜和圆形反射镜的横模图形及线偏振腔模结构

激光的模式一般用符号 TEM_{mnq} 来标记,其中 TEM 表示横向电磁场。q 为纵模的序

数,即纵向驻波波节数,一般为 $10^4 \sim 10^7$ 数量级,通常不写出来。m,n(圆形镜,用 p,l 表示)为横模的序数用正整数表示,它们描述镜面上场的节线数。我们把 $m=0,n=0$,TEM$_{000}$ 称为基模(或横向单模),是光斑的最简单结构,模的场集中在反射镜中心,而其他的横模称为高阶横模,即在镜面上将出现场的节线(即振幅为零的位置)且场分布的"重心"也将靠近镜的边缘。不同横模不但振荡频率不同,在垂直于其传播方向的横向 X-Y 面内的场分布也不同。

对于方形镜(轴对称情况)TEM$_{mn}$,m 表示 x 方向的节线数,n 表示 y 方向的节线数。对圆形镜(旋转对称情况)TEM$_{pl}$,p 表示径向节线数,即暗环数,l 表示角向节线数,即暗直径数。

通常激活介质的横截面是圆形的,所以横模图形应是旋转对称的。但实际激光器却常出现轴对称横模,这是由于激活介质的不均匀性或谐振腔内插入元件(如布儒斯特窗,透镜等元件)而破坏了腔的旋转对称生缘故。

四、横模的形成

上节讨论了纵模光波在腔内的多次往返传播形成纵向稳定驻波场分布,下面分析这种往返传播对横向光场分布的影响。

设平行平面谐振腔如图 2-2-5(a)所示,两块反射镜的直径为 $2a$,间距为 L(即腔长),由于反射镜几何尺寸是有限的。因此只有落在镜面上的那部分光束才能被反射回来,亦即当光束在两镜间往返传播时,必然会因镜边缘的衍射效应而产生损耗。设初始时刻在镜 1 上有某个场分布 u_1,则光波在腔镜中由镜 1 传到镜 2 时,将在镜 2 上产生一个新的场分布 u_2,场 u_2 经过第二次传播后又将在镜 1 上产生一个新的场分布 u_3,每经过一次传播,光波因衍射而损失一部分能量,并且衍射还将引起能量分布的变化。因此,经过一次往返传播之后所生成的场 u_3 不仅振幅小于 u_1,而且其分布可能与 u_1 不同。以后 u_2 又产生 u_4……,这一

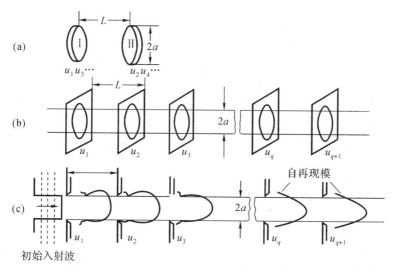

图 2-2-5　开腔中自再现模的形成

(a)理想开腔;(b)孔阑传输线;(c)自再现模的形成

过程将一直往返下去。理论分析表明,经过足够多次的往返传播之后,腔内形成这样一种稳态场,它的相对分布不再受衍射影响,它在腔内往返一次后能够"自再现"出发时的场分布。这种稳态场经一次往返后唯一可能的变化,仅是镜面上各点的场振幅按同样的比例衰减,各点的相位发生同样大小的滞后。这种在腔反射镜面上经过一次往返传播后能"自再现"的稳定场分布称为自再现模或横模。若两个镜面是完全相同的对称腔,这种稳定场分布经单程传播后即实现自再现。

在实际情况中,谐振腔的截面是受腔中的其他光阑所限制。如气体激光器,放电管孔径就是谐振腔的限制孔。为了形象地理解开腔中自再现模的形成过程,把平行平面谐振腔中光波来回反射的传播过程,等效于光波在光阑传输线中的传播。这种光阑传输线如图2-2-5(b)所示,它由一系列间距为 L、直径为 $2a$ 的同轴孔径构成,这些孔径开在平行放置无限大、完全吸收的屏上。

设有一个无限扩展的具有等相位面的平面光波,沿轴向射到第一个光阑上,如图2-2-5(c)所示,假如入射光在进入第一个光阑之前,场的振幅分布沿光阑是均匀的。经第一个光阑后,由于衍射作用将使波阵面发生畸变,部分光将偏离原来的传播方向,产生一些衍射瓣,使光波的振幅和相位分布均发生一些变化。射到光阑孔以外的光将被黑体屏所完全吸收。当通过第二孔时,边缘部分的衍射波又被光阑所挡,其边缘强度将比中心部分小,且振幅和相位分布又产生了一些新的变化。这样顺次通过第三、四光阑时将继续发生上述过程。每通过一次光阑,光波的振幅和相位都要发生一次改变。可以设想,通过一系列的光阑后光波逐渐趋近于一种稳定的状态,即相当于镜面上来回反射光波的相对振幅和相位不再发生变化,这种稳态"自再现"场分布称为谐振腔的横模。这种分布的特点是光能集中在光斑中心部分,而边缘部分光强甚小。

应当指出,振荡模主要是因为光波通过光阑系统,一再受到周期性的损失,其振幅和相位不断地进行再分布所造成的结果,它与初始的波形和特性无关,即使原始波不是空间相干的,它在经过这一系列光阑之后,也将变成相干光。因为光孔截面上的一列子波的传播,在衍射时不仅使部分光波衍射朝外,也使一部分光波衍射朝内,光阑截面上的各列子波的这种相互混杂,在经过大量的穿透之后,光阑截面上一点的光波就不总是与第一光阑上某一点的光波相联系,而是与它整个截面上的子波列有关,在这种情况下,一种原来是部分空间相干的或完全不相干的准单色光,将可能变成完全的空间相干光。当然,在空腔中,这种过程将伴有巨大的能量损失。在激光器中,这种损失将由激活介质的增益获得补偿。

综上所述,激光的横模,实际上就是谐振腔所允许的(也就是在腔内来回反射,能保持稳定不变的)光场的各种横向稳定分布。

三、激光模式的测量方法

由上述分析可知,不同横模的光强在横截面上有不同的分布。对连续可见波段的激光器,只须在光路中放置一个光屏,即可观察激光的横模光斑形状,可粗略地给以判别;或者利用拍照的方法,小孔或刀口扫描方法也可直接扫描出激光束的强度分布,从而确定激光横模的分布形状。

激光的纵模常用法卜里-珀洛(F-P)扫描干涉仪来观察连续激光输出的模式结构,当然也能分析横模的存在。在实验中主要用球面扫描干涉仪,它的结构与F-P标准具的构造类似,差别在于用球面镜来代替平面镜,图 2-2-6 所示的是由两块共焦球面镜组成,它们是平行放置的,一块球面镜的位置固定,另一块球面镜粘在圆筒型的压电陶瓷上而可以移动。由于干涉仪最大透过率的波长就是干涉仪的共振波长,该波长是干涉仪腔长 L 的线性函数(设光束垂直入射)为

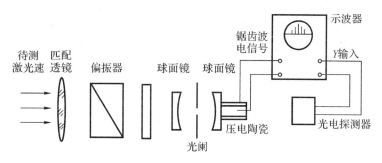

图 2-2-6　扫描干涉仪原理图

$$2\eta L = m\lambda \quad (m \text{ 为正整数}) \tag{2-2-6}$$

因此只有激光束中满足(2-2-6)式的那些频率成分才能通过干涉仪。利用锯齿波信号线性地改变腔长,即可对激光束中被允许通过的频率作周期性扫描。如果激光有多个模式的频率落在扫描周期的频率范围内,则在此周期内,这些模式的频率将先后通过干涉仪,由光电探测器接收后在示波器上显示出来。扫描干涉仪的分辨率可高达 10^3,它足以分辨不同模式的频率,因此,通过测量模式的频率可以判定光束的模式结构。

由(2-2-6)式可以得到,当干涉仪腔长改变 dL 时,某一透过峰的共振频率[$\nu = mc/(2\eta L)$]相应变化 $d\nu$ 与干涉仪自由光谱区频率间隔 $\Delta\nu$ 之比为

$$\frac{d\nu}{\Delta\nu} = -\frac{dL}{(\lambda/4\eta)} \tag{2-2-7}$$

式中 $\Delta\nu = c/(4\eta L)$ 即共焦球面扫描干涉仪的自由光谱区。由(2-2-7)式可知,干涉仪腔长改变 1/4 波长,就会使它的峰值频率变化一个频率间隔 $\Delta\nu$,因此扫描总长度应限于 $dL < \lambda/4\eta$。利用这种特性,逐渐改变干涉仪的腔长,从而把入射到干涉仪上激光束的纵模频率逐一分析显示出来。在实际应用中应考虑到干涉仪的透射峰宽度比激光器输出光信号中的光谱细节宽度小得多;同时光信号的光谱宽度应该小于干涉仪的自由光谱区频率间隔,从而可避免同时有多个峰值频率透过而引起的混乱。

为了防止反射光重新回到待测激光器中,可以在干涉仪前加装由偏振器和 $\lambda/4$ 波片组成的光学隔离器。

第三节　光学谐振腔的损耗,Q 值及线宽

损耗的大小是评价谐振腔的重要指标,在激光振荡过程中,光腔的损耗决定了振荡的阈值和激光的输出能量。本节将对无源(非激活)开腔的损耗作一般分析,并由此讨论表征无源腔质量的品质因数 Q 值及线宽。

一、光腔的损耗

光学开腔的损耗大致包含如下几方面。

1. 几何损耗

根据几何光学观点,可以用近轴光线来描述激光腔内的往返传播过程。一些不平行于光轴的光线在某些几何结构的腔内经有限次往返传播后,有可能从腔的侧面偏折出去,即使平行于光轴的光线也仍然存在有偏折出腔外的可能,故称为腔的几何损耗,其大小首先取决于腔的类型和几何尺寸。其次,几何损耗的高低依横模阶次的不同而异,可用几何光学方法估算。

2. 衍射损耗

根据波动光学观点,由于反射镜几何尺寸是有限的,因而光波在腔内往返传播时,必然因腔镜边缘的衍射效应而产生损耗。如果在腔内插入其他光学元件,还应考虑其边缘或孔径的衍射引起的损耗,通常将这类损耗称为衍射损耗,由求解腔的衍射积分方程得出,其大小与腔的菲涅耳数 $N=a^2/L\lambda$ 有关,与腔的几何参数 $g=1-(L/R)$(R 为球面反射镜曲率半径)和横模的阶数有关系。对于实际激光器,反射镜是足够大的,对光束起限制作用的是工作物质的孔径。所以 a 应取工作物质半径,若在腔内加小孔光阑,则应取光阑的半径。衍射损耗与上述因素的关系比较复杂,通常将计算结果用作图表示。

3. 腔镜反射不完全引起的损耗

它包括镜中的吸收、散射以及镜的透射损耗。通常稳定腔至少有一个反射镜是部分透射的,有时透过率还可能是很高的(例如某些固体激光器的输出镜透过率可能大于 50%),以便获得必要的耦合输出,这部分有用损耗称为光腔的透射损耗,它与输出镜的透射率 T 有关。另一个全反射镜,其反射率也不可能做到 100%。

4. 非激活吸收散射等其他损耗

这类损耗是因为激光通过腔内光学元件(如布儒斯特窗、调 Q 元件、调制器等)和反射镜发生非激活吸收、散射等引起的。

前两种损耗常称为选择性损耗,它随不同横模而异,后两种损耗称非选择性损耗,它与光波的模式无关。

为了定量描述损耗大小,可以定义"平均单程损耗因子" δ。设初始光强为 I_0,在腔内往返一周后,光强衰减为

$$I=I_0 e^{-2\delta} \qquad (2\text{-}3\text{-}1)$$

则平均单程损耗

$$\delta=\frac{1}{2}\ln\frac{I_0}{I} \qquad (2\text{-}3\text{-}2)$$

如果损耗是由多种因素引起的(如上所述),每一种损耗可用相应的损耗因子 δ_i 来描述,则总损耗

$$\delta=\sum_i\delta_i=\delta_1+\delta_2+\cdots \qquad (2\text{-}3\text{-}3)$$

表示总损耗因子为各相应损耗因子的总和。

二、光子的平均寿命

由(2-3-1)式可求出光在腔内径 m 次往返传播后光强将由 I_0 衰减为

$$I_m = I_0 e^{-2\delta m} \tag{2-3-4}$$

如果 $t=0$ 时刻的光强为 I_0，则 t 时刻光在腔内往返次数为

$$m = \frac{t}{2L'/C} \tag{2-3-5}$$

式中 L' 为腔的光学长度；c 为真空中的光速。

将(2-3-5)式代入(2-3-4)式，即可得 t 时刻的光强

$$I(t) = I_0 e^{-t/\tau_R} \tag{2-3-6}$$

式中

$$\tau_R = \frac{L'}{\delta C} \tag{2-3-7}$$

称为光子在腔内的平均寿命，简称为光子寿命（亦称为腔的时间常数），是描述光腔性质的一个重要参数。从(2-3-6)式看出，当 $t=\tau_R$ 时

$$I(t) = I_0/e \tag{2-3-8}$$

由此可知，τ_R 即为腔内的光强衰减为初始值的 $1/e$ 所需要的时间。由(2-3-7)式看出，腔损耗 δ 越大，则 τ_R 越小，腔内光强衰减越快。

由于总损耗 δ 可表示成(2-3-3)式，于是有

$$\frac{1}{\tau_R} = \sum_i \frac{1}{\tau_{Ri}} = \frac{1}{\tau_{R1}} + \frac{1}{\tau_{R2}} + \cdots$$

式中 $\tau_{Ri} = L'/\delta_i C$ 为单程损耗因子所决定的光子寿命。

三、无源腔的 Q 值

在无线电电子学的 LC 振荡回路中，微波谐振腔通常可用品质因素 Q 来衡量腔的损耗大小。在光学谐振腔中亦可使用 Q 值来表征腔或系统的特性。谐振腔 Q 值的普通定义为

$$Q = 2\pi\nu \frac{\text{腔内储藏的能量}}{\text{单位时间损耗的能量}} \tag{2-3-9}$$

式中 ν 为腔内电磁场的振荡频率。

设腔内储藏的能量为 W，单位时间内损耗的能量为 $-dW/dt$，所以(2-3-9)式可表示为

$$Q = 2\pi\nu \frac{W}{-dW/dt} \tag{2-3-10}$$

由(2-3-10)式得到腔内光能量的衰减规律为

$$W = W_0 e^{-\pi\nu t/Q} \tag{2-3-11}$$

式中 W_0 是腔内储藏的初始光能量，等于光子的初始数目乘以每个光子的能量，显然
当

$$t = \frac{Q}{2\pi\nu} = \tau_R \tag{2-3-12}$$

时，由(2-3-11)式看出，腔内能量减少初始值的 e 分之一，这段时间，就是光子在腔内的生存时间 τ_R，即光子在腔内的平均寿命。所以，光频谐振腔 Q 值的一般表示式，由(2-3-12)式可得

$$Q = 2\pi\nu\tau_R = 2\pi\nu \frac{L'}{\delta C} \tag{2-3-13}$$

由此式可看出，腔的损耗愈小则 Q 值愈高。

当腔内存在多种损耗时,总的 Q 值为

$$\frac{1}{Q} = \frac{1}{Q_1} + \frac{1}{Q_3} + \cdots = \sum_i \frac{1}{Q_i} \qquad (2\text{-}3\text{-}14)$$

式中

$$Q_i = 2\pi\nu\tau_{Ri} = \omega\frac{L'}{\delta_i C} \qquad (2\text{-}3\text{-}15)$$

为由单程损耗 δ_i 所决定的品质因数。

例如:当 $L = 100$ 厘米,$\delta = 10^{-2}$,$C = 3 \times 10^{10}$ 厘米·秒$^{-1}$,$\nu = 4.8 \times 10^{14}$ 赫兹时,则经计算可得 $\tau_R = 3 \times 10^{-7}$ 秒,$Q = 10^9$。

四、无源腔的线宽

由(2-3-6)式知腔内光强为

$$I(t) = I_0 e^{-t/\tau_R}$$

上式所描述的光场的振幅为

$$A(t) = A_0 e^{-t/2\tau_R}$$

所以,光场中表示为

$$u(t) = A(t)e^{-i\omega t} = A_0 e^{-t/2\tau_R} \cdot e^{-i\omega t} \qquad (2\text{-}3\text{-}16)$$

由付里叶分析可知,形如(2-3-16)式所表征的衰减光场将具有有限的频谱宽度,即

$$\Delta\nu_R = \frac{1}{2\pi\tau_R} = \frac{C\delta}{2\pi L'} \qquad (2\text{-}3\text{-}17)$$

$\Delta\nu_c$ 称为无源腔的线宽,即在图 2-2-2 中表示的每一个纵模的谱线宽度。由(2-3-7)式可知,腔的损耗愈低,光子在腔内的寿命愈长,模式谱线宽度 $\Delta\nu_R$ 也将愈窄。

将(2-3-17)式代入(2-3-13)式可得

$$Q = \frac{\nu}{\Delta\nu_R} \qquad (2\text{-}3\text{-}18)$$

它表明无源腔 Q 值等于谐振腔振荡频率和线宽的比值。需要指出的是,对于一般谐振腔(有源或无源)都满足(2-3-18)式。

总之,腔的品质因素 Q 值是衡量腔质量的一个重要的物理量,它表征腔的储能及损耗特性。Q 值高意味着腔的储能性好,损耗小,腔内光子寿命长,线宽 $\Delta\nu_R$ 窄。同时,Q 值对激光器的阈值特性、输出特性和频率响应特性都有重要影响,设计腔时,应当综合各种因素全面考虑。

第四节　光学谐振腔的几何光学分析

本节讨论菲涅耳数很大(比如说 100 左右)、衍射损耗很小的光腔,所以可用几何光学方法来分析光腔的某些问题。

我们利用近轴光线处理方法来讨论在各种几何结构的光腔中光线的行为。在研究中,用矩阵方法处理光线在光腔中的传播将会特别简便而有效。我们将看到,光腔的稳定性可由某个矩阵的性质来确定,并给出腔的稳定性条件。在讨论光腔之前,首先讨论近轴光线通过各种光学元件的传播矩阵。

一、光线传播矩阵

光线传播矩阵法是一种用矩阵的形式表示光线传播和变换的方法,它是以几何光学为基础的,主要用于描述几何光线通过近轴光学元件(如透镜、球面反射镜)以及波导的传播和变换,用来处理激光束的传播,光学谐振腔等问题。光线在自由空间或光学系统中传播,通过垂直于光轴给定参考面($z=$ 常数,系统对 Z 轴是对称的,只需考虑 x 方向)的近轴光线的特性,可用两个参数来表示:光线离轴距离 $x(z)$ 以及光线与轴的夹角 θ 的斜率 $x'(z)$。我们把这两个参数构成一个列阵,各种光学元件或光学系统对光线的变换作用可用一个二行二列的方阵来表示,而变换后的光线参数可写成方阵与列阵乘积的形式。在近轴光线情况下,光线与轴的夹角是非常小的,所以角度的正弦和正切值,均可用角度的弧度值来代替。则 $\tan\theta\approx\sin\theta\approx\theta$ 总是满足的,所以光线参量角度 θ 就近似等于光线的斜率 $x'=\mathrm{d}x(z)/\mathrm{d}z$,在这里我们规定 x(光线离轴距离)在轴线上方为正、下方为负。光线入射方向指向轴线上方时 θ 为正,反之为负,光线出射方向指向轴线上方为正,下方为负。

我们分析近轴光线在自由空间通过距离 L 的传播,如图 2-4-1 所示。假定光线从入射参考面 P_1 出发,其初始坐标参数为 x_1(离轴距离)和 θ_1(光线对光轴的夹角),行进到出射参考面 P_2 的光束参数为 x_2 和 θ_2。它们之间的关系为

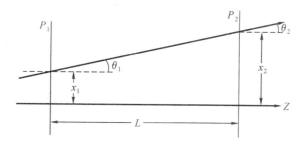

图 2-4-1　近轴光线通过长度 L 均匀介质的传播

$$\begin{cases} x_2=1\cdot x_1+L\cdot\theta_1 \\ \theta_2=0x_1+1\cdot\theta_1 \end{cases} \tag{2-4-1}$$

这个方程可以写成矩阵的形式:

$$\begin{bmatrix} x_2 \\ \theta_2 \end{bmatrix}=\begin{bmatrix} 1 & L \\ 0 & 1 \end{bmatrix}\begin{bmatrix} x_1 \\ \theta_1 \end{bmatrix}=\boldsymbol{M}(L)\begin{bmatrix} x_1 \\ \theta_1 \end{bmatrix} \tag{2-4-2}$$

即任一光线的坐标用一个列矩阵 $\begin{bmatrix} x \\ 0 \end{bmatrix}$ 来表示,而用一个 2×2 方阵

$$\boldsymbol{M}(L)=\begin{bmatrix} 1 & L \\ 0 & 1 \end{bmatrix}$$

来描述光线在自由空间中行进距离 L 时所引起的坐标变换。

1. 简单光学元件的光线矩阵

近轴光线通过一个焦距为 f 的薄透镜,如图 2-4-2 所示。设透镜的两主平面(在这里为两参考面 P_1 和 P_2)间距可略,则可以写成如下关系式:

$$\begin{cases} x_2=1\cdot x_1+0\cdot\theta_1 \\ \theta_2=(-1/f)x_1+1\cdot\theta_1 \end{cases} \tag{2-4-3}$$

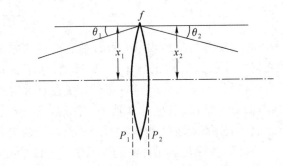

图 2-4-2　光线通过薄透镜的变换

所以,薄透镜的变换矩阵为:

$$\begin{bmatrix} x_2 \\ \theta_2 \end{bmatrix} = \begin{bmatrix} 1 & 0 \\ -1/f & 1 \end{bmatrix} \begin{bmatrix} x_1 \\ \theta_1 \end{bmatrix} = \boldsymbol{M}(f) \begin{bmatrix} x_1 \\ \theta_1 \end{bmatrix} \tag{2-4-4}$$

这里设会聚透镜 $f>0$,发散透镜 $f<0$。

我们考虑近轴光线在球面镜上的反射,如图 2-4-3 所示。设球面反射镜的曲率半径为 R,由反射定律可知入射光线 (x_1,θ_1) 与反射光线 (x_2,θ_2) 有如下关系:

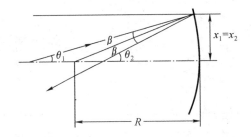

图 2-4-3　球面反射的光线传播

$$-\theta_2 = 2\beta + \theta_1 ; (\theta_1 + \beta)R = x_1$$

消去 β,可得

$$x_2 = x_1$$

$$\theta_2 = -\frac{2x_1}{R} + \theta_1 \tag{2-4-5}$$

因此,传播矩阵为

$$\boldsymbol{M}(R) = \begin{bmatrix} 1 & 0 \\ -2/R & 1 \end{bmatrix} = \begin{bmatrix} 1 & 0 \\ -1/f & 1 \end{bmatrix} \tag{2-4-6}$$

对凹面镜 $R>0$,而对凸面镜 $R<0$,矩阵(2-4-6)式与焦距 $f=R/2$ 的薄透镜对近轴光线的传播矩阵(2-4-4)式是相同的,两者是等效的。即只考虑光线的会聚或发散而不考虑传播方向,这样一个透镜所产生的效果等同于一个球面反射镜的效果。

2. 复杂光学系统的光线矩阵

一个光学系统的矩元和它的光学参数之间具有一定的对应关系。前面讨论了从光学参数来确定一个系统的光线矩阵,现在我们介绍从矩阵元来确定一个系统的光学参数。

表征一个光学系统的主要参数是它的焦距和主面位置。设近轴光线通过一个复杂光学系统如图 2-4-4 所示。系统焦距为 f,入射面与前主面距离 h_1,出射面与后主面距离为

h_2，输入参数(x_1,θ_1)和输出参数(x_2,θ_2)之间的关系可写成如下形式：

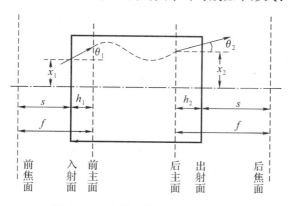

图 2-4-4　光学系统各参考面的位置

$$\begin{cases} x_2 = Ax_1 + B\theta_1 \\ \theta_2 = Cx_1 + D\theta_1 \end{cases} \tag{2-4-7}$$

这些关系是线性的，其矩阵形式为

$$\begin{bmatrix} x_2 \\ \theta_2 \end{bmatrix} = \begin{bmatrix} A & B \\ C & D \end{bmatrix} \begin{bmatrix} x_1 \\ \theta_1 \end{bmatrix} \tag{2-4-8}$$

可简写为

$$\boldsymbol{X}_2 = \boldsymbol{M}\boldsymbol{X}_1$$

式中

$$\boldsymbol{X}_2 = \begin{bmatrix} x_2 \\ \theta_2 \end{bmatrix}; \boldsymbol{X}_1 = \begin{bmatrix} x_1 \\ \theta_1 \end{bmatrix}$$

矩阵 $\boldsymbol{M} = \begin{bmatrix} A & B \\ C & D \end{bmatrix}$ 称为光线传播矩阵（变换矩阵），矩阵元 A、B、C、D 表示入射参考面和出射参考面之间光学元件的近轴聚焦性质，不反映光线在两平面之间的轨迹。当光学系统两边是同种介质时，可用系统焦距 f 以及主平面的位置参数表示光线矩阵元：

$$\begin{cases} A = 1 - (h_2/f) \\ B = h_1 + h_2 - (h_1 h_2/f) \\ C = -(1/f) \\ D = 1 - (h_1/f) \end{cases} \tag{2-4-9}$$

它的行列式通常等于 1，于是

$$\det \boldsymbol{M} = AD - BC = 1$$

此式可适用于入射光线和出射光线处于折射率相同的介质中，对于一般的情况：

$$\det \boldsymbol{M} = AD - BC = \frac{\eta_1}{\eta_2} \tag{2-4-10}$$

式中 η_1，η_2 分别为入射光线和出射光线所在介质的折射率，该式反映了光线的可逆性。

　　3. 腔内光线往返传播矩阵

　　我们考虑共轴球面腔如图 2-4-5 所示两反射镜曲率半径分别为 R_1 和 R_2，腔长为 L，两镜面曲率中心构成系统的轴线 z 即为腔轴，腔对于 z 轴是柱对称的，所以只需考虑子午面内的光线传播行为。

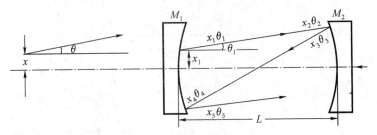

图 2-4-5　光线在共轴球面腔中的往返传播

设光线从镜 M_1 出发,向镜 M_2 方向传播,其初始坐标由参数 x_1 和 θ_1 表示,到达镜 M_2 上的参数变成 x_2 和 θ_2,由(2-4-2)式可知

$$\begin{bmatrix} x_2 \\ \theta_2 \end{bmatrix} = \begin{bmatrix} 1 & L \\ 0 & 1 \end{bmatrix} \begin{bmatrix} x_1 \\ \theta_1 \end{bmatrix}$$

即

$$X_2 = M(L)X_1$$

当光线在曲率半径 R_2 的镜 M_2 上反射后,反射光线的参数为

$$\begin{bmatrix} x_3 \\ \theta_3 \end{bmatrix} = \begin{bmatrix} 1 & 0 \\ -\dfrac{2}{R_2} & 1 \end{bmatrix} \begin{bmatrix} x_2 \\ \theta_2 \end{bmatrix} = M(R_2)X_2$$

当光线再从镜 M_2 传播到镜 M_1 上时,又可表示为

$$\begin{bmatrix} x_4 \\ \theta_4 \end{bmatrix} = \begin{bmatrix} 1 & L \\ 0 & 1 \end{bmatrix} \begin{bmatrix} x_3 \\ \theta_3 \end{bmatrix} = M(L)X_3$$

然后,又在镜 M_1 上发生反射

$$\begin{bmatrix} x_5 \\ \theta_5 \end{bmatrix} = \begin{bmatrix} 1 & 0 \\ -\dfrac{2}{R_1} & 1 \end{bmatrix} \begin{bmatrix} x_4 \\ \theta_4 \end{bmatrix} = M(R_1)X_4$$

至此,光线在腔内完成一次往返,总的坐标变换为

$$\begin{bmatrix} x_5 \\ \theta_5 \end{bmatrix} = \begin{bmatrix} 1 & 0 \\ -\dfrac{2}{R_1} & 1 \end{bmatrix} \begin{bmatrix} 1 & L \\ 0 & 1 \end{bmatrix} \begin{bmatrix} 1 & 0 \\ -\dfrac{2}{R_2} & 1 \end{bmatrix} \begin{bmatrix} 1 & L \\ 0 & 1 \end{bmatrix} \begin{bmatrix} x_1 \\ \theta_1 \end{bmatrix}$$

$$= M(R_2)M(L)M(R_2)M(L)X_1 = \begin{bmatrix} A & B \\ C & D \end{bmatrix} X_1 = MX_1 \qquad (2\text{-}4\text{-}11)$$

式中 $M = \begin{bmatrix} A & B \\ C & D \end{bmatrix}$ 为近轴光线在腔内往返一次时的变换矩阵,其矩阵元可由四个变换矩阵的乘积求得:

$$\begin{cases} A = 1 - \dfrac{2L}{R_2} \\[2mm] B = 2L\left(1 - \dfrac{L}{R_2}\right) \\[2mm] C = -\left[\dfrac{2}{R_1} + \dfrac{2}{R_2}\left(1 - \dfrac{2L}{R_1}\right)\right] \\[2mm] D = -\left[\dfrac{2L}{R_1} - \left(1 - \dfrac{2L}{R_1}\right)\left(1 - \dfrac{2L}{R_2}\right)\right] \end{cases} \qquad (2\text{-}4\text{-}12)$$

由(2-4-12)式可知,共轴球面腔的往返矩阵 **M** 与光线的初始坐标参数 x_1 和 θ_1 无关,因而它可以描述任意近轴光线在腔内往返传播的行为。

4. 共轴球面镜谐振腔等效于一个薄透镜序列

根据光线理论讨论光在激光腔的球面反射镜间重复反射时,只考虑光线的会聚或发散,而不考虑其传播方向,并由(2-4-6)式可知中,曲率半径为 R 的球面反射镜对近轴光线的反射变换与焦距 $f = \dfrac{R}{2}$ 的薄透镜对同一近轴光线变换等效,只是在前一种情况下,将引起光线传播方向的折转。因此,可以将光线在球面反射镜之间的往返反射等效于光线通过一个周期性薄透镜序列,这样的透镜序列构成一个光学传输线,每一次反射对应于通过一个薄透镜,腔对称轴是薄透镜的光轴。这样处理有很多方便之处,光线都在一个方向传播,使光线传播过程中的符号问题可以简化。图 2-4-6 示出了这种谐振腔和它相应的薄透镜序列。薄透镜的焦距 f_1 和 f_2 分别等于反射镜的焦距 $f_1 = R_1/2$ 和 $f_2 = R_2/2$。薄透镜的间距和球面谐振腔的腔长 L 相同。由任意一个参考面 P 发出的任意一条光线,它在腔内往返一周的传播矩阵可以用周期透镜序列的一个单元传播矩阵来代替,该单元等于第一个透镜及其间距加上第二个透镜及其间距。这种单元的 $ABCD$ 矩阵与(2-4-11)式和(2-4-12)式完全相同。在计算时应注意矩阵出现的顺序与光线通过系统的顺序相反。

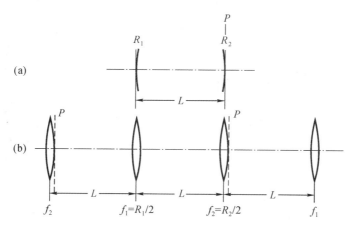

图 2-4-6 球面镜谐振腔和等效透镜序列

(a)一般球面腔;(b)等价周期透镜传输线

由上述分析可知,光线在球面反射镜内经 n 次往返后的传播矩阵和光线通过由 n 个单元组成的周期性透镜序列的矩阵 M^n 是完全相同的,当利用(2-4-11)式进一步将光线在腔内经 n 次往返时,其参数的变换关系用矩阵形式表示为

$$\begin{bmatrix} x_n \\ \theta_n \end{bmatrix} = \boldsymbol{M} \cdot \boldsymbol{M} \cdot \boldsymbol{M} \cdot \cdots \cdot \boldsymbol{M} \begin{bmatrix} x_1 \\ \theta_1 \end{bmatrix} = \boldsymbol{M}^n \begin{bmatrix} x_1 \\ \theta_1 \end{bmatrix} \tag{2-4-13}$$

式中,$\boldsymbol{M}^n$ 是 n 个往返矩阵 M 的乘积;x_n、θ_n 是经 n 次往返后光线的坐标参数;x_1、θ_1 为初始出发时光线的坐标参数。

我们利用薛尔凡斯特(Sylvster)定理可以求得

$$\boldsymbol{M}^n = \begin{bmatrix} A & B \\ C & D \end{bmatrix}^n = \frac{1}{\sin\theta} \begin{bmatrix} A\sin n\theta - \sin(n-1)\theta & B\sin n\theta \\ C\sin n\theta & D\sin n\theta - \sin(n-1)\theta \end{bmatrix} = \begin{bmatrix} A_n & B_n \\ C_n & D_n \end{bmatrix} \tag{2-4-14}$$

式中

$$\theta = \text{arc} \cdot \cos \frac{1}{2}(A+D) \tag{2-4-15}$$

利用(2-4-14)式,可将(2-4-13)写成

$$\begin{cases} x_n = A_n x_1 + B_n \theta_1 \\ \theta_n = C_n x_1 + D_n \theta_1 \end{cases} \tag{2-4-16}$$

由(2-4-11)式和(2-4-14)式可以看出,光线在腔内完成一次和 n 次往返的传播矩阵 $\boldsymbol{M}$ 和 $\boldsymbol{M}^n$ 均与所考虑光线的初始坐标参数 x_1、θ_1 无关,因此 $\boldsymbol{M}$ 和 $\boldsymbol{M}^n$ 可描写腔内任意近轴光线多次往返特性。这就是利用几何光学方法,分析近轴光线在共轴球面反射镜腔内往返传播过程所得到的基本结果。

表 2-4-1　一些光学元件的传播矩阵

距离为 L 的自由空间 $\eta=1$		$\begin{bmatrix} 1 & L \\ 0 & 1 \end{bmatrix}$
界面折射(折射率分别为 η_1,η_2)		$\begin{bmatrix} 1 & 0 \\ 0 & \dfrac{\eta_1}{\eta_2} \end{bmatrix}$
折射率 η、长 L 均匀介质		$\begin{bmatrix} 1 & \dfrac{L}{\eta} \\ 0 & 1 \end{bmatrix}$
薄透镜(焦距 f)		$\begin{bmatrix} 1 & 0 \\ -\dfrac{1}{f} & 1 \end{bmatrix}$
球面反射镜(曲率半径 R)		$\begin{bmatrix} 1 & 0 \\ -\dfrac{2}{R} & 1 \end{bmatrix}$
球面折射		$\begin{bmatrix} 1 & 0 \\ \dfrac{\eta_2-\eta_1}{\eta_2 R} & \dfrac{\eta_1}{\eta_2} \end{bmatrix}$

续表

厚透镜		$\begin{bmatrix} 1-\dfrac{h_2}{f} & h_1+h_2-\dfrac{h_1 h_2}{f} \\ -\dfrac{1}{f} & 1-\dfrac{h_1}{f} \end{bmatrix}$
热透镜		$\begin{bmatrix} 1+\gamma L^2 & \dfrac{L}{\eta_0} \\ 2\gamma\eta_0 L & 1+\gamma L^2 \end{bmatrix}$ $\eta=\eta_0(1+\gamma r^2)$
平面反射镜		$\begin{bmatrix} 1 & 0 \\ 0 & 1 \end{bmatrix}$
直角全反射棱镜		$\begin{bmatrix} -1 & -\dfrac{2d}{\eta} \\ 0 & -1 \end{bmatrix}$
猫眼反射器		$\begin{bmatrix} -1 & 0 \\ 0 & -1 \end{bmatrix}$

二、共轴球面腔的稳定条件

如果激光束在共轴球面腔内经多次往返反射后,其位置仍"紧靠"光轴,那么该光腔是稳定的;如果光束从腔镜面横向"逸出"反射镜之外,那么该光腔是不稳定的。由曲率半径不等的球面镜组成的激光谐振腔是周期序列的一个典型例子,它可以分为稳定的和不稳定的两种。对于稳定序列,光束是有界的,即当传播矩阵 $\boldsymbol{M}^n$ 的各矩阵元取有限的实数时,近轴光线在腔内往返进行无限多次后,不会横向逸出腔外,由(2-4-14)式可见,要求矩阵元是有限的实数,这个条件相当于要求 θ 为实数。对于不稳定序列,方程中的三角函数变成双曲线函数,这表明光束通过序列时将越来越发散,光束是无界的。因此稳定性条件为。当迹 $(A+D)$ 满足不等式

$$-1<\frac{1}{2}(A+D)<1 \tag{2-4-17}$$

时,序列是稳定的。将(2-4-12)式中的 A 和 D 代入(2-4-17)式,可得

$$0<\left(1-\frac{L}{R_1}\right)\left(1-\frac{L}{R_2}\right)<1 \tag{2-4-18}$$

上面的分析适用于腔长为 L ,反射镜曲率半径分别为 R_1 和 R_2 所构成的光学谐振腔。现引入两个表示谐振腔几何参数的因子:

$$g_1 = 1 - \frac{L}{R_1}, g_2 = 1 - \frac{L}{R_2} \qquad (2\text{-}4\text{-}19)$$

将(2-4-19)的几何参数因子代入(2-4-18)式可得

$$0 < g_1 g_2 < 1 \qquad (2\text{-}4\text{-}20)$$

(2-4-18)式和(2-4-20)式称为共轴球面腔的稳定性条件。式中,当凹面镜向着腔内时,R取正值,而当凸面镜向着腔内时,R取负值。

从上述分析可知,当腔的几何参数满足稳定性条件时,腔内近轴光束经往返无限多次而不会横向逸出腔外即没有几何偏折损耗,我们说谐振腔处于稳定工作状态,称为稳定腔,其特点是横向逸出损耗可以忽略。反之,如果条件(2-4-20)式不满足,即

$$\begin{cases} g_1 \cdot g_2 > 1 \ \text{即} \ \frac{1}{2}(A+D) > 1 \\ g_1 \cdot g_2 < 0 \ \text{即} \ \frac{1}{2}(A+D) < -1 \end{cases} \qquad (2\text{-}4\text{-}21)$$

则腔内任何近轴光束在往返有限多次后,会横向偏折控外,从几何上看必定是高损耗的,这种谐振腔处于非稳定工作状态,称为非稳定腔。当然,不是说这类腔不能稳定工作,而是仅指这类腔损耗而已,在有些高增益激光器中仍需应用。

满足条件:

$$\begin{cases} g_1 \cdot g_2 = 1 \ \text{即} \ \frac{1}{2}(A+D) = 1 \\ g_1 \cdot g_2 = 0 \ \text{即} \ \frac{1}{2}(A+D) = -1 \end{cases} \qquad (2\text{-}4\text{-}22)$$

的共轴球面腔称为临界腔(或介稳腔)。临界腔是一种特殊类型的谐振腔如对称共焦腔、平行平面腔和共心腔,其性质界于稳定腔与非稳定腔之间,它们在谐振腔的理论研究和实际应用中,均具有重要的意义。

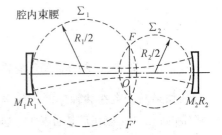

从上面的结果可以看出,$\frac{1}{2}(A+D)$对于一定几何结构的球面腔是一个不变量,与光线的初始坐标,出发位置及往返一次的顺序都无关。所以共轴球面腔的稳定条件(2-4-18)普遍适用。

下面介绍图解法判别腔的稳定条件。

我们以两块反射镜的曲率半径 R_1 和 R_2 为直径作相应反射镜面的两个内切圆(对于凸面镜为外切圆)—— $\sum$ 圆,圆心均取在腔的轴线上(图 2-4-7)。若两 $\sum$ 圆相交于 F、F' 两点,则腔稳定;若两圆不相交,则腔是非稳定的;若两圆重合或相切,则腔是临界腔(介稳腔)。对于稳定腔两圆交点 F 和 F' 的连线与轴线的交点 O 给出了高斯光束腰所在位置,线段 OF 决定了腰斑 w_0 的大小。关于高斯光束及其束腰的概念我们将在以后几节讨论。

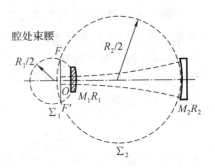

图 2-4-7 谐振腔稳定性的图解判别法

三、稳定图

稳定条件(2-4-20)式常常可以根据 $g_1 \cdot g_1 < 1$ 条件用作图方式表示。当 $g_1 g_1 = 1$ 时，以 g_1 为横坐标，g_2 为纵坐标作图可得两条双曲线。图 2-4-8 的双曲线为谐振腔稳定的分界线。图中斜线画出的部分为稳定区域，处在这些区域的谐振腔都是稳定的，而处于其他区域，这种腔则是不稳定的；如果刚好处于稳定区和非稳定区域边界上，$g_1 g_2 = 0$ 或 $g_1 \cdot g_2 = 1$ 是临界的，这种腔称为临界腔。所以图 2-4-8 称为光学谐振腔的稳定图。所谓"稳定"是指把光腔看成是一个周期性的聚焦系统，那末，经过任意多次的往返，稳定腔中的光线不会横向逸出腔外(当然此光线满足近轴条件)；而非稳定腔中的光线除去极少量特殊光线外，不管其初始条件如何，都要逸出腔外。通过共心腔的坐标(-1,-1)，共焦腔的坐标(0,0)，平面——平面腔坐标(1,1)三点连成的直线，表示所有对称谐振腔结构都在这一直线上。

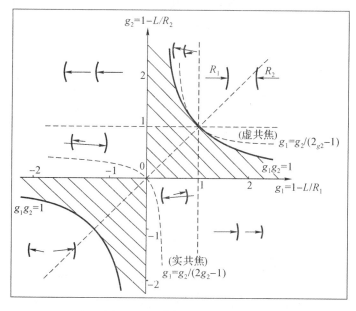

图 2-4-8　谐振腔的稳定性图

除几何损耗之外，稳定腔和非稳腔都有衍射损耗，而且非稳定腔的衍射损耗远大于稳定腔的衍射损耗。这是由于稳定腔中模的场集中在腔附近，而非稳定腔中模的场在传播过程中逐渐移向衍射损耗较大的镜的边缘部分。

第五节　光学谐振腔的衍射理论分析

上节我们利用几何光学分析方法讨论谐振腔的分类、用矩阵方法处理光线在光腔中的传播及腔的稳定性问题。但有关谐振腔模式的形式、解的存在、模式花样、衍射损耗等，只能依靠物理光学来解决。谐振腔模式理论实际上是建立在菲涅耳——基尔霍夫衍射积分以及模式重现概念的基础上。本节以菲涅耳衍射中所采用的电磁辐射标量理论的观点来讨论激光腔。因为光波的发散角不大,激光腔的线度通常比辐射波长大得多,所以由光的标量衍射理论可以得到相当满意的结果。

一、菲涅耳——基尔霍夫衍射积分方程

现在使用物理光学的菲涅耳——基尔霍夫衍射积分方程,研究谐振腔内激光模式的光场分布及传播规律等。

光学中著名的惠更斯——菲涅耳($Huygens\text{-}Fresnel$)原理表明:波前上每一点都可以看成是新的波源,从这些点发出子波,而空间中某一点的光场就是这些子波在该点相干迭加的结果,这是研究光衍射现象的基础,因而必然也是开腔模式的物理基础。这个理论比较精确的数学表达式是菲涅耳——基尔霍夫衍射积分方程。此方程表明,如果知道了光波场在其到达的任意空间曲面上的振幅和相位分布,就可以求出该光波场在空间其他任意位置处的振幅和相位分布。

设已知空间某一曲面 S 上光波场的振幅和相位分布函数 $u(x',y')$,现在要求出它在空间任一观察点 P 处所产生的光场分布 $u(x,y)$,如图 2-5-1 所示。根据菲涅耳——基尔霍夫积分公式,观察点 P 处的场 $u(x,y)$ 可以看作曲面 S 上各子波源所发出的非均匀球面子波在 P 点振动的叠加。其关系式为

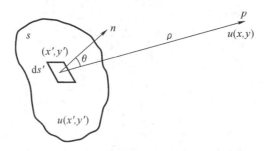

图 2-5-1 菲涅耳——基尔霍夫积分公式各量的意义

$$u(x,y) = \frac{ik}{4\pi} \iint_s u(x',y') \frac{e^{-ik\rho}}{\rho} (1+\cos\theta)\,ds' \qquad (2\text{-}5\text{-}1)$$

式中 $k=2\pi/\lambda$ 波矢量;ds' 是 S 面上点 (x',y') 处的面积元;λ 是波长;ρ 表示源点 (x',y') 与观察点 (x,y) 之间连线的长度;θ 是 S 面上点 (x',y') 处法线 $\vec{n}$ 与上述连线之间的夹角。积分号下的因子 $u(x',y')ds'$ 比例于子波源的强弱;因子 $e^{ik\rho}/\rho$ 描述球面子波,而因子 $(1+\cos\theta)$ 表示球面子波是非均匀的。

我们将上述积分公式应用于谐振腔问题。(2-5-1)式相当于腔的镜面 S_1 上光场 $u_1(x',y')$,经过衍射后在镜面 S_2 上产生的光场分布为 $u_2(x,y)$,如图 2-5-2 所示。使用菲涅耳——基尔霍夫积分公式(2-5-1)有如下一些假定。

(1)(2-5-1)式没有计及光波的电场 $u(x,y)$ 的偏振特性。一般而言,腔长比镜面线度大得多,$u(x,y)$ 在腔内传播方向与光轴偏离尺寸不大,而腔的曲率半径也是比较大的。这样便能将积分号内的因子 $(1+\cos\theta)/\rho$ 可近似取为 $2/L$,并从积分号内移出来。在这种情况下,矢量场的两个正交分量不发生耦合。因此,便可对每一个分量写出分立的标量方程。解出这些方程的本征函数,就得到一个方向偏振的共振腔的模。其他的偏振位形便可由这种偏振的线性迭加而求是。

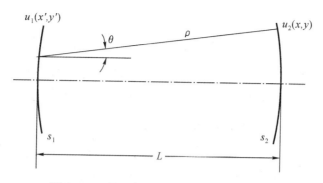

图 2-5-2 用于求解衍射积分方程的谐振腔

(2)假定腔面的线度 a 比波长 λ 大得多。即 $a \gg \lambda$,被积函数中的指数因子 $e^{-ik\rho}$ 一般不能用 e^{-ikL} 代替,而只能根据不同腔面的几何形状合理的近似。我们在计算时只计及腔面 1 的衍射影响,略去腔面 1 外的影响。

(3)腔内的振动衰减是缓慢的。将菲涅耳——基尔霍夫衍射积分公式(2-5-1)应用于开腔的两个镜面上的场分布,能把镜面 S_1 上的场 $u_1(x',y')$ 与镜面 S_2 上的场 $u_2(x,y)$ 联系起来,于是经过 q 次传播而产生的场 $u_{q+1}(x,y)$ 与产生它的场 $u_q(x',y')$ 间应满足下列迭代关系:

$$u_{q+1}(x,y) = \frac{ik}{4\pi} \iint_{S_1} u_q(x',y') \frac{e^{-ik\rho}}{\rho}(1+\cos)ds' \qquad (2\text{-}5\text{-}2)$$

根据上述假定,我们可把(2-5-2)式写成:

$$u_{q+1}(x,y) = \frac{i}{\lambda L} \iint_{S_1} u_q(x',y') e^{-ik\rho} ds' \qquad (2\text{-}5\text{-}3)$$

讨论对称开腔。当光波在腔内传播次数足够大时,即在稳定情况下,镜面 S_1 传播到镜面 S_2,除了一个表示振幅衰减和相位移动复常数因子 γ 外,u_{q+1} 应能再现 u_q,即

$$\begin{cases} u_{q+1} = \dfrac{1}{\lambda} u_q \\[2mm] u_{q+2} = \dfrac{1}{\lambda} u_{q+1} \\[2mm] \cdots\cdots \end{cases} \qquad \text{当 } q \text{ 是足够大时(2-5-4)}$$

(2-5-4)式就是模再现概念的数学表达式,式中的 γ 应为一个与坐标无关的复常数,将(2-5-4)式代入(2-5-3)式,得

$$\begin{cases} u_q(x,y) = \gamma \dfrac{i}{\lambda L} \iint_{S_1} u_q(x',y') e^{-ik\rho} dS' \\[3mm] u_{q+1}(x,y) = \gamma \dfrac{i}{\lambda L} \iint_{S_1} u_{q+1}(x',y') e^{-ik\rho} dS' \\[3mm] \cdots\cdots \end{cases} \qquad (2\text{-}5\text{-}5)$$

S' 可为腔面 S_1(或 S_2)。(2-5-5)式就是两个相同腔面共振模式的积分方程,它的物理意义是:腔内可能存在着的稳定的共振光波场,它们由一个腔面传播到另一个腔面的过程中虽然经受了衍射效应,但这些光波场在两个腔面处的相应振幅分布和相位分布保持不变,亦即共振光波场在腔内多次往返过程中始终保持自洽或自再现的条件。在这里以 $E(x,y)$ 表示开腔中不受衍射影响的稳定分布函数 $u_q,u_{q+1},\cdots$,所以(2-5-5)式可进一步简写为如下的

标准形式：

$$E(x,y) = \gamma \iint_{S_1} K(x,y,x',y')E(x',y')\mathrm{d}S' \qquad (2\text{-}5\text{-}6)$$

(2-5-6)式就是开腔自再规模应满足的积分方程式，满足上述方程式的函数 E 称为本征函数，常数 γ 称为本征值，而函数

$$K(x,y,x',y') = \frac{i}{\lambda L}\mathrm{e}^{-ik\rho(x,y,x',y')} \qquad (2\text{-}5\text{-}7)$$

K 称为积分方程的核。方程式(2-5-6)对于由两个相同反射镜所组成的任何光学谐振腔均适用，只是在不同的谐振腔情况(如平行平面腔、共焦腔、一般球面腔等)，积分核中的 $\rho(x,y,x',y')$ 具有不同的表示。对于对称系统，则 $K(x,y,x',y') = K(x',y',x,y)$。由上述分析可知，满足(2-5-6)式的场分布函数 $E(x,y)$ 就是腔的自再现模式或横模，它描述了二个镜面上的稳定态场分布。一般地说，本征函数 $E(x,y)$ 应为复函数，它的模 $|E(x,y)|$ 描述镜面上场的振幅分布；而其幅角 $\arg[E(x,y)]$ 描述镜面上场的相位分布。

二、复常数 γ 的物理意义

(2-5-6)式的复常数 γ 可改写为：

$$\gamma = \mathrm{e}^{\alpha+i\beta} \qquad (2\text{-}5\text{-}8)$$

式中 α,β 为两个与坐标无关的实常数。将(2-5-8)式代入(2-5-4)式，可得

$$u_{q+1} = \frac{1}{\gamma}u_q = (\mathrm{e}^{-\alpha}u_q)\mathrm{e}^{-i\beta} \qquad (2\text{-}5\text{-}9)$$

由此可见，$\mathrm{e}^{-\alpha}$ 表示腔内经单程渡越后自再现模的振幅衰减，$\alpha = 0$ 时其损耗为零。β 表示每经一次渡越的相位滞后，β 愈大则相位滞后愈多。

我们若假定由左面反射镜 S_1 反射到右面反射镜 S_2 的光功率为：

$$|u_q|^2 = W$$

考虑谐振腔中的损耗，右面反射镜将有较小的反射功率返回到左反射镜，即

$$|u_{q+1}|^2 = \left|\frac{1}{\gamma}\right|^2 W$$

可以看出，在谐振腔内每经一次渡越，由反射镜反射的光功率将有所减少。

自再现模在腔内单程渡越所经受的平均相对功率损耗称为模的平均单程损耗，简称单程损耗，用 δ 表示。在对称开腔情况下：

$$\delta = \frac{|u_q|^2 - |u_{q+1}|^2}{|u_q|^2} = 1 - \mathrm{e}^{-2\alpha} = 1 - \left|\frac{1}{\gamma}\right|^2 \qquad (2\text{-}5\text{-}10)$$

由上式可知，$|\gamma|$ 愈大，模的单程损耗愈大。此损耗，既包括了几何光学的光束横向偏折损耗，同时也包括了"衍射损耗"。

自再现模在腔内经单程渡越的总相移 Φ 定义为：

$$\Phi = \arg u_{q+1} - \arg u_q$$

在对称开腔的情况下，根据(2-5-4)式和(2-5-9)式可得

$$\Phi = -\beta = \arg\frac{1}{\gamma} \qquad (2\text{-}5\text{-}11)$$

因此，在方程式(2-5-6)中解得复常数 γ，则可按(2-5-11)式计算模的单程总相移。

在腔内存在激活介质时，为使自再现模在腔内往返一周传播过程中能形成稳定振荡，必须满足多光束相长干涉条件：即要求在腔内往返一次的总相移为 2π 的整数倍。这就是满足谐振条件，即

$$2\Phi = 2q\pi$$

$$\Phi = \arg\frac{1}{\gamma} = q\pi \quad q \text{ 为整数}$$

(2-5-12)

这是对称开腔自再现模的谐振条件。我们由上式可确定模的谐振频率。

在非对称开腔中，可以根据场在腔内往返一周写出模式再现条件及相应的积分方程，而复常数 γ 的模表示自再现模在腔内往返一次的功率损耗，γ 的幅角表示模往返一次的相移，从而决定模的谐振频率。

第六节　平行平面腔 FOX-Li 数值迭代法

平行平面腔是最先被采用的谐振腔，由梅曼发明的第一台红宝石激光器就是用平行平面腔做成的，它的主要优点是：光束方向性极好（发散角小）、模体积较大、比较容易获得单横模振荡。其主要缺点是调整精度要求极高，与稳定腔相比其损耗较大，因而不适用于小增益器件，但在中等功率以上的固体激光器中经常使用。

通常，分析平行平面腔就需寻求它的振荡模式，即求解积分方程(2-5-6)式和(2-5-7)式，这样一个数学问题，利用这个方程原则上可以求得任意光腔（稳定腔、非稳定腔和临界腔）的模参数，包括腔模的振幅、相位分布、谐振频率和衍射损耗等。对积分方程(2-5-6)式及(2-5-7)式解的存在性可以从数学上严格予以证明。但实际求解是困难的，故多数情况下只能用近似方法求数值解。Fox-Li 运用了标量近似法来分析平行平面腔的模特性。

一、Fox-Li 数值迭代法

Fox-Li(福克斯-厉鼎毅)数值迭代法，就是利用迭代公式(2-5-3)：

$$u_{q+1} = \iint K u_q \mathrm{d}S' \qquad (2\text{-}6\text{-}1)$$

进行数值计算，式中 K 由(2-5-7)式确定。假设在某一平面镜上存在一个初始场分布 u_1，将它代入上式，计算在腔内第一次渡越而在第二个镜面上生成的场 u_2，然后再用所得到的 u_2 代入(2-6-1)式，计算第二次在腔内渡越而在第一个镜面上生成的场 u_3。如此经过足够多次运算以后，在镜面上能否形成一种稳定场分布，在对称开腔情况下，就是当 q 足够大时，由数值计算得到的"u_q, u_{q+1}, u_{q+2}……能否满足关系式，(2-5-4)，其中 γ 为同一复常数。如果直接数值计算得出了这种稳定不变的场分布，则表明已找到了腔的一个自再现模或横模。

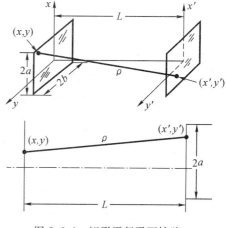

图 2-6-1　矩形平行平面镜腔

Fox-Li 首先用计算机求出了各种几何形状的平行平面腔,圆形镜共焦腔等一系列自再现模。

迭代法具有重要意义。第一,它用逐次近似计算直接求出了一系列自再现模,从而第一次证明了开腔模式的存在性,并从数学上论证了开腔自再现模积分方程(2-5-6)式和(2-5-7)式解的存在性;第二,能加强理解自再现模形成的物理过程,因为数学运算过程与波在腔中往返传播而形成自再现模的物理过程相对应;第三,这方法在原则上可以用来计算任何形状的开腔中自再现模,所以具有普遍的适用性,利用标准化计算机程序可以求得任意精确度的数值解。因此,实际上可以认为这是一个精确的方法。Fox-Li 方法的主要缺点是收敛性不好,计算误差无法事先估计。特别是对于 N 值(菲涅耳数)很大的腔,计算量很大,结果也不十分理想。另外,使用这种方法总是收敛于较低次模,计算高次模误差较大。但毕竟这是一种普遍适用的分析腔模的方法。

二、平行平面镜腔

现以平行平面腔为例,说明 Fox-Li 数值迭代法的应用。下面分析对称矩形平面镜腔,写出方程(2-5-6)式和(2-5-7)式的具体形式,通过分离变量分解为两个单变量积分方程。

图 2-6-1 为对称矩表平面镜腔,镜的边长为 $2a \times 2b$,腔长为 L,而 a, b, L, λ 之间满足如下关系:

$$L \gg a, b \gg \lambda \tag{2-6-2}$$

在上述条件下,方程式(2-5-6)和(2-5-7)可得到很大的简化。在图示坐标中,

$$\rho = \sqrt{(x-x')^2 + (y-y')^2 + L^2}$$

将根号内的因子 $(x-x')/L$、$(y,y')/L$ 作幂级数展开为

$$\rho(x, y, x', y') = L \sqrt{1 + \left(\frac{x-x'}{L}\right)^2 + \left(\frac{y-y'}{L}\right)^2}$$

$$\approx L \left[1 + \frac{1}{2}\left(\frac{x-x'}{L}\right)^2 + \frac{1}{2}\left(\frac{y-y'}{L}\right)^2 + \varepsilon \right] \tag{2-6-3}$$

式中,$\varepsilon = L\left[-\frac{1}{8}\left(\frac{x-x'}{L}\right)^4 - \frac{1}{8}\left(\frac{y-y'}{L}\right)^4 - \frac{1}{4}\left(\frac{x-x'}{L}\right)^2 \left(\frac{y-y'}{L}\right)^2 + \cdots \right]$,如果幂级数的剩余部分 ε 满足 $k\varepsilon \ll 2\pi$,则可以略去,鉴于 ε 是一个交错的收敛级数,其值要小于首项的值,由此可知要满足条件 $k\varepsilon \ll 2\pi$,则 $ka^4/L^3 \ll \pi$ 是充分的;用菲涅耳数 $N = a^2/L\lambda$ 表示,则要求 $N \ll L^2/a^2$。所以,根据以上两个假定($L \gg a$ 和 $N \ll L^2/a^2$),上式可近似写作:

$$e^{-ik\rho} = e^{-ik\left[L + \frac{1}{2}\frac{(x-x')^2}{L} + \frac{1}{2}\frac{(y-y')^2}{L}\right]} = e^{-ikL} e^{-ik\left[\frac{(x-x')^2}{2L} + \frac{(y-y')^2}{2L}\right]} \tag{2-6-4}$$

所以,(2-5-6)式和(2-5-7)式可写成如下形式:

$$E(x, y) = \gamma \frac{i}{\lambda L} e^{-ikL} \int_{-a}^{+a} \int_{-b}^{+b} E(x', y') e^{-ik\left[\frac{(x-x')^2}{2L} + \frac{(y-y')^2}{2L}\right]} \, \mathrm{d}x' \mathrm{d}y' \tag{2-6-5}$$

对具有方形或矩形的反射镜能够对上述方程作分离变量,设

$$E(x, y) = E(x)E(y) \tag{2-6-6}$$

并代入(2-6-5)式,即可得出

$$\begin{cases} E(x) = \gamma_x \displaystyle\int_{-a}^{+a} K_x(x,x') E(x') \mathrm{d}x' \\[2mm] E(y) = \gamma_y \displaystyle\int_{-b}^{+b} K_y(y,y') E(y') \mathrm{d}y' \\[2mm] K_x(x,x') = \sqrt{\dfrac{i}{\lambda L}}\,\mathrm{e}^{-ikL}\,\mathrm{e}^{-ik\frac{(x-x')^2}{2L}} \\[2mm] K_y(y,y') = \sqrt{\dfrac{i}{\lambda L}}\,\mathrm{e}^{-ikL}\,\mathrm{e}^{-ik\frac{(y-y')^2}{2L}} \\[2mm] \gamma_x \gamma_y = \gamma \end{cases} \tag{2-6-7}$$

满足方程(2-6-7)式的函数 $E(x)$ 和 $E(y)$ 可以有许多个。我们用 $E_m(x)$ 和 $E_n(y)$ 分别表示它们的第 m 个和第 n 个解，γ_m 和 γ_n 表示相应的复常数，则可表示为

$$\begin{cases} E_m(x) = \gamma_m \displaystyle\int_{-a}^{+a} K_x(x,x') E_m(x') \mathrm{d}x' \\[2mm] E_n(y) = \gamma_n \displaystyle\int_{-b}^{+b} K_y(y,y') E_n(y') \mathrm{d}y' \end{cases} \tag{2-6-8}$$

整个镜面上的自再现模场分布函数为

$$E_{mn}(x,y) = E_m(x) \cdot E_n(y) \tag{2-6-9}$$

相应的复常数为

$$\gamma_{mn} = \gamma_m \gamma_n \tag{2-6-10}$$

在数学上，把形如(2-6-8)式的积分方程称为本征积分方程式，通常只有当复常数 γ_m 和 γ_n 取一系列的不连续的特定值时($m,n=0,1,2,\cdots$)，方程式才成立，所以 γ_m 和 γ_n 称为方程的本征值，对于每一个特定的 γ_m 和 γ_n 能使方程(2-6-8)式成立的分布函数 $E_m(x)$ 和 $E_n(y)$ 称为与本征值 γ_m 和 γ_n 相应的本征函数，而 m,n 表示为谐振腔的横模。本征值和本征函数决定了镜面上的场分布——振幅和相位分布以及传播特性——模的衰减、相移、谐振频率等。

在进行具体计算时，考虑图 2-6-1 所示的 x 方向宽度为 $2a$，腔长为 L 的对称条状腔，$g_1 = g_2 = 1$。实际三维矩形平行平面腔中，模的场分布函数可以认为是由 x 方向和 y 方向两个窄带腔中对应模的场分布函数的乘积，其损耗可近似为两者之和，由(2-6-7)式可写出该条状腔的模式迭代方式：

$$\begin{cases} u_2(x) = \sqrt{\dfrac{i}{\lambda L}}\,\mathrm{e}^{-ikL} \displaystyle\int_{-a}^{+a} \mathrm{e}^{-ik\frac{(x-x')^2}{2L}} u_1(x') \mathrm{d}x' \\[2mm] u_3(x') = \sqrt{\dfrac{i}{\lambda L}}\,\mathrm{e}^{-ikL} \displaystyle\int_{-a}^{+a} \mathrm{e}^{-ik\frac{(x-x')^2}{2L}} u_2(x) \mathrm{d}x \end{cases} \tag{2-6-11}$$

初始入射波的场分布函数可任意选取，最简单的是取 $u_1(x')$ 为一列均匀平面波作为第一个镜面上的初试激发波。由于我们考虑的只是场的振幅和相位的相对分布，于是可取

$$u_1(x') \equiv 1 \tag{2-6-12}$$

所以可认为整个镜面 S_1 为等相面 $\arg u_1(x') = 0$，而且镜面 S_1 上各点光波场振幅均为 1。将(2-6-12)式代入(2-6-11)式中的第一式，作数值计算，求出 $u_2(x)$，并将 $u_2(x)$ 归一化后代入(2-6-11)式的第二式，求出 $x_3(x')$。计算按此过程循环下去，直到求得一个稳定状态

为止，即把这种迭代一直进行到 u_{q+1} 和 u_q 只相差一个与坐标无关的常数因子为止。这时求出的 u_q 便是方程式（2-6-11）的本征函数，也是此方程的解。而 u_{q+1} 和 u_q 的比值就是（2-6-11）式的本征值。

Fox-Li 借助于数字计算机，对条状腔进行了计算。腔的数据为 $a=25\lambda, L=100\lambda, N=(a^2)/(\lambda L)=6.25$。由初始场分布（2-6-12）式出发，经过 1 次和 300 次传播后所得到的振幅和相位分布如图 2-6-2 所示。由图可见，均匀平面波在经过第一次传播后，场 u_2 的振幅与相位分布曲线起伏得很厉害，随着传播次数的增加，这种变化越来越小，在经过 300 次传播后，场的振幅和相位分布逐渐趋向一个稳定而平滑的分布。如果将这种稳定态初始激发波再进行一次传播，结果我们就会发现在另一镜面上的场分布，除了一个复常数因子外，将能自再现激发波。

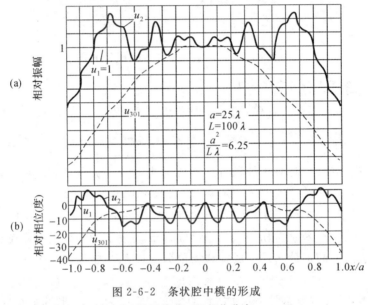

图 2-6-2　条状腔中模的形成
（a）振幅分布；（b）相位分布

除了条状腔外，还对其他镜面几何形状（如圆形镜）和不同形状的初始入射波作类似计算，从而用数值迭代法揭示了平行平面腔的模式特征，也揭示了真实物理过程中的某些特点。现说明如下：

1. 镜面上的振幅分布

取 $u_1(x')\equiv 1$ 表示的均匀平面波作初始激发波时，对各种几何尺寸的圆形镜平行平面腔计算，得镜面上稳定态场分布如图 2-6-3（a）所示。这种稳定态场分布的特点是：镜面中心处振幅最大，从中心到边缘振幅逐渐降落，整个镜面上的场分布具有偶对称性。我们把具有这种特征的横模称为腔的最低阶偶对称模或基模。条状镜腔用 TEM_0，矩形镜腔和圆形镜腔以 TEM_{00} 模表示。菲涅耳数 N 越大，镜边缘处的相对振幅越小。

除了基模以外，还可得稳定态场分布在镜面中心处振幅为零，在镜边缘处振幅也较小，而在某一中间位置处振幅达到极大，在镜面上出现了场的振幅为零的节线位置。整个分布具有奇对称性，在节线边有相位突变如图 2-6-3（b）所示，这样的稳定态场分布称为条状腔的最低阶奇对称模，以 TEM_1 来表示。根据数值计算表明，此外还可能存在其他高阶横模。

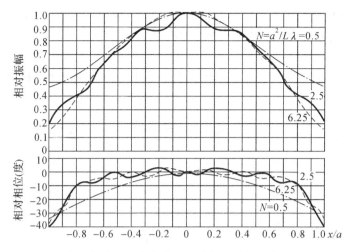

图 2-6-3 （a）条状腔基模的振幅和相位分布

2. 镜面上场的相位分布

数值计算的结果表明,对 $u_1(x')\equiv1$ 的初始激发均匀平面波在经过足够多次的传播后,不但振幅发生明显变化,且相位分布也发生了变化,镜面已不再是等相位面了。因此,严格说来,TEM_{00} 模已不再是平面波,在反射镜处的等相位面也不再和镜面重合。这一点从图 2-6-2 可明显看出。由图 2-6-3 的相位分布曲线也可看出,对于 $N=a^2(L\lambda)$ 数较大的平行平面腔,TEM_{00} 模仍可近似看作平面波,特别是在镜面中心及其附近,平面波是很好的近似,只有在镜的边缘处,波前才发生微小弯曲。对于其他各阶横模,情况与基模相似,被节线分开的各个区域内,仍可近似看作平面波。

3. 单程相移和谐振频率

在进行数值计算中,当达到稳定状态后,就可以计算自再现模的单程相移

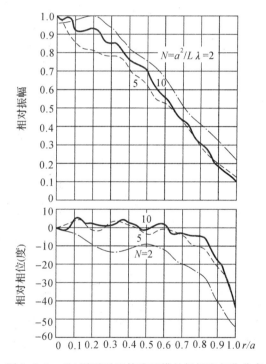

图 2-6-3 （b）圆形平面镜腔基模的振幅和相位分布

和损耗。在对称开腔情况下,只需对腔内单程传播作此计算就可以了。

(1)单程相移的计算结果表明,当自再现模从一个镜面传播到另一个镜面时,单程总相移 Φ 为

$$\Phi=-kL+\Delta\Phi_{mn}=-\frac{2\pi}{\lambda}L+\Delta\Phi_{mn} \tag{2-6-13}$$

式中,$kL=\dfrac{2\pi}{\lambda}L$ 为几何相移,$+\Delta\Phi_{mn}$ 为单程附加相移,即相对于几何相移有一个附加的相位

超前。这一相位超前量与腔的菲涅耳数有关,而且对不同的横模各不相同。

根据计算,条状镜腔和圆形平行平面镜腔模的单程相移随 N 变化如图 2-6-4(a)所示。当 N 较大时,在对数坐标上近似为一直线,由图可看出,当 N 相同时,不同横模所对应的单程相移 $\Delta\Phi_{mn}$ 各不相同。基模 TEM_{00} 单程相移最小,模的阶次越高,则相移越大;对同一横模,N 数越大则 $\Delta\Phi_{mn}$ 越小。

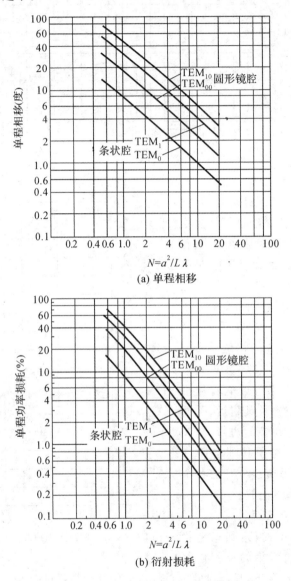

(a) 单程相移

(b) 衍射损耗

图 2-6-4 平面镜腔模的单程移和衍射损耗

(2)谐振频率

在激活腔中,如果一自再规模达到了振荡阈值,且当它在腔内往返传播时能满足多光束相长干涉条件,就可在腔内形成稳定振荡。在腔内一次往返的总相移等于是 2π 的整数倍,满足谐振条件,由(2-5-12)式及(2-6-13)式可得

$$2\Phi_{mn} = -2(kL - \Delta\Phi_{mn}) = -q \cdot 2\pi$$

若以 ν_{mnq} 表示 TEM_{00} 模的谐振频率,用 $k_{mnq}=\dfrac{2\pi}{\lambda_{mnq}}=\dfrac{2\pi\eta}{C}\nu_{mnq}$ 代入上式可得

$$\nu_{mnq}=\frac{C}{2\eta L}\left(q+\frac{\Delta\Phi_{mn}}{\pi}\right) \tag{2-6-14}$$

(2-6-14)式中 ν_{mnq} 与平面波理论中的(2-2-4)式相比,多了一项

$$\Delta\nu_{mnq}=\frac{C}{2\pi\eta L}\Delta\Phi_{mnq} \tag{2-6-15}$$

这是由 TEM_{mn} 模的附加相移 $\Delta\Phi_{mn}$ 所引起的,例如,$N=6.25$,$\Delta\Phi_{00}=1.59°$,$L=100\text{cm}$,$\Delta\nu_{00}$ $=1.3\times10^{6}\text{Hz}$。由此可见,对 TEM_{00} 模,(2-6-14)式与平面波理论中驻波条件相差甚小。所以,当 m、n 不太大,而菲涅耳数 N,又不太小时,$\Delta\Phi_{mn}$ 通常只有几度到几十度的数量级,因而采用公式

$$\nu_{mnq}=\nu_{q}=q\,\frac{C}{2\eta L} \tag{2-6-16}$$

来决定模的谐振频率是足够准确的。

4. 单程功率损耗

计算结果表明,对 m、n 一定的横模,无论是条状腔或圆形镜平行平面腔,其单程功率损耗的大小都是菲涅耳数 $N=a^{2}(\lambda L)$ 的函数,其变化如图 2-6-4(b)所示。由图可知:

(1)基模是平行平面腔一切横模中损耗最低的模,模的损耗随横模阶次 (m,n) 的增加而增加。

(2)对某一确定阶次的横模,损耗仅由 N 数单值决定,且随 N 数的增大而迅速减小。在对数坐标中,δ_{mn} 与 N 近似成线性关系。

(3)低阶模,特别是基模的损耗都远比均匀平面波的损耗低,这是因为自再现模的场集中在镜面的中部,镜的边缘处场的振幅很小。此外,由于自再现模的经过多次衍射而成的,因而当它入射到镜片上时,已具有一种合适的场分布和相位分布,使因衍射而逸出光束以外的能量达到最小。

按 Fox-Li 给出的圆形平行平面镜腔基模损耗近似公式,对基模为

$$\delta_{00}=0.207\left(\frac{L\lambda}{a^{2}}\right)^{1.4} \tag{2-6-17}$$

例如,对于 $\lambda=1\mu\text{m}$,$L=100\text{cm}$,$2a=5\text{mm}$ 的气体激光器可看出腔的衍射损耗与镜子损耗是同一个数量级。

$$\frac{a^{2}}{L\lambda}=6.25;\delta_{00}=1.6\%;\delta_{01}=3.8\%$$

第七节　稳定球面镜共焦腔

稳定腔的模式理论是以共焦腔模的解析理论为基础的。博伊德和戈登(Boyd and Gordon),分析了方形镜共焦腔模式的标量积分方程,可以用分离变量法进行严格的解析求解,它们是一组特殊定义的长椭球函数,并且在腔的 N 值不很小条件下,可近似表示为厄米多项式与高斯函数乘积的形式;对于圆形镜共焦腔,本征函数的解为超椭球函数,在 N 不很小

的条件下,可近似表示为拉盖尔多项式与高斯函数乘积的形式。共焦腔的解析求解,可以用来研究低损耗球面腔系统,故在开腔模式的理论中占有重要的位置。

一、方形球面镜共焦腔

(一)方形球面镜共焦腔模式积分方程的解

设所要考虑的共振腔是由线度为 $2a \times 2a$ 的两个曲率半径相同的正方形球面反射镜所构成的共焦腔,如图 2-7-1 所示。

采用直角坐标系 (x, y, z) 讨论光场的分布比较方便。腔的介质是非激活的,即无放大的。镜面的线度,曲率半径和镜间距离远大于波长,即应满足如下关系:

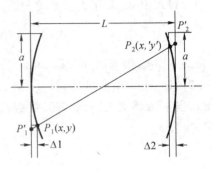

图 2-7-1 方形球面反射镜构成的对称共焦腔

$$L \gg a \gg \lambda, \frac{a^2}{L\lambda} \ll \left(\frac{L}{a}\right)^2$$

两个球面反射镜的曲率半径为 R,腔长为 L,对称共焦腔满足 $R = L$ 条件,即两个球面镜的曲率半径相等且等于腔长。从而两个镜面的焦点重合并处在腔的中心。

由图 2-7-1 可得二镜面间任意两点的连线长度

$$\rho(x, y, x', y') = \overline{P_1 P_2} = \overline{P'_1 P'_2} - \overline{P'_1 P_1} - \overline{P'_2 P_2}$$

根据(2-6-3)式可得

$$\overline{P'_1 P'_2} \approx L + \frac{(x-x')^2}{2L} + \frac{(y-y')^2}{2L}$$

由球面镜的简单几何关系可求得

$$\overline{P'_1 P_1} = \Delta_1 = L - [L^2 - (x^2 + y^2)]^{1/2} \approx \frac{x^2 + y^2}{2L}$$

$$\overline{P_2' P_2} = \Delta_2 = L - [L^2 - (x'^2 + y'^2)]^{1/2} \approx \frac{x'^2 + y'^2}{2L}$$

所以,有

$$\rho(x, y, x', y') = L + \frac{(x-x')^2}{2L} + \frac{(y-y')^2}{2L} - \frac{x^2 + y^2}{2L} - \frac{x'^2 + y'^2}{2L}$$

$$= L - \frac{xx' + yy'}{L} \qquad (2\text{-}7\text{-}1)$$

如果反射镜孔径为 $2a \times 2a$ 的方形镜,将上式代入(2-5-6)式和(2-5-7)式,可得自再现模 $E_{mn}(x, y)$ 应满足的积分方程式为

$$E_{mn}(x, y) = \gamma_{mn}\left(\frac{i}{L\lambda}e^{-ikl}\right)\int_{-a}^{+a}\int_{-a}^{+a} E_{mn}(x', y')e^{ik\frac{xx' + yy'}{L}}dx'dy' \qquad (2\text{-}7\text{-}2)$$

根据博伊德和戈登的方法进行无量纲变换:

$$\begin{cases} X = x\frac{\sqrt{c}}{a}; Y = y\frac{\sqrt{c}}{a} \\ C = \frac{a^2 k}{L} = 2\pi\left(\frac{a^2}{L\lambda}\right) = 2\pi N \end{cases} \qquad (2\text{-}7\text{-}3)$$

根据分离变量

$$E_{mn}(x,y)=F_m(X)G_n(Y) \tag{2-7-4}$$

本征值

$$\gamma_{mn}=\frac{1}{\sigma_m\sigma_n} \tag{2-7-5}$$

代入(2-7-2)式,可得

$$\sigma_m\sigma_n F_m(X)G_n(Y)=\frac{i}{2\pi}e^{-ikL}\int_{-\sqrt{c}}^{+\sqrt{c}}\int_{-\sqrt{c}}^{+\sqrt{c}}F_m(X')e^{iXX'}G_m(Y')e^{iYY'}dX'dY' \tag{2-7-6}$$

上式不存在交错乘积,所以方形共焦腔的自再规模等价于求解下述两个积分本征值的问题:

$$\begin{cases} \sigma_m F_m(X)=\left(\dfrac{ie^{-ikL}}{2\pi}\right)^{1/2}\displaystyle\int_{-\sqrt{c}}^{+\sqrt{c}}F_m(X')e^{iXX'}dX' \\ \sigma_n G_n(Y)=\left(\dfrac{ie^{-ikL}}{2\pi}\right)^{1/2}\displaystyle\int_{-\sqrt{c}}^{+\sqrt{c}}G_n(Y')e^{iYY'}dY' \end{cases} \tag{2-7-7}$$

因为这两个方程形式上是完全一样的,所以只要考虑其中一个方程就可以了。上式精确的解是由博伊德和戈登所求的本征函数和本征值构成。在 C 为有限值时本征函数为

$$E_{mn}(x,y)=F_m(X)G_n(Y)=S_{om}(C,X/\sqrt{C})S_{on}(C,Y/\sqrt{C}) \quad m,n=0,1,2,\cdots \tag{2-7-8}$$

其中

$$S_{om}(C,X/\sqrt{C})=S_{om}(C,x/a);$$
$$S_{on}(C,Y/\sqrt{C})=S_{on}(C,y/a)$$

为角向长椭球函数。对任一给定的 C 值,当 mn 取一系列不连续的整数时,可得到一系列的本征函数 $E_{mn}(x,y)$,它们描述共焦腔镜面上场的振幅和相位分布。

与本征函数 $E_{mn}(x,y)$ 相对应的本征值为

$$\sigma_m\sigma_n=\chi_m\chi_n ie^{-ikL} \tag{2-7-9}$$

式中

$$\begin{cases} \chi_m=\sqrt{\dfrac{2C}{\pi}}i^m R_{om}^{(1)}(C,1) \quad m=0,1,2,\cdots \\ \chi_n=\sqrt{\dfrac{2C}{\pi}}i^n R_{on}^{(1)}(C,1) \quad n=0,1,2,\cdots \end{cases} \tag{2-7-10}$$

$R_{om}^{(1)}(C,1)$,$R_{on}^{(1)}(C,1)$ 为径向长椭球函数,由(2-7-9)式和(2-7-10)式得出本征值为

$$\sigma_m\sigma_n=\frac{2C}{\pi}R_{om}^{(1)}(C,1)R_{on}^{(1)}(C,1)i^{m+n+1}e^{-ikL}$$

$$=4NR_{om}^{(1)}(C,1)R_{on}^{(1)}(C,1)e^{-i[kL-(m+n+1)\frac{\pi}{2}]} \tag{2-7-11}$$

它们决定了模的相移和损耗,式中 $i=e^{i\frac{\pi}{2}}$。

(二)方形球面镜共焦腔模式的场分布

由谐振腔的本征模式解析解,就可讨论镜面模式的振幅与相位分布,也就是模式的场分布。假设我们所要考虑的只是十分靠近镜面中心的较小区域内($X^2\ll1$)的本征函数的变化情况,直接用解析函数(2-7-10)式和(2-7-8)式是很不方便的,因为角椭球函数是较复杂的特殊函数。不过,当菲涅耳数 $N=a^2/(\lambda L)$ 较大时,有一个很好的近似表达式,即在共焦

腔镜面中心附近,角向长椭球函数可以表示为厄米多项式和高斯分布函数的乘积:

$$\begin{cases} F_m(X) = S_{om}(C, X/\sqrt{c}) \approx C_m H_m(X) e^{-\frac{X^2}{2}} \\ G_n(Y) = S_{on}(C, Y/\sqrt{c}) \approx C_n H_n(Y) e^{-\frac{Y^2}{2}} \end{cases} \tag{2-7-12}$$

式中 C_m, C_n 为常系数,$H_m(X)$ 为 m 阶厄米多项式,$e^{\frac{X^2}{2}}$ 为高斯函数。场图的分布情况主要取决于厄米-高斯函数,如图 2-7-2 所示。厄米多项式的零点决定了场图的零点,而高斯函数则随着 $X\left(X = \frac{\sqrt{c}}{a}x\right)$ 的增大单调地下降,它决定了场分布的外形轮廓。

厄米多项式的一般表示式为

$$H_m(X) = (-1)^m e^{X^2} \frac{d^m}{dX^m} e^{-X^2} = \sum_{k=0}^{\left(\frac{m}{2}\right)} \frac{(-1)^k m!}{k!\,(m-2k)!} (2X)^{m-2k} \quad m = 0, 1, 2, \cdots \tag{2-7-13}$$

式中 $\left(\dfrac{m}{2}\right)$ 表示 $\dfrac{m}{2}$ 的整数部分,最初几阶厄米多项式为

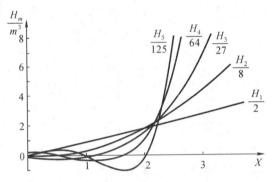

图 2-7-2 最初几阶厄米多项式

曲线 $\dfrac{H_1}{2}$ 的纵坐标为 $\dfrac{H_1}{2}$,其余曲线的纵坐标为 $\dfrac{H_m}{m^3}$

$$H_0(X) = 1$$
$$H_1(X) = 2X$$
$$H_2(X) = 4X^2 - 2$$
$$H_3(X) = 8X^3 - 12X$$
$$H_4(X) = 16X^4 - 48X + 12$$

将(2-7-12)式代入(2-7-8)式,将 X, Y 变回到镜面上的直角坐标,得

$$E_{mn}(x, y) = C_{mn} H_m\left(\frac{\sqrt{c}}{a}x\right) H_n\left(\frac{\sqrt{c}}{a}y\right) \cdot e^{-\frac{1}{2}\frac{c}{a^2}(x^2 + y^2)}$$

$$= C_{mn} H_m\left(\sqrt{\frac{2\pi}{L\lambda}}x\right) H_n\left(\sqrt{\frac{2\pi}{L\lambda}}y\right) \cdot e^{-\frac{x^2 + y^2}{(L\lambda/\pi)}} \tag{2-7-14}$$

下面讨论厄米-高斯近似下方形镜共焦腔镜面上的场分布特性:

1. 基模

我们利用(2-7-14)式取 $m = 0, n = 0$ 则得到分布形式最简单的共焦腔基模,记为

TEM_{00}，其场分布函数为

$$E_{00}(x,y)=C_{00}\,\mathrm{e}^{-\frac{x^2+y^2}{(L\lambda/\pi)}}\qquad(2\text{-}7\text{-}15)$$

由此可以看出基模在镜面上的振幅分布是高斯型的，模的振幅从镜面中心$(x=0,y=0)$向边缘平滑地下降。通常就用半径为$r=\sqrt{x^2+y^2}=\sqrt{\dfrac{L\lambda}{\pi}}$的圆来确定基模光斑的大小并将场的振幅下降到中心（最大）值$1/e$处的光斑半径w_{as}，定义为共焦腔基模在镜面上的"光斑半径"或"光斑尺寸"并表示为

$$w_{as}=\sqrt{L\lambda/\pi}\qquad(2\text{-}7\text{-}16)$$

在这个区域中集中了能量的大部分。由此可见基模是个圆形亮斑，中心部分最亮，向外逐渐减弱，但无清晰的锐边。由上式表明，共焦腔基模在镜面上的光斑大小与镜面的横向尺寸无关，而只决定于腔长或曲率半径。根据(2-7-15)式基模的强度分布也是高斯型的：

$$I_{00}(r)\infty E_{00}^2(x,y)=C_{00}^2\,\mathrm{e}^{-2\frac{x^2+y^2}{(L\lambda/\pi)}}$$

2. 高阶横模

由(2-7-14)式决定的一系列场振幅分布中，除去$m=0,n=0$的基模外，都叫高阶横模，用TEM_{mn}表示。高阶横模在镜面上振幅分布取决于厄米多项式与高斯分布函数的乘积，厄米多项式的零点决定了场的节线，厄米多项式的正负交替的变化与高斯函数随$x、y$的增大而单调下降的特性，决定了场分布的外形轮廓。由于m阶横模就有m个零点（或称节点），在沿x方向就有m条暗线和$m+1$个峰值。同样，在y轴也可以得到完全相同的结果。因此，在xy平面上，由于m和n的不同组合，就可以得到不同的高阶数的横模，由(2-7-14)式可得出镜面上各阶横模的振幅分布。对于TME_{10}，TME_{01}，TME_{20}和TME_{11}的几个横模分别表示为

$$E_{10}(x,y)=C_{10}\frac{2\sqrt{2}}{w_{as}}x\,\mathrm{e}^{-\frac{x^2+y^2}{w_{as}^2}}$$

$$E_{01}(x,y)=C_{01}\frac{2\sqrt{2}}{w_{as}}y\,\mathrm{e}^{-\frac{x^2+y^2}{w_{as}^2}}$$

$$E_{20}(x,y)=C_{20}\left(4\frac{2x^2}{w_{as}^2}-2\right)\mathrm{e}^{-\frac{x^2+y^2}{w_{as}^2}}$$

$$E_{11}(x,y)=C_{11}\times4\times\frac{2xy}{w_{as}^2}\mathrm{e}^{-\frac{x^2+y^2}{w_{as}^2}}$$

$$\cdots\cdots$$

图 2-7-3 画出了最初几个横模在镜面上的振幅和强度分布。以 TEM_{10} 模为例，因 $H_1(x)$ 图形为过原点的直线，而 $\mathrm{e}^{-\frac{x^2+y^2}{w_{as}^2}}$ 为一钟形曲线，所以两者相乘得到 $E_{10}(x,y)$。在 x 方向出现两个峰值，对应强度分布$(I\infty E^2)$也出现两个峰值，光斑就分裂成两瓣，对其他的横模可作类似分析。

$E(x)$ 的负值表明存在相位反转，即从一个光斑过渡到另一个光斑时，相位发生倒转。

镜面处高阶横模的光斑半斑 w_{ms} 可以通过在镜面上基模的光斑半径 w_{as} 求得

$$w_{ms}=\sqrt{2m+1}\,w_{as}\,;\,w_{ns}=\sqrt{2n+1}\,w_{as}\qquad(2\text{-}7\text{-}17)$$

由此可见，知道了镜面上基模的光斑半径 w_{as} 就可求得镜面上高阶横模的光斑半径。

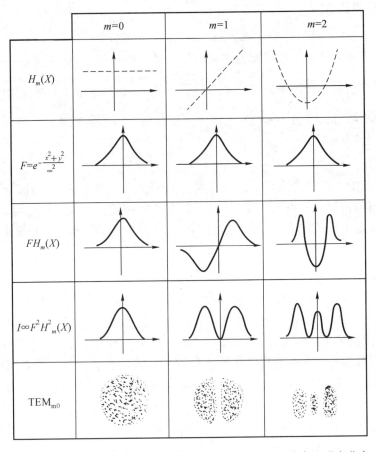

	$m=0$	$m=1$	$m=2$
$H_m(X)$			
$F=e^{-\frac{x^2+y^2}{\omega^2}}$			
$FH_m(X)$			
$I\infty F^2 H^2_m(X)$			
TEM_{m0}			

图 2-7-3　矩形镜共焦腔高阶横模在整个镜面上的振幅分布和强度分布

图 2-7-4 中示出了正方形镜共焦腔中几个最低阶模场的相对振幅与 x/a 的关系。图中实线是近似公式(2-7-14)作出的,每一条曲线与一个 C 值相对应。虚线表示 $C=5$ 时按精确解 $S_{om}(C,x/a)$ 所作出的场分布。由图可见,当反射镜几何尺寸固定时,C 越大(即 N 越大,$C=2\pi N$)场越集中在镜面中心及其附近。随着 N 的减小,镜边缘处的场振幅逐渐增加,对同一 N 值,高价模在镜边缘处的振幅比基模大。由近似解与精确解的比较可知,对于 TEM_{00} 模的场分布,即使 $N=0.8(C=5)$ 时,(2-7-14)式的近似程度仍是令人满意的。对于 TEM_{10}、TEM_{20} 模,当 $N=0.8$ 时,在镜面中心及其附近,近似解与精确解乃符合甚好,由此可知高斯光束的近似程度与应用范围。

3. 相位分布

镜面上场的相位分布由自再现模 $E_{mn}(x,y)$ 的辐角决定。由于长椭球函数为实数,因此,由(2-7-8)式决定的 $E_{mn}(x,y)$ 亦为实数。这表明,镜面上各点相位相同,共焦腔反射镜面本身构成场的等相位面,无论对基模或高阶模情况都一样。共焦腔的这一性质与平行平面腔不同,平行平面腔反射镜面本身已不是严格意义下的等相位面。我们还可注意到,TEM_{00} 模具有单一的相位。共焦腔镜面虽然是曲面,可是在这个球面上,场还是相同的,有一个共同的相位。为了比较,考虑到 TEM_{10} 模在负 x 方向上场方向颠倒了,对于高阶模,场的方向颠倒好几次。相邻模瓣之间 180°相移可以用杨氏干涉原理简单地演示出来。

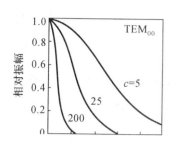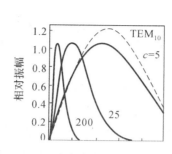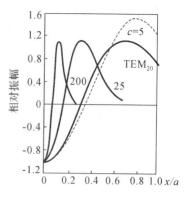

图 2-7-4　近似解与精确解的场分布曲线

（三）单程能量损耗

共焦腔自再现 TEM_{mn} 模由衍射引起的单程能量损耗可按（2-7-11）式计算：

$$\delta_{mn}=1-\left|\frac{1}{\gamma_{mn}}\right|^2=1-|\sigma_m\sigma_n|^2=1-|X_mX_n|^2$$

$$=1-\left(\frac{2C}{\pi}\right)^2\left[R_{om}^{(1)}(C,1)R_{on}^{(1)}(C,1)\right]^2$$

共焦腔和平行平面腔的各种 TEM_{mn} 模的衍射损耗示于图 2-7-5。

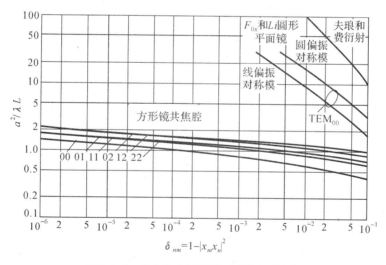

图 2-7-5　共焦腔和平行平面腔的衍射损耗

从图中的曲线可以看出，均匀平面波的夫琅和费衍射损耗比平行平面腔自再现模的损耗大得多。衍射损耗随 m 和 n 而增加，亦即随着横模阶数的增加而迅速增加。共焦腔中各个模式的损耗单值地由菲涅耳数 $N=a^2/(L\lambda)$ 确定，所有模式的损耗都随菲涅耳数的增加而迅速下降。对于实际的谐振腔，一般 $N>(10\sim10^2)$ 量级，故共焦腔的单程能量损耗 $\delta_{mn}10^{-6}$ 量级，这与由其他因素（反射镜透过率、工作物质散射和吸收、窗口反射和吸收等）引起的损耗相比，完全可以忽略，因此可以认为共焦腔内的所有共振模是等损耗率的，它对不同模的限制或选择能力不强，只有当腔的Ⅳ值足够小 $N<1$ 时，衍射损耗才开始明显增大，不同模的损耗差异也开始增大。此时共焦腔的模式分辨力也开始提高，因而有可能做到 δ_{00} 甚小于

δ_{10}，这样不但可以抑制 TEM$_{10}$ 模，而且对 TEM$_{00}$ 模的输出功率也不会有太大的影响。由图可看出，平行平面镜腔两个低阶模的单程衍射损耗明显地大于具有同样 N 值共焦腔的能量损耗，这是由于共焦腔中大多数模的光波场都分布在镜面中心附近，而所有模的等相位面又与镜面本身重合，故衍射损耗较小，对于平行平面镜腔来说，所有模的振幅均分布在镜面较大范围处，且它们的等相位面严格来说均不与镜面重合，因此具有较大的能量损耗。

（四）单程相移和谐振频率

共焦腔模式的谐振条件要求本征值 $\sigma_m\sigma_n$ 的相位应是 π 的整数倍，这相当于由一个腔面到另一个腔面相移是 π 的整数倍。亦即表示，共焦腔 TEM$_{mn}$ 模在腔内往返一次的总相移是 2π 的整数倍，或者说由一个腔面到另一个腔面的程差为半波长 $\lambda/2$ 的整数倍，往返一次的程差是 λ 的整数倍。根据(2-5-12)式和(2-7-11)式，注意到径向长椭球函数 $R_{om}^{(1)}(C,1)$，$R_{on}^{(1)}(C,1)$ 为实数，则往返一次的总相移为

$$2\Phi_{mn}=2\left[(m+n+1)\frac{\pi}{2}-kL\right]=-q\cdot 2\pi \tag{2-7-18}$$

其中 q 为正整数，由上式可写为

$$\frac{4L}{\lambda_{mnq}}=2q+(m+n+1) \tag{2-7-19}$$

(2-7-19)式就是腔长 L 与波长 λ、模式指标 q、m、n 的关系，这就是方形镜共焦腔的谐振模式所应满足的谐振波长条件。由此得出各阶横模的谐振频率条件为

$$\nu_{mnq}=\frac{C}{2\eta L}=\left[q+\frac{1}{2}(m+n+1)\right] \tag{2-7-20}$$

上式中，我们假设腔中充有折射率为 η 的均匀介质，以谐振波长凡 $\lambda_{mnq}=C/(\eta\nu_{mnq})$ 来表示，整数 q 表征沿腔轴方向的场分布，称为腔的纵模，所以完整的模式符号用 TEM$_{mnq}$ 表示。一般纵模指标比横模指标大得多，因为有 $q\approx\frac{L}{(\lambda/2)}$，即腔长为半波长的整数倍，通常在 $10^4\sim 10^7$ 量级。由上式可知，属于同一横模的相邻两纵模之间的频率间隔为

$$\Delta\nu_q=\nu_{mnq+1}-\nu_{mnq}=\frac{C}{2\eta L} \tag{2-7-21}$$

而当 q 一定时，若横模序数$(m+n)$改变时，模的谐振频率发生变化：

$$\Delta\nu_m=\nu_{m+1nq}-\nu_{mnq}=\frac{C}{4\eta L} \tag{2-7-22}$$

由此可见，横模之间的频差要比纵模之间的频率差小，如图 2-7-6 所示共焦腔具有分立的频谱结构。在实际激光器中，即使纵模只有一个，也可能有几个横模，何况一般同时存在着几个纵模，所以普通激光器的输出都是多模的。

由(2-7-20)式可看到 TEM$_{\infty q}$ 和 TEM$_{02q-1}$ 时谐振腔仍具有与原来模式的频率相同的谐振频率，这两种模式的频率相一致。该二种模式为简并振荡模，共焦腔模是高度简并的，只要$(2q+m+n)$相同的模式都具有相同的谐振频率，它们都是简并模。

二、方形球面镜共焦腔的行波场

通过上节的分析，我们已求出了不同共振模在镜面处的场分布特性，并指出，由于本征函数为实数，故共振模场在镜面处的等相位面与镜面本身重合。当我们知道了腔镜面上的

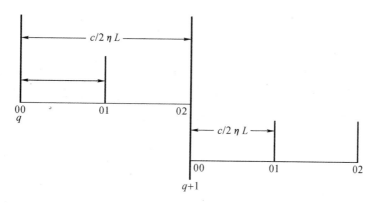

图 2-7-6　共焦腔纵模和横模的关系

场分布,利用菲涅耳—基尔霍夫衍射积分方程就可求出在共焦腔内或腔外任意一点的场分布。腔内任意一点的场实质上是一个驻波场(由方向相反的两列波迭加而成),腔外场是一个振幅被反射镜的透射系数减少了的行波场。如果所考虑的点位于(x,y,z),而 z 是从共焦腔中心为坐标原点的距离。现定义一个无量纲参数

$$\xi=\frac{z}{(L/2)}=\frac{2z}{L}$$

在共焦腔内,$0<|\xi|<1$;在共焦腔外,$|\xi|>1$。对于大的 C 值($C=2\pi N$),即大的菲涅耳数 N,对于方形球面镜共焦腔,场近似用厄米-高斯函数来描述。当反射镜是圆形时,场近似于拉盖尔-高斯函数。

由博伊德和戈登所证明的,在共焦腔内一点的行波场为

$$E_{mn}(x,y,z)=E_0\left(\frac{2}{1+\xi^2}\right)^{1/2}\frac{\Gamma\left(\frac{m}{2}+1\right)\Gamma\left(\frac{n}{2}+1\right)}{\Gamma(m+1)\Gamma(n+1)}\cdot\exp\left[-\frac{kw^2}{L(1+\xi^2)}\right]$$

$$\times H_m\left[X\left(\frac{2}{1+\xi^2}\right)^{1/2}\right]H_n\left[Y\left(\frac{2}{1+\xi^2}\right)^{\frac{1}{2}}\right]$$

$$\times\exp\left\{i\left[k\frac{L}{2}(1+\xi)+\frac{k\xi}{1+\xi^2}\cdot\frac{w^2}{L}\right]+i(1+m+n)\left(\frac{\pi}{2}-\psi\right)\right\}\quad(2\text{-}7\text{-}23)$$

式中 $\psi=\arctan\dfrac{(1-\xi)}{(1+\xi)}$;$w^2=x^2+y^2$;$L$ 为共焦腔长;$f=\dfrac{R}{2}=\dfrac{L}{2}$ 为镜的焦距;E_0 为一与坐标无关的常数;$\Gamma\left(\dfrac{m}{2}+1\right)=\left(\dfrac{m}{2}+1\right)\Gamma\left(\dfrac{m}{2}\right)$;$\Gamma\left(\dfrac{1}{2}\right)=\sqrt{\pi}$,$\Gamma(m)=m!$ 为伽马函数。

共焦腔的相位分布由(2-7-23)式中的相位函数(表示在大括号中)来描述。(x,y,z) 是等相面上的点,此面截轴于$(0,0,z_0)$。若忽略由于 z 的变化而造成 ψ 的微小变化,则得到等相面方程:

$$k\left[\frac{L}{2}(1+\xi_0)\right]-(1+m+n)\left(\frac{\pi}{2}-\psi_0\right)=k\left[\frac{L}{2}(1+\xi)+\frac{\xi}{1+\xi^2}\cdot\frac{w^2}{L}\right]-(1+m+n)\left(\frac{\pi}{2}-\psi\right)$$

式中,$\xi_0=2z_0/L$,经简化后可得到等相位面上各点坐标满足的方程为

$$z-z_0\approx-\frac{\xi}{1+\xi^2}\cdot\frac{w^2}{L}\approx-\frac{\xi_0}{1+\xi_0^2}\frac{w^2}{L}\quad(2\text{-}7\text{-}24)$$

在近轴近似下 $\xi\approx\xi_0$。(2-7-24)式是旋转抛物面方程,抛物面的顶点位于 $z=z_0$ 处,而抛物

面的焦距为

$$f' = \left| \frac{1+\xi_0^2}{4\xi_0}L \right| = \left| \frac{z_0}{2} + \frac{f^2}{2z_0} \right|$$

在腔的近轴附近,抛物面近似看作球面,于是共焦腔的等相位面近似为球面,注意到上式与模序数 m 和 n 无关,因此可认为共焦腔所有谐振模的等相位面均为球面,该球面的曲率半径随 z_0 而改变,在腔轴的不同位置处,等相位面的曲率半径为

$$R(z) = 2f' = \left| \frac{1+\xi_0^2}{2\xi_0}L \right| = \left| z_0 + \frac{f^2}{z_0} \right| \tag{2-7-25}$$

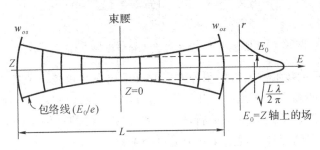

图 2-7-7

由(2-7-24)式看出:当 $z_0 > 0$ 时,$z-z_0 < 0$;当 $z_0 < 0$ 时,$z-z_0 > 0$。这表示,共焦场的等相位面都是凹面向着中心($z=0$)的球面。等相位面的曲率半径随坐标 z_0 而变化。当 $z_0 = \pm f = \pm \frac{L}{2}$ 时,$R(z_0) = 2f = L$,表明共焦腔反射镜面本身与场的两个等相位两重合。当 $z_0 = 0$ 时,$R(z_0) \rightarrow \infty$,当 $z_0 \rightarrow \infty$ 时,$R(z_0) \rightarrow \infty$,可见通过共焦腔中心的等相位面是与腔轴垂直的平面,距腔中心无限远处的等相位面也是平面。将(2-7-26)对 ξ 球微商可证明,共焦腔反射镜面是共焦场中曲率最大的等相位面。

图 2-7-7 表示共焦腔反射镜和腔的一些等相面在 $TEM_{\infty q}$ 的包络界限内的部分,在包络界限处模的振幅降到它在 z 轴上值的 $1/e$ 倍。对于 TEM_{∞} 模而言,在 $z = z_0$ 站面内的场振幅衰减到中心最大值 $1/e$ 时对应的横向距离即基模光斑半径可按(2-7-23)式中一项实指数因子 $e^{-\frac{kw^2}{L(1+\xi^2)}} = e^{-1}$ 求得

$$w(z) = \left[\frac{\lambda L}{2\pi}(1+\xi^2) \right]^{1/2} = w_0 \left(1 + \frac{z^2}{f^2} \right)^{1/2} \tag{2-7-26}$$

$w(z)$ 即为共焦腔基模在 z 处的光斑半径,在 $z=0$ 处高斯光束束半径最小,此处称为高斯光束基模的束腰半径。对于共焦腔焦平面处($z=0$)则

$$w_0 = \sqrt{\frac{\lambda L}{2\pi}} \tag{2-7-27}$$

在共焦腔镜面上 $z = \pm \frac{L}{2} = \pm f$ 处为

$$w(z) = w(\pm f) = w_{os} = \sqrt{\frac{\lambda L}{\pi}} \tag{2-7-28}$$

所以,$w_{os} = \sqrt{2}w_0$,由(2-7-25)式可知,$z_0 = 0$ 处的等相面是平面,它与平面波的波阵面一样,但其强度分布是一种特殊的高斯分布,这又不同于均匀的平面波。正是由于这一差别,才使是它在 z 方向传播时,不再保持平面波的特性,而以高斯球面波形式传播。通常把厄米-高斯光束

从光斑最小处到 $\sqrt{2}\,w_0$ 处的距离叫瑞利距离为 $z_R=\pi w_0^2/\lambda$。这里 $z_R=L/2$ 即为共焦腔镜的焦距 $f=z_R=\dfrac{L}{2}$。从 $z=0$ 到 $z=z_R=\dfrac{\pi w_0^2}{\lambda}$ 之间的距离称为准直距离。由(2-7-26)式可以看出

$$\frac{w^2(z)}{w_0^2(0)}-\frac{4z^2}{L^2}=1 \tag{2-7-29}$$

所以基模的光斑半径随 z 按双曲线变化。如图表 2-7-8 所示,这就是高斯光束在 z 方向上的传播包络。由(2-7-27)式可以看出,$w(z)$ 按双曲线规律随 z 发生变化。双曲线的渐近线与 z 轴的交角为 θ,当 $z\to\infty$ 时,则有

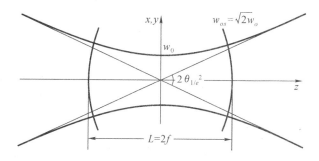

图 2-7-8　共焦腔基模的发散角 θ_{1/e^2} 和高斯光束腰斑半径 $w_0=\sqrt{\dfrac{L\lambda}{2\pi}}=\sqrt{\dfrac{f\lambda}{\pi}}$

$$\theta_{1/e^2}=\lim_{z\to\infty}\frac{w(z)}{z}=\sqrt{\frac{2\lambda}{\pi L}}=\frac{\lambda}{\pi w_0}=\sqrt{\frac{\lambda}{\pi f}} \tag{2-7-30}$$

所以,高斯光束远场发散角 θ_{1/e^2}(半角)定义为高斯光束基模振幅减小到中心值 $1/e$ 处(即强度的 $1/e^2$ 处)与 z 轴的交角。通常以发散角 $2\theta_{1/e^2}$ 描述光束的发散度,即全角发散度 $2\theta_{1/e^2}=2\lambda/\pi w_0$。根据计算表明,包含在全角发散度 2θ 内的功率占高斯基模光束总功率的 86.5%。由波动光学知道,一个半径为 r 的圆孔夫琅和费衍射角(主极大至第一极小值之间的夹角)$\theta=0.61\lambda/r$。与(2-7-30)式相比较可知,高斯光束远场发散角 θ_{1/e^2}(半角发散度)在数值上等于以腰斑 w_0 为半径的光束的衍射角,即它已达到了衍射极限。但因为高斯光束强度更集中在中心及其附近,所以实际上比圆孔衍射角要小一点。

对于共焦腔,有

$$\theta_{1/e^2}=\sqrt{2\lambda/\pi L}=\sqrt{\frac{\lambda}{f\pi}}=\sqrt{\frac{\lambda}{z_R\pi}}$$

共焦腔内的场分布对于 $\mathrm{TEM}_{\infty q}$ 模表示在图 2-7-9,可见基模光束的发散角随共焦腔的长度($L=R$)增大而减小,随振荡波长增大而增大。

高阶横模的光束发散角 θ_m 和 θ_n 可以通过基模的光斑和发散角求出来:

$$\theta_m=\sqrt{2m+1}\,\theta_0,$$
$$\theta_n=\sqrt{2n+1}\,\theta_0, \tag{2-7-13}$$

式中 θ_0 为基模光束的发散角。

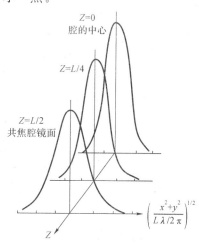

图 2-7-9　$\mathrm{TME}_{\infty q}$ 模共焦腔内场强度分布

三、圆形球面镜共焦腔

现在考虑的共焦腔是由两块相同的圆形球面镜所组成,对于光束分布具有圆对称的情形,采用极坐标系统(r,φ),讨论谐振腔的光场分布和传播是方便的,且其处理方法与方形镜相似。圆形球面镜共焦腔模式积分方程的精确解析解是超椭球函数系,但人们对于它还没有熟练掌握,所以我们只能分析其近似表达式。可以证明,当腔的菲涅耳数 N 值足够大的条件下(即在近轴范围内),圆形球面镜共焦腔的自再现模,即镜面上的场分布为拉盖尔多项式和高斯分布函数乘积来表示

$$E_{pl}(r,\varphi)=C_{pl}\left(\sqrt{\frac{2\pi}{\lambda L}}\,r\right)^{l}L_{p}^{l}\left(\frac{2\pi}{\lambda L}r^{2}\right)\cdot\exp\left(-\frac{\pi}{\lambda L}r^{2}\right)\begin{cases}\cos l\varphi\\\sin l\varphi\end{cases} \qquad (2\text{-}7\text{-}32)$$

式中 C_{pl} 为常数。决定角向分布的 $\cos l\varphi$ 和 $\sin l\varphi$ 因子任选一个。但当 $l=0$ 时,只能取 $\cos$ 项,否则将导致整个式子为零,L_{p}^{l} 为缔合拉盖尔多项式它的定义为

$$L_{p}^{l}(x)=\sum_{k=0}^{p}\frac{(p+l)!(-x)^{k}}{(l+k)!k!(p-k)!}\qquad p=0,1,2 \qquad (2\text{-}7\text{-}33)$$

几个最低阶拉盖尔多项式为

$$\begin{cases}L_{0}^{l}(x)=1\\L_{1}^{l}(x)=1+l-x\\L_{2}^{l}(x)=\dfrac{1}{2}x^{2}-(l+2)x+\dfrac{1}{2}(l+1)(l+2)\\\cdots\cdots\end{cases} \qquad (2\text{-}7\text{-}34)$$

由总的本征函数 $E_{pl}(r,\varphi)$ 所表征的模可称为圆形球面镜共焦腔的 TEM_{plq} 模。与本征函数相对应的本征值 γ 为

$$\gamma_{pl}=\exp\left[ikL-i(2p+l+1)\frac{\pi}{2}\right] \qquad (2\text{-}7\text{-}35)$$

现在我们分析拉盖尔-高斯近似下的共焦腔模的特性。

由(2-7-32)式表示圆柱坐标系统下,圆形球面镜共焦腔镜面上高价横模的场分布函数,即拉盖尔-高斯函数,并用 TEM_{plq} 来表示高阶横模,它具有圆对称形式。p 表示沿径向(r 方向)的节线圆的线目;l 表示沿辐角 φ 方向的节线数目。各节线圆沿 r 方向不是等距分布的。几个低阶横模的强度花样如图 2-2-4 所示。与方形镜的情况类似,随着模的阶数 p,l 的增加,模的光斑也将增大,但光斑随 p 的增大要比随 l 的增大来得快。

当 $p=l=0$ 时,(2-7-32)式退化为基模 TEM_{00} 的高斯光束表达式

$$E_{00}(r,\varphi)=C_{00}\exp\left(-\frac{\pi}{\lambda L}r^{2}\right)$$

基模在镜面上的振幅分布是高斯型的,整个镜面上没有节线,在镜面中心($r=0$)处,振幅最大,当基模振幅下降到中心值的 $1/e$ 处与镜面中心的距离为基模的光斑半径

$$w_{os}=\sqrt{\frac{L\lambda}{\pi}}$$

与方形镜共焦腔的情况一样,对于高阶模,镜面上 TEM_{pls} 模光斑半径可由镜面上基模的光斑半径 w_{os} 决定

$$w_{pls} = \sqrt{2p + L + \frac{1}{2} w_{os}}$$

下面讨论单程相移和谐振频率：

由本征值表示式(2-7-35)，可以写出自再现模在腔内往返一次渡越的总相移为 $2\Phi_{pl} = 2\left[(2p+l+1)\frac{\pi}{2} - kL\right] = -2\pi q (q$ 为一整数)从而可得出各阶横模的谐振频率表示为

$$\nu_{plq} = \frac{C}{2\eta L}\left[q + \frac{1}{2}(2p+l+1)\right] \tag{2-7-36}$$

(2-7-36)式表明，圆形球面镜共焦腔对于频率是高度简并的。

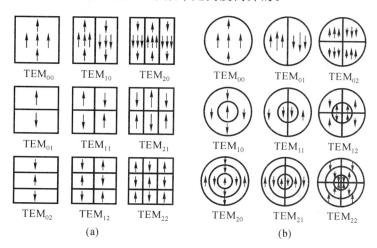

图 2-7-10　方形镜和圆形镜的线偏振腔模结构

(a)方形镜；(b)圆形镜

由上述分析可知，拉盖尔多项式与厄米多项式相当，也是正负交替地变化着的。对于圆形镜共焦腔行波场特性分析可按与方形镜同样的方法进行，两者的基模光束的振幅分布、光斑尺寸、等相位面的曲率半径及光束发散角等完全相同，所以这里不再详细叙述。

应当指出，有多数激光器由于布儒斯特窗的存在，以及任何微小的反射镜的倾斜和偏离准直，实际激光振荡模的花样具有矩形对称的厄米形式而不是圆对称的拉盖尔形式。所以，我们上面着重讨论直角坐标系统，不过，$E_{plq}(r,\varphi)$形式的极坐标系统在特殊的内腔式激光器及非常精确准直的情况下，通过实验可观察到。图 2-7-10 示出了方形镜和圆形镜的线偏振模结构。同阶次的两个正交的偏振模可以合成为其他偏振结果，图 2-7-11 示出了 TEM$_{01}$ 模的合成情况。

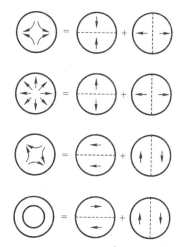

图 2-7-11　线偏振 TEM$_{01}$ 模合成为不同的偏振结构

第八节　一般稳定球面镜腔及等价共焦腔

由两个曲率半径不同的球面镜按任意间距组成的腔称为一般球面镜腔,当它们满足条件 $0 < g_1 g_2 < 1$ 时,称为一般稳定球面镜腔。对于一般稳定球面镜腔的模式理论可以从光腔的衍射。积分方程出发严格建立,而目前流行的另一方法是以共焦腔的模式理论为基础的,等价共焦腔方法,这方法的优点是简明,当然不够严格。本节按此来讨论这个问题。

共焦腔模式理论不仅能定量地说明共焦腔振荡模本身的特性,更重要的是它能被推广应用到整个低损耗球面镜腔系统,这是谐振腔理论中是较大的进展。

根据共焦腔模式理论研究表明,任何一个共焦腔与无穷多个稳定球面腔等价,而任何一个稳定球面镜腔唯一地等价于一个共焦腔。

一、等价共焦腔

根据上节的分析,共焦腔行波场的等相位面随 z 而变化。根据(2-7-25)式,共焦腔场中与腔的轴线相交于任意一点 z 的等相位面的曲率半径为

$$R(z) = \left| z + \frac{L^2}{4z} \right| = \left| z + \frac{f^2}{z} \right| \qquad (2\text{-}8\text{-}1)$$

如果我们在共焦腔场的任意两个等相位面上放置两块具有相应曲率半径的球面反射镜,则这二个球面镜在共焦场分布中将不会受到扰动。在图 2-8-1 中,a 和 a' 是共焦腔球面镜,a、b、c 和 a'、b'、c' 及 K 各代表与等相位面一致的镜面,其中,C 和 C' 可组成对称的球面镜腔;c、b' 组成不对称的球面镜腔;K、c' 组成平面—凹面镜腔;b'、c' 可组成凸凹腔等等。图中 aa' 构成的共焦腔和 cc'、cb 构成的非共焦腔,它们均对应于同一高斯光束,称 aa' 为 cc' 和 cb' 的等价共焦腔。这些新的谐振腔的行波场与原共焦腔的行波场相同,它们是等价的。由于任一共焦腔有无穷多个等相位面,因此可以用这种方法构成无穷多个等价球面腔。可以证明,所有这些球面腔都是稳定的。反过来,任一满足稳定性条件的球面腔唯一地等价于某一个共焦腔。这表示,如果一个球面腔满足稳定性条件,则必定可以找到而且只能找到一个共焦腔,其腔所对应的行波场的两个等相位面与给定球面腔的两个反射镜面重合。

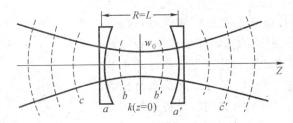

图 2-8-1　共焦场等相位面的分布

二、一般稳定球面镜腔的基模性质

现在,我们以双凹球面镜腔为例来说明一般稳定球面镜腔的模性质,腔的结构如图 2-8-2 所示。其中镜 M_1 镜 M_2 的曲率半径分别为 R_1、R_2,腔长 L,假设它的等价共焦腔已找

到,如图中 aa' 所示,其焦距为 f(又称共焦参数 $f=z_R$),等价共焦腔中心为 0,它作为沿腔轴线的坐标 z 的原点,在此坐标系中,镜 M_1 和镜 M_2 离中心的坐标分别是 z_1 和 z_2、我们的任务是给定腔参数 R_1、R_2、L 并满足稳定条件 $0<\left(1-\dfrac{L}{R_1}\right)\left(1-\dfrac{L}{R_2}\right)<1$,求得 f 和 z_1,z_2 即正确地决定等价共焦腔的中心 O 的位置。从而确定这个腔的模性质。

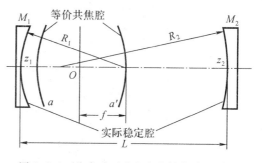

图 2-8-2　稳定球面腔和它的等价共焦腔

由(2-8-1)式,共焦腔 aa' 形成的高斯光束在 z_1 和 z_2 处的等相位面曲率半径分别为

$$\begin{cases} R_1=R(z_1)=-\left(z_1+\dfrac{f^2}{z_1}\right) \\ R_2=R(z_2)=\left(z_2+\dfrac{f^2}{z_2}\right) \\ L=z_2-z_1 \end{cases} \tag{2-8-2}$$

由上述联立方程组可以唯一地解出一组 z_1、z_2 和 f。

$$\begin{cases} z_1=-\dfrac{L(R_2-L)}{(L-R_1)+(L-R_2)} \\ z_2=\dfrac{-L(R_1-L)}{(L-R_1)+(L-R_2)} \\ f^2=\dfrac{L(R_1-L)(R_2-L)(R_1+R_2-L)}{[(L-R_1)+(L-R_2)]^2} \end{cases} \tag{2-8-3}$$

当 z_1、z_2,f^2 求出后,等价共焦腔就唯一地确定下来。

(2-8-3)式还可用 g 参数表示:

$$\begin{cases} z_1=-\dfrac{g_2(1-g_1)L}{g_1+g_2-2g_1g_2} \\ z_2=\dfrac{g_1(1-g_2)L}{g_1+g_2-2g_1g_2} \\ f^2=\dfrac{g_1g_2(1-g_1g_2)L^2}{(g_1+g_2-2g_1g_2)^2} \end{cases} \tag{2-8-4}$$

根据(2-7-26)式和 $f=z_R$ 的关系,共焦腔基模的光斑半径可以写成:

$$w(z)=w_0\left(1+\dfrac{z^2}{f^2}\right)^{1/2}=w_0\left[1+\left(\dfrac{z}{z_R}\right)^2\right]^{1/2} \tag{2-8-5}$$

将(2-8-3)式代入(2-8-5)式,并考虑(2-7-31)式,可求得一般稳定球面镜腔(已知 R_1,R_2,L)的行波场基模光斑尺寸的分布情况,求得镜面 1 和镜 2 上的光斑半径以及束腰光斑半径和全角发散度:

$$\begin{cases} w_1 = \sqrt{\dfrac{\lambda L}{\pi}}\left[\dfrac{R_1^2(R_2-L)}{L(R_1-L)(R_1+R_2-L)}\right]^{1/4} \\[4mm] w_2 = \sqrt{\dfrac{\lambda L}{\pi}}\left[\dfrac{R_2^2(R_1-L)}{L(R_2-L)(R_1+R_2-L)}\right]^{1/4} \\[4mm] w_0 = \sqrt{\dfrac{\lambda}{\pi}}\left[\dfrac{L(R_1-L)(R_2-L)(R_1+R_2-L)}{(R_1+R_2-2L)^2}\right]^{1/4} \\[4mm] 2\theta_{1/e^2} = 2\sqrt{\dfrac{\lambda}{\pi}}\left[\dfrac{(R_1+R_2-2L)^2}{L(R_1-L)(R_2-L)(R_1+R_2-L)}\right]^{1/4} \end{cases} \quad (2\text{-}8\text{-}6)$$

(2-8-6)式还可用腔的 g 参数表示:

$$\begin{cases} w_1 = \sqrt{\dfrac{\lambda L}{\pi}}\left[\dfrac{g_2}{g_1(1-g_1 g_2)}\right]^{1/4} \\[4mm] w_2 = \sqrt{\dfrac{\lambda L}{\pi}}\left[\dfrac{g_1}{g_2(1-g_1 g_2)}\right]^{1/4} \\[4mm] w_0 = \sqrt{\dfrac{\lambda L}{\pi}}\left[\dfrac{g_1 g_2(1-g_1 g_2)}{(g_1+g_2-2g_1 g_2)^2}\right]^{1/4} \\[4mm] 2\theta_{1/e^2} = 2\sqrt{\dfrac{\lambda}{\pi L}}\left[\dfrac{(g_1+g_2-2g_1 g_2)^2}{g_1 g_2(1-g_1 g_2)}\right]^{1/4} \end{cases} \quad (2\text{-}8\text{-}7)$$

现将几种典型腔的模参数列于表 2-8-1 中以供参考。

表 2-8-1　几种典型谐振腔的模参数

	共焦腔	半共焦腔	对称非共焦腔	平面—凹面镜腔	不对称非共焦腔
几何参数 R_1,R_2,L	$R_1=R_2=L$	$R_1=2L$ $R_2=\infty$	$R_1=R_2=R$ $L\neq R,L\leqslant 2R$	$R_1=R,R_2=\infty$ $2L\neq R,L\leqslant R$	$R_1\neq R_2$ $0<\left(1-\dfrac{L}{R_1}\right)\left(1-\dfrac{L}{R_2}\right)<1$
等价共焦 腔长 $2Z_R=2f$	L	$2L$	$(2RL-L^2)^{1/2}$	$2(RL-L^2)^{1/2}$	$\left[\dfrac{4L(R_1-L)(R_2-L)(R_1+R_2-L)}{(R_1+R_2-2L)^2}\right]^{1/2}$
腰位置 z_1,z_2	$z_1=z_2=\dfrac{L}{2}$	$z_1=L$ $z_2=0$	$z_1=z_2=\dfrac{L}{2}$	$z_1=L$ $z_2=0$	$z_1=\dfrac{-L(R_2-L)}{R_1+R_2-2L}$ $z_2=\dfrac{L(R_1-L)}{R_1+R_2-2L}$
腰粗 w_0	$\left(\dfrac{\lambda L}{2\pi}\right)^{1/2}$	$\left(\dfrac{\lambda L}{\pi}\right)^{1/2}$	$\left[\dfrac{\lambda^2}{4\pi^2}(2RL-L^2)\right]^{1/4}$	$\left[\dfrac{\lambda^2}{\pi^2}(RL-L^2)\right]^{1/4}$	$\left[\dfrac{L\lambda^2(R_1-L)(R_2-L)(R_1+R_2-L)}{\pi^2(R_1+R_2-2L)^2}\right]^{1/4}$
镜1上光 斑尺寸 w_1	$\left(\dfrac{\lambda L}{\pi}\right)^{1/2}$	$\left(\dfrac{2\lambda L}{\pi}\right)^{1/2}$	$\left[\dfrac{R^2 L^2\lambda^2}{\pi^2(2RL-L^2)}\right]^{1/4}$	$\left[\dfrac{R^2 L^2\lambda^2}{\pi^2(RL-L^2)}\right]^{1/4}$	$\left[\dfrac{\lambda^2 R_1^2(R_2-L)}{\pi^2(R_1-L)(R_1+R_2-L)}\right]^{1/4}$
镜2上光 斑尺寸 w_2	$\left(\dfrac{\lambda L}{\pi}\right)^{1/2}$	$\left(\dfrac{\lambda L}{\pi}\right)^{1/2}$	$\left[\dfrac{R^2 L^2\lambda^2}{\lambda^2(2RL-L^2)}\right]^{1/4}$	$\left[\dfrac{\lambda^2}{\pi^2}(RL-L^2)\right]^{1/4}$	$\left[\dfrac{\lambda^2 R_2^2 L(R_1-L)}{\pi^2(R_2-L)(R_1+R_2-L)}\right]^{1/4}$
发散度 2θ	$2\left(\dfrac{2\lambda}{\pi L}\right)^{1/2}$	$2\left(\dfrac{\lambda}{\pi L}\right)^{1/2}$	$2\left[\dfrac{4\lambda^2}{\pi^2(2RL-L^2)}\right]^{1/2}$	$2\left[\dfrac{4\lambda^2}{\pi^2(RL-L^2)}\right]^{1/4}$	$2\left[\dfrac{\lambda^2(R_1+R_2-2L)^2}{\pi^2 L(R_1-L)(R_2-L)(R_1+R_2-L)}\right]^{1/4}$
谐振频率 ν_{mnq}	$\dfrac{C}{4\eta L}(2q+m+n+1)$	$\dfrac{C}{4\eta L}[2q+\dfrac{1}{2}\cdot(m+n+1)]$	$\dfrac{C}{4\eta L}[2q+\dfrac{2}{\pi}(m+n+1)\cos^{-1}(1-\dfrac{L}{R})]$	$\dfrac{C}{4\eta L}[2q+\dfrac{2}{\pi}(m+n+1)\cos^{-1}(1-\dfrac{L}{R})^{1/2}]$	$\dfrac{C}{4\eta L}\{2q+\dfrac{2}{\pi}(m+n+1)\cdot\cos^{-1}[(1-\dfrac{L}{R_1})(1-\dfrac{L}{R_2})]^{1/2}\}$
纵模间隔 $\Delta\nu_q$			$\dfrac{C}{2\eta L}$		

下面简述几种常用谐振腔的特点。平行平面腔是处于低损耗区和高损耗区的分界线上是临界腔,具有高的衍射损耗,调整困难,反射镜必须调整到弧度角 1 秒左右,唯一的优点模体积大,发散角小接近于平行光,通常用于高增益的固体激光器;共焦腔是属于临界腔,最易对准,只要求弧度角 $1\frac{1}{2}$ 分的准确度,模体积小,影响输出功率,它对高次模有最大的鉴别力,TEM_{00} 模的增益比其他高次模高 25 倍。这种腔较少使用,只有当要求高增益采用细放电管径时,其使用才较合适;共心腔即两块反射镜曲率半径之和等于两镜间距时就得到共心腔,和平行平面腔一样调整困难,属于临界腔。镜上的模直径大,共心腔中心处光斑非常小,它很少用于气体激光器,但用于固体激光器有很大的优越性;平——凹腔是由一个平面镜和一个凹面镜组成,它是应用最广泛的一类谐振腔,具有结构简单、损耗低、易于调整等一系列优点。为了获得方向性好的光束、宜采用曲率半径较大的凹面镜。气体激光器常采用此腔。

三、谐振频率

谐振腔谐振条件要求在腔内往返一次的相移是 2π 的整数倍,或者单程相移是 π 的整数倍。即

$$\varphi_{mn}(z)=2\big[\varphi_{mn}(z_2)-\varphi_{mn}(z_1)\big]=-2q\pi \tag{2-8-8}$$

共焦腔的相位函数由(2-7-24)式可得,对于方形镜为

$$\varphi_{mn}(z)=-\left[k\left(z+\frac{w^2}{2R}\right)+kf-(m+n+1)\left(\frac{\pi}{2}-\arctan\frac{f-z}{f+z}\right)\right] \tag{2-8-9}$$

对于圆形镜具有同样的形式。我们把(2-8-3)式的 $z_1,z_2,f(f=z_R)$ 代入上式并由谐振条件可求得方形镜稳定球面镜腔 TEM_{mnq} 模的谐振频率为

$$\nu_{mnq}=\frac{C}{2\eta L}\left[q+\frac{1}{\pi}(m+n+1)\cdot\arccos\sqrt{\left(1-\frac{L}{R_1}\right)\left(1-\frac{L}{R_2}\right)}\right]$$
$$=\frac{C}{2\eta L}\left[q+\frac{1}{\pi}(m+n+1)\arccos\sqrt{g_1\cdot g_2}\right] \tag{2-8-10}$$

同理,圆形镜稳定球面腔 TEM_{plq} 模的谐振频率为

$$\nu_{plq}=\frac{C}{2\eta L}\left[q+\frac{1}{\pi}(2p+l+1)\arccos\sqrt{g_1 g_2}\right] \tag{2-8-11}$$

下面用一些典型的例子作一些说明:近平行平面腔:$R\to\infty$,$g=1-L/R$,$\frac{L}{R}\ll1$。所以 $\arccos\sqrt{g_1 g_2}=\arccos\sqrt{\left(1-\frac{L}{R}\right)^2}=\alpha$,这里 $\alpha\approx\sqrt{\frac{2L}{R}}\ll\pi$,谐振频率可由下式给出

$$\nu_{mnq}=\frac{C}{2\eta L}\left[q+\frac{\alpha}{\pi}(m+n+1)\right] \tag{2-8-12}$$

对于近平行平面腔和近共心腔的横模谐振频率如图 2-8-3(a)和(c)所示,相邻纵模之间的间隔相当大 $\Delta\nu=\frac{C}{2\eta L}$,每一个纵模,含有谐振频率间隔小于 $\frac{\alpha\Delta\nu}{\pi}$ 的一组横模。对于共焦腔如图 2-8-3(b)所示,$R_1=R_2=L$,则 $g_1=g_2=0$,$\arccos\sqrt{g_1 g_2}=\frac{\pi}{2}$,模的谐振频率为

$$\nu_{mnq}=\frac{C}{2\eta L}\left[q+\frac{m+n+1}{2}\right]$$

此式与(2-7-21)式完全相同。

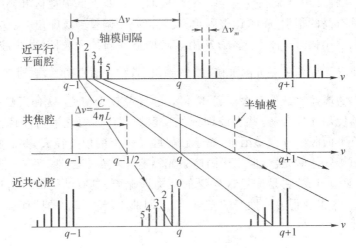

图 2-8-3 光学谐振腔的横模谐振频率 ν_{mnq}

(a)近平行平面腔；(b)共焦腔；(c)近共心腔

四、衍射损耗

利用等价共焦腔的概念并引入有效菲涅耳数 N_{ef}，可以近似计算一般稳定球面镜腔的衍射损耗。

设共焦腔二反射镜的线度均为 a，可表示为方形镜边长的一半或圆形镜的半径，则菲涅耳数可表示为

$$N=\frac{a^2}{\lambda L}=\frac{a^2}{\pi w_{0S}^2} \tag{2-8-13}$$

式中 L 为共焦腔腔长，w_{os} 为镜面处基模光斑半径。此式表示，共焦腔的菲涅耳数正比于镜的表面积与镜面上基模光斑面积之比。这一比值越大，单程衍射损耗越小。对于一般稳定球面镜腔与等价共焦腔，由于它们具有完全相同的行波场结构，且反射镜均构成场的等相位面，因此，它们的衍射损耗应该服从相同的规律。由衍射理论可知，当稳定球面腔镜的线度为 a_i 镜面光斑半径为 w_i 时，则它的菲涅耳数为 $a_i^2/\pi w_{Si}^2$。如果和其等价共焦腔的菲涅耳数 $a_0^2/\pi w_{0S}^2$ 相等。这样两个腔的单程衍射损耗应该相等。我们将

$$N_{efi}=\frac{a_i^2}{\pi w_{Si}^2} \tag{2-8-14}$$

称为稳定球面镜腔的有效菲涅耳数。根据(2-8-7)式可得一般稳定球面镜腔两个反射镜的有效菲涅耳数为

$$\begin{cases} N_{ef1}=\dfrac{a_1^2}{\pi w_{S1}^2}=\dfrac{a_1^2}{L\lambda}\sqrt{\dfrac{g_1}{g_2}(1-g_1 g_2)} \\[4mm] N_{ef2}=\dfrac{a_2^2}{\pi w_{S2}^2}=\dfrac{a_2^2}{L\lambda}\sqrt{\dfrac{g_2}{g_1}(1-g_1 g_2)} \end{cases} \tag{2-8-15}$$

当 $a_1=a_2=a$ 时，则

$$\begin{cases} N_{ef1} = \dfrac{a^2}{L\lambda}\sqrt{\dfrac{g_1}{g_2}(1-g_1g_2)} = N_0\sqrt{\dfrac{g_1}{g_2}(1-g_1g_2)} \\ N_{ef2} = \dfrac{a^2}{L\lambda}\sqrt{\dfrac{g_2}{g_1}(1-g_1g_2)} = N_0\sqrt{\dfrac{g_2}{g_1}(1-g_1g_2)} \end{cases} \tag{2-8-16}$$

式中 $N_0 = a^2/L\lambda$。此式表明,对于一般稳定球面镜腔,每一个反射镜对应于一个有效菲涅耳数,即使两个反射镜钱度一样(但曲率半径不同),对应的有效菲涅耳数也不相同。仅当 $a_1 = a_2, R_1 = R_2$ 的对称腔,才有 $N_{ef1} = N_{ef2}$。

求得了 N_{ef1} 和 N_{ef2} 以后,就可以由共焦腔的单程衍射损耗曲线(图 2-7-5)求得稳定球面镜腔的衍射损耗(也可由经验公式计算求得)。

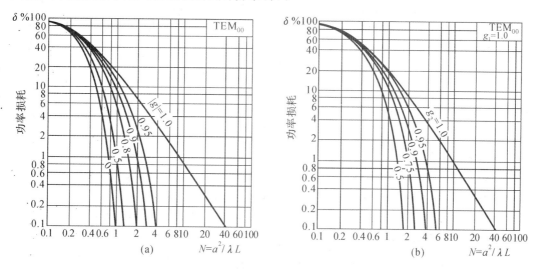

(a)对称腔的基模(TEM$_{00}$模)单程衍射损耗

(b)半对称腔的基模(TEM$_{00}$模)单程衍射损耗

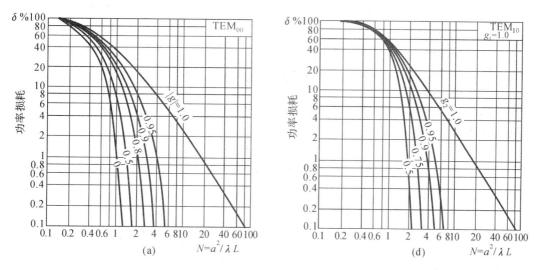

(c)对称腔的 TEM$_{10}$ 模单程衍射损耗

(d)半对称腔的 TEM$_{10}$ 模单程衍射损耗。

图 2-8-4 圆形反射镜稳定腔的 TEM$_{00}$ 模和 TEM$_{00}$ 模的单程衍射损耗

设二反射镜 M_1 和 M_2 处损耗分别为 $\delta_{mn}^{(1)}$ 和 $\delta_{mn}^{(2)}$ ，则稳定球面镜腔的平均单程衍射损耗近似为

$$\delta_{mn} = \frac{1}{2}(\delta_{mn}^{(1)} + \delta_{mn}^{(2)}) \qquad (2\text{-}8\text{-}17)$$

由此可知，按照上面的方法，以共焦腔的模式理论和衍射损耗为基础，利用等阶共焦腔和有效菲涅耳数，就可以建立稳定球面镜腔模式理论和求得腔的衍射损耗。

有限直径谐振腔 TEM_{00} 模单程损耗的近似公式为

（1）方形镜共焦腔

$$\delta_{00} = 8\pi\sqrt{2N}\exp(-4\pi N) \qquad N \geqslant 0.5$$

$$\delta_{00} = 1 - 16N^2\exp[-2(2\pi N/3)^2] \qquad N \to 0 \qquad (2\text{-}8\text{-}18)$$

（2）圆形镜共焦腔

$$\delta_{00} = \pi^2 2^4 N\exp(-4\pi N) \qquad N \geqslant 1$$

$$\delta_{00} = 1 - (\pi N)^2 \qquad N \to 0 \qquad (2\text{-}8\text{-}19)$$

（3）圆形镜平行平面腔

$$\delta_{00} = 0.207N^{-1.4} \qquad N \geqslant 1 \qquad (2\text{-}8\text{-}20)$$

对于一般稳定球面腔，理论分析和实验结果都表明腔的衍射损耗由菲涅耳数 N 、腔的几何结构 g 和横模阶数 m 、 n 所决定，可用对本征积分方程求数值解而得到。将表示各种圆形反射镜稳定腔的 TEM_{00} 模和 TEM_{10} 模单程衍射损耗的计算结果作曲线于图 2-8-4 中，从图可以看出：（1）衍射损耗随横模阶数 m 、 n 的增加而增加；（2）共焦腔的衍射损耗最小，平面腔和共心腔的衍射损耗最大；（3）当腔的菲涅耳数增大时，各种腔的衍射都减小。

五、球面腔的模体积

模体积描述该振荡模式在腔内所扩展的空间体积：模体积越大，对该模式有贡献的受激粒子数就越多，因而可获得较大的输出功率；模体积越小，则对该模式有贡献的受激粒子就越少，输出功率也就越小。

一般球面镜腔的基模体积用近似公式表示：

$$V_{00} = \frac{1}{2}\pi L\left(\frac{w_{S1} + w_{S2}}{2}\right)^2 \qquad (2\text{-}8\text{-}21)$$

这里， w_{S1} 和 w_{S2} 分别表示反射镜 1 和 2 基模光斑尺寸。 TEM_{mn} 模体积与基模体积 V_{00} 之间有如下关系：

$$V_{mn} = \frac{1}{2}\pi L\left(\frac{\sqrt{w_{mS1}\,w_{nS1}} + }{2}\right.$$

由（2-7-17）式，可得

$$V_{mn} = \sqrt{(2m+1)(2n+}$$

对共焦腔，可得

$$V_{00} = \frac{\lambda L^2}{2}$$

$$V_{mn} = \frac{\lambda L^2}{2}\sqrt{(2m+1)(2n+1)}$$

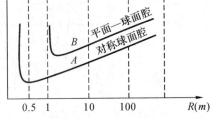

图 2-8-5　模体积与腔镜曲率半径关系
（纵坐标为相对模体积）

(2-8-22)式表明,模的阶次越高,模的体积越大,所以高阶模式的光束能产生较大的激光功率。

下面用图说明这方面的结果,图 2-8-5 表示激光器的长度 $L=1m$,激活孔径 $D=6mm$ 时,对称球面—球面腔和平面—球面腔 TEM_{00} 模的体积的相对值与镜面曲率半径之间的关系。纵坐标是相对模体 V_{00}/V_s,其中放电管体积 $V_s=\pi(D/2)2L$,横坐标是腔镜的曲率半径 R。从图中可以看出,腔镜的曲率半径越大,模体积就越大。如果采用平面—平面腔,从图上可看出相对模体积接近于1;曲线 A 表明,在 $R=1m$ 附近,接近共焦腔,相对模体积最小;对于 $R=\frac{1}{2}=0.5m$ 时,近于共心腔。由图还可看出,其模体积迅速增大,但此时谐振腔接近于不稳定腔,衍射损耗很大,激光器仍不能得到很大的功率。对于曲线 B,在 $R=1m$ 附近,谐振腔的结构接近半球腔,模体积最小。当 R 非常接近 1m 时,模体积迅速增大,但同时衍射损耗也增大。所以,在激光技术中,模体积与衍射损耗有矛盾,对低增益的激光器,宜采用衍射损耗低的腔,对高增益的激光器,宜采用模体积较大的稳定腔或者非稳定腔。

第九节　非稳定谐振腔

非稳定谐振腔衍射场的积分方程在形式上与一般稳定球面镜腔相同,区别在于衍射积分方程中的 g 因子满足如下的非稳定条件:$g_1g_2<0$ 或 $g_1g_2>1$。这种腔称为非稳定腔。场的衍射积分方程在通常情况下得不到准确的解析函数解,但可在一定条件下尝试进行近似解析解分析。此外,尚可进行数值解分析。本节主要介绍一种准几何光学近似的分析方法,可在腔的菲涅耳数 N 值或单次几何放大率远大于 1 情况下给出谐振模特性的近似解析描述。

非稳定腔的主要特点是:光在腔内经有限次往返后就会逸出腔外,也就是存在着固有的光能横向逸出损耗,即腔的损耗很大。这种腔也称为高损耗腔。在高功率激光器件中,为了获得尽可能大的模体积和好的横模鉴别能力,以实现高功率单模运转,稳定腔不能满足这些要求,而非稳腔是最合适的。

典型的非稳定腔高功率激光器件,激活介质的横向尺寸往往较大,腔的菲涅耳数 N 远大于 1,故衍射损耗往往不起重要作用。因此几何光学的分析方法对非稳定腔具有十分重要的意义。

一、非稳定腔的一般特点和种类

(一)非稳定腔的特点

非稳定腔与稳定腔相比较,主要特点可归纳为:

1. 大的可控模体积,在非稳定腔中,基模在反射镜上的振幅分布是均匀的,它不仅充满反射镜,而且不可避免地要向外扩展。波束的横向尺寸比反射镜要大一个与反射镜横向尺寸无关的放大倍数 M,例如把反射镜尺寸增大一倍时,模的横向尺寸也增大一倍,因此,只要把反射镜扩大到所需要的尺寸,总能使模大致充满激光工作物质。这样,即使在腔长很短时也可得到足够大的模体积,故特别适于选用高功率激光器的腔型。

2. 可控的衍射耦合输出一般稳定球面镜腔是用部分透射镜作为输出耦合镜使用的。

但对不稳定腔来说,以反射镜边缘射出去的部分可作为有用损耗,即从腔中提取有用衍射耦合输出。在球面波近似下,输出耦合率

$$\delta = 1 - \frac{1}{M^2} \tag{2-9-1}$$

因为 M 只与腔的几何参数 g 有关,故可选择适当的 g 值来得到所需的耦合输出,而反射镜的几何尺寸只需根据所要求的模体积来确定。δ 则可根据激光介质的增益、泵浦水平、输出功率等方面的要求而在 $5\sim95\%$ 范围内设计。

3. 容易鉴别和控制横模。对于非稳定腔系统,在几何光学近似下,腔内只存在一组球面波型或球面——平面波型,故可在腔的一端获得单一球面波型或单一的平面波型(即基模),从而可提高输出光束的定向性和亮度。进一步分析表明,非稳定腔中(N 不大的情况下)仍可能有结构复杂的高阶模存在。但是,即使对于大的模直径和大菲涅耳数 N 的非稳定腔,低阶模和高阶模损耗的差异也是较大的,因此容易得到单横模振荡。

4. 易于得到单端输出和准直的平行光束。通常非稳定腔的两个反射镜都做成全反射的,只要把其中一个反射镜做得比另一个大得多,以满足单端输出条件,就可以实现单端输出。出于应用目的,可用透镜或其他光学系统把非稳定腔单端输出球面波准直成平行光束。

非稳定腔的主要缺点:输出光束截面呈环状,(即在近场中心处有暗斑),在远场(当用透镜在其焦平面上形成的光强分布),暗斑将消失;光束强度分布是不均匀的,而显示出某种衍射环。

(二)非稳定腔的种类

满足非稳条件:

$$g_1 g_2 < 0 \ 或 \ g_1 g_2 > 1 \tag{2-9-2}$$

的腔型可以是多种多样的,但实际应用的主要有以下几种:

1. 双凸型非稳腔。它是由两个凸面镜按任意间距组成,所有双凸腔都是非稳腔,如图 2-9-1(a)所示。

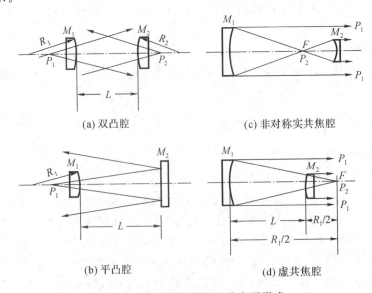

(a) 双凸腔　　　　　　　　(c) 非对称实共焦腔

(b) 平凸腔　　　　　　　　(d) 虚共焦腔

图 2-9-1　非稳定腔的四种主要形式

由于 $R_1 < 0, R_2 < 0$，因而

$$g_1 > 1, \quad g_2 > 1, \quad g_1 g_2 > 1 \tag{2-9-3}$$

即任何双凸腔均满足 $g_1 g_2 > 1$。

2. 平凸型非稳腔。由一个平面镜和一个凸面镜按任意间距组成,所有平凸腔也都是非稳腔,如图 2-9-1(b)所示。由于 $R_1 < 0, R_2 \to \infty$，因而

$$g_1 > 1, \quad g_2 = 1, \quad g_1 g_2 > 1 \tag{2-9-4}$$

根据平面镜成像原理,一个平凸腔等价于一个腔长为其二倍的对称双凸腔。

3. 双凹非稳腔。由两块曲率半径不同的凹面镜组成,两块反射镜的实焦点相重合,满足非稳腔条件 $g_1 g_2 < 0$，称为非对称实共焦腔,如图 2-9-1(c)所示。这种满足关系式

$$\begin{cases} \dfrac{R_1}{2} + \dfrac{R_2}{2} = L \\ 2g_1 g_2 = g_1 + g_2 \end{cases} \tag{2-9-5}$$

非对称实共焦腔有一个公共焦点 F 处于腔内,构成一个望远镜系统,因为非稳条件 $g_1 g_2 < 0$，故又称为负支望远镜型非稳腔,此腔的一个共轭像点为公共焦点,另一个在无穷远。它所对应的自再现波型一个是球面波,另一个是平面波,因为球面模式的光会聚于腔内共轭像点,容易造成工作物质损坏,并且对激活介质的有效体积利用也不利,所以实际工作中采用不多。

4. 凹凸型非稳腔。由一个凹面镜和一个凸面镜既可以构成稳定腔,也可以构成非稳定腔。现讨论 $R_1 > 0, R_2 < 0$ 的情形。非稳条件 $g_1 g_2 < 0$ 要求:

$$R_1 < L \tag{2-9-6}$$

非稳条件 $g_1 g_2 > 1$ 要求:

$$R_1 + R_2 = R_1 - |R_2| > L \tag{2-9-7}$$

以上两种非稳腔,如图 2-9-1(d)所示。

满足(2-9-7)式的凹凸型非稳的最重要的特例是虚共焦型非稳腔。这种腔同样满足(2-9-5)关系式。这时,凹面镜的实焦点与凸面镜的虚焦点相重合,公共焦点处在腔外,构成一个虚共焦望远镜系统。由于它满足条件:$g_1 > 0, g_2 > 0, g_1 g_2 > 1$，因此又称为正支望远镜型非稳腔。但这种腔型的光学和机械设计误差较实共焦望远镜腔严格。

对于不同类型的非稳腔其共轭像点的位置各不相同,可以在腔内,也可以在腔外或无穷远处。相应地,从这些共轭像点发出的几何自再现波型可能是球面波,也可能是平面波。球面波可以是发散的、会聚的,或发散与会聚交替进行的。

二、双凸和凹凸型非稳定腔的共轭像点和轴向球面波型

(一)双凸非稳定腔的共轭像点和轴向球面波型

非稳定腔对腔内光束具有固有的发散作用,但对非稳腔的成像性质作深入分析表明,如果把非稳腔看成是一种光学多次成像系统,则系统中总存在一对轴上共轭像点 p_1 和 p_2，腔内存

在一对发散球面自再现波型,如图 2-9-2 所示。由这一对像点发出的球面波满足在腔内往返一次成像的自再现条件。就是说,从 p_1 发出的球面波经谐振腔镜面 M_2 反射后成像于 p_2，这时反射光就好像是从点 p_2 发出的球面波一样。这一球面波再经过镜 M_1 反射后,

又必成像在 p_1 点上。因此对腔的两反射镜而言,点 p_1 和 p_2 是轴上的一对共轭像点。从这一对共轭像点中任何一点发出的球面波在腔内往返一周后其波面形状保持不变,即能自再现。

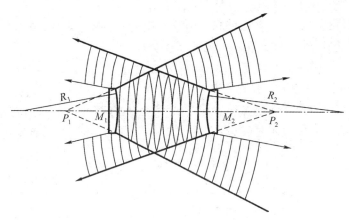

图 2-9-2　双凸腔的共轭像点及几何自再现波型

考虑双凸非稳腔中一对轴上共轭像点 p_1 和 p_2 的位置,从球面镜成像公式出发求出这一对像点在系统光轴上的位置和谐振腔参量之间的关系:

设双凸非稳腔的腔长为 L,两个凸面镜的曲率半径分别为 R_1 和 R_2,它们的孔径分别为 a_1 和 a_2,由 p_1 点发出的腔内球面波,经镜 M_2 反射后成像于光轴上的 p_2 点,即光线从反射镜 M_1 传播到 M_2 如图 2-9-3 所示。p_1 和 p_2 两点至镜 M_1 和镜 M_2 的距离分别为 l_1 和 l_2,则相对于镜 M_2,共轭像点 p_1 和 p_2 的轴上位置坐标应满足如下球面镜的成像公式:

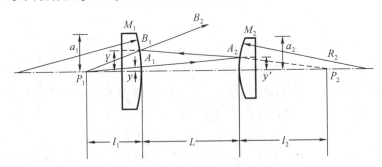

图 2-9-3　双凸腔甲光线传输路径

$$\frac{1}{l_1+L}-\frac{1}{l_2}=\frac{2}{R_2} \tag{2-9-8a}$$

同样地,由 p_2 点发出的腔内球面波经镜 M_1 反射后成像于 p_1 点,则相对于镜 M_1,p_1 和 p_2 点的位置同样满足如下球面镜的成像公式:

$$\frac{1}{l_2+L}-\frac{1}{l_1}=\frac{2}{R_1} \tag{2-9-8b}$$

如能根据(2-9-8)式得到合理的实解 l_1 和 l_2,则表明共轭像点确实存在。如果从上述方程不能解出实根 l_1 和 l_2,则说明共轭像点实际上不存在。

将上述方程变成只含变量 l_1 或 l_2 的方程:

$$\begin{cases} l_1^2 + Bl_1 + C = 0 \\ B = \dfrac{2L(L-R_2)}{2L-R_1-R_2} \\ C = \dfrac{LR_1(L-R_2)}{2L-R_1-R_2} \end{cases} \tag{2-9-9}$$

方程(2-9-9)有实根的条件是

$$B^2 - 4C \geqslant 0 \tag{2-9-10}$$

容易证明,对双凸腔(2-9-10)式必然满足。由(2-9-9)式可求得

$$\begin{cases} l_1 = \dfrac{\sqrt{L(L-R_1)(L-R_2)(L-R_1-R_2)} - L(L-R_2)}{2L-R_1-R_2} \\ l_2 = \dfrac{\sqrt{L(L-R_1)(L-R_2)(L-R_1-R_2)} - L(L-R_1)}{2L-R_1-R_2} \end{cases} \tag{2-9-11}$$

由此可知,当腔的结构确定后,其共轭像点的位置也就唯一地确定了。(2-9-11)式用 g 参数可表示:

$$\begin{cases} l_1 = L\dfrac{\sqrt{g_1 g_2(g_1 g_2-1)} - g_1 g_2 + g_2}{2g_1 g_2 - g_1 - g_2} \\ l_2 = L\dfrac{\sqrt{g_1 g_2(g_1 g_2-1)} - g_1 g_2 + g_1}{2g_1 g_2 - g_1 - g_2} \end{cases} \tag{2-9-12}$$

由(2-9-12)式可得到下列几点:

1. $l_1 > 0$,$l_2 > 0$,根据图 2-9-2,双凸腔的一对共轭像点均在腔外,因而都是虚的。同时,还得出 $l_1 < |R_1|$,$l_2 < |R_2|$ 这表明两个像点各自处挖凸面镜的曲率中心与镜面之间。

2. 在对称双凸腔($g_1 = g_2 = g$)中,一对轴上共轭像点的位置满足

$$l_1 = l_2 = \frac{L}{2}\left(\sqrt{\frac{g+1}{g-1}} - 1\right) \tag{2-9-13}$$

3. 平——凸腔,在(2-9-10)式中取 $R_1 \to \infty$ 而 R_2 仍保持有限值,则得出平——凸腔共轭像点的位置

$$\begin{cases} l_1 = L\sqrt{1-\dfrac{R_2}{L}} = L\sqrt{\dfrac{g_2}{g_2-1}} \\ l_2 = L\left(\sqrt{1-\dfrac{R_2}{L}} - 1\right) = L\left(\sqrt{\dfrac{g_2}{g_2-1}} - 1\right) \end{cases} \tag{2-9-14}$$

平凸腔与双凸腔的情况一样,其共轭像点都在腔外,因而也都是虚的,相应的几何自再现波型是一对发散的球面波。

(二)凹凸型非稳定腔——虚共焦望远镜腔的共轭像点

望远镜腔是由两个曲率半径不同的球面镜按虚共焦方式(共轭像点在腔外)组合而成的一种特殊类型的凹凸非稳腔。它的主要特点是:一个共轭像点在腔外无穷远处,如图 2-9-4所示,$l_1 \to \infty$ 而另一个共轭像点在公共的焦点上,$l_2 = \dfrac{|R_2|}{2}$ 亦在腔外,因此腔内对应的自再现波型一个是平面波,另一个是以共焦点为虚中心的球面波。

在望远镜腔中,凹面镜 M_1 具有较大的曲率半径 R_1,凸面镜 M_2 具有较小的曲率半径

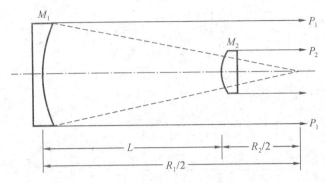

图 2-9-4　虚共焦望远镜型非稳定腔

R_2，镜 M_1 的焦点与镜 M_2 的虚焦点重合，即虚共焦。此时应满足：

$$L = \frac{R_1}{2} - \frac{|R_2|}{2} \qquad (2\text{-}9\text{-}15)$$

在上述情况下，条件 $g_1 g_2 > 1$ 成立，因此为非稳腔。此外，上面的条件还可写为以 g 因子表示的条件，即

$$g_1 = \frac{g_2}{2g_2 - 1} \qquad (2\text{-}9\text{-}16)$$

这个方程在图 2-4-10 中对应于第一像限非稳区中的一条虚曲线。由图 2-9-4 可看出，由焦点 F 发出的一个轴向球面波经 M_1 镜反射后，成为平行于光轴的平面波，该平面波行进到镜 M_2 反射后，又成为相当于由 F 点发出的球面波。这种腔的最大优点是：二个共轭像点都在腔外，且能获得单端输出的均匀平面波。在高功率激光器中经常使用的是虚共焦望远镜腔。

三、非稳定腔的几何放大率和能量损耗

由非稳定腔几何理论可知，振荡模的能量损耗是由于非稳定腔对几何自再现波型的固有发散作用而造成的。对于双凸型非稳腔，存在着一对发散的球面波，在多次往返行进过程中，这种球面波的波面形状保持不变，但球面波的横向尺寸不断扩展，在经历一次反射后，只有一部分波面被第二个反射镜截住并反射回来，而另一部分波面则经反射镜侧面直接逸出谐振腔之外。如果非稳腔反射镜为全反射镜，这样侧面逸出的球面光波为谐振腔的有用输出光束。因此在实际的非稳腔系统中，把腔内谐振波型的能量损耗率等同于腔内振荡光能的输出耦合率。下面将从简单的几何关系求得往返反射一次后的波面放大率因子和能量损耗率。

（一）非稳定腔的几何放大率

图 2-9-5 为双凸非稳定腔，设由共轭像点 P_1 发出的腔内任意光线 $A_1 A_2$，在镜 M_1 上光线离轴的坐标为 y，当此光线传播到镜 M_2 时光线离轴坐标增大为 y'，然后经镜 M_2 反射后，成虚像于光轴上的 P_2 点，故点 P_1 和 P_2 互为共轭像点，并转换成光线 $A_2 B_1$。当光线重新返回到镜 M_1 时，光线在镜 M_1 上离轴的坐标进一步增大为 Y，因而光线 $A_2 B_1$ 在镜 M_1 上反射后转换成光线 $B_1 B_2$，成为有用的激光输出。由图 2-9-5 可看到，光线从镜 M_1 传播到镜 M_2 横向尺寸的放大率为

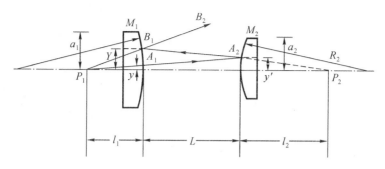

图 2-9-5　双凸非稳腔的几何放大率

$$m_1 = \frac{y'}{y} = \frac{l_1 + L}{l_1} \qquad (2\text{-}9\text{-}17)$$

而光线从镜 M_2 传播到镜 M_1 横向尺寸的放大率为

$$m_2 = \frac{Y}{y'} = \frac{l_2 + L}{l_2} \qquad (2\text{-}9\text{-}18)$$

再将(2-9-11)式代入,得

$$\begin{cases} m_1 = \dfrac{\sqrt{L(L-R_1)(L-R_2)(L-R_1-R_2)} + L(L-R_1)}{\sqrt{L(L-R_1)(L-R_2)(L-R_1-R_2)} - L(L-R_2)} \\[4mm] m_2 = \dfrac{\sqrt{L(L-R_1)(L-R_2)(L-R_1-R_2)} + L(L-R_2)}{\sqrt{L(L-R_1)(L-R_2)(L-R_1-R_2)} - L(L-R_1)} \end{cases} \qquad (2\text{-}9\text{-}19)$$

则可求得光线在非稳定腔内往返传播一周的放大率为 $M = Y/y = m_1 m_2 = (l_1 + L)/l_1 \cdot (l_2 + L)/l_2$,将(2-9-19)式代入得

$$M = m_1 m_2 = \frac{1 + \sqrt{\dfrac{L(L-R_1-R_2)}{(L-R_i)(L-R_2)}}}{1 - \sqrt{\dfrac{L(L-R_1-R_2)}{(L-R_1)(L-R_2)}}} = \frac{g_1 g_2 + \sqrt{g_1 g_2 (g_1 g_1 - 1)}}{g_1 g_2 - \sqrt{g_1 g_2 (g_1 g_1 - 1)}}$$

$$= 2g_1 g_1 + 2\sqrt{g_1 g_2 (g_1 g_2 - 1)} - 1 \qquad (2\text{-}9\text{-}20)$$

对称双凸型非稳定腔 $g = g_1 = g_2$,故(2-9-20)式为

$$M = 2g^2 + 2g\sqrt{g^2 - 1} - 1 \qquad (2\text{-}9\text{-}21)$$

对望远镜非稳定腔,根据图 2-9-6 并利用(2-9-5)式可得放大率为

$$\begin{cases} m_1 = a'_1/a_1 = 1 \\[2mm] m_2 = \dfrac{a'_2}{a_2} = \dfrac{|R_1/2|}{|R_2/2|} = \left| \dfrac{R_1}{R_2} \right| = \dfrac{g_2}{g_1} \end{cases} \qquad (2\text{-}9\text{-}22)$$

$$M = m_1 m_2 = |R_1/R_2| = |g_2/g_1| \qquad (2\text{-}9\text{-}23)$$

上述两式无论对实共焦腔和虚共焦腔都是正确的,且与通常望远镜的放大率公式相一致,$M = |R_1/R_2| = f_1/f_2$。

　　(二)非稳定腔的能量损耗

　　非稳腔的能量损耗与几何放大率有密切关系,根据图 2-9-5 可知,由镜 M_1 上光束反射的半径等于这个镜的半径 a_1。此光束从镜 M_1 传播到镜 M_2,光束的半径增加 $(l_1 + L)/l_1$ 倍,则光束波面的半径等于 $a_1(l_1 + L)l_1$。如果镜 M_2 的半径 a_2 小于 $a_1(l_1 + L)/l_1$,那么由

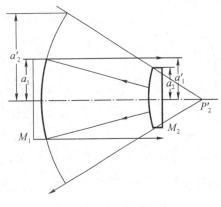 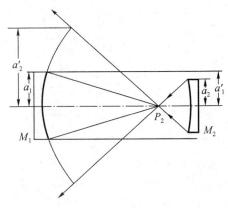

(a) 虚共焦腔   (b) 实共焦腔

图 2-9-6   望远镜型非稳腔的几何放大率

镜 M_1 反射的光能量只有其中一部分被镜 M_2 反射回腔内。由此可知,由镜 M_2 反射的光能量与由镜 M_1 反射的光能量之比为

$$\gamma_{2/1}=\frac{a_2^2}{[a_1(l_1+L)/l_1]^2}=\left(\frac{a_2}{a_1}\right)^2\frac{1}{m_1^2} \tag{2-9-24}$$

当光束从镜 M_1 单程传播到镜 M_2 时,光能量损耗

$$\delta_{1\to2}=1-\gamma_{2/1}=1-\left(\frac{a_2^2}{a_1}\right)^2\left(\frac{l_1}{l_1+L}\right)^2=1-\left(\frac{a_2}{a_1}\right)^2\frac{1}{m_1^2} \tag{2-9-25}$$

$\delta_{1\to2}$ 相当于从共轭像点 P_1 发出的球面波在腔内从镜 M_1 单程传播到镜 M_2 时,其能量的相对损耗,即从镜 M_2 逸出腔外的能量。

同理,由镜 M_1 反射的光能量与由镜 M_2 反射的光能量之比为

$$\gamma_{1/2}=\frac{a_1^2}{[a_2(l_2+L)/l_2]^2}=\left(\frac{a_1}{a_2}\right)^2\frac{1}{m_2^2} \tag{2-9-26}$$

则当光束从镜 M_2 单程传播到镜 M_1 时,光能量损耗

$$\delta_{2\to1}=1-\gamma_{1/2}=1-\left(\frac{a_1}{a_2}\right)^2\left(\frac{l_2}{l_2+L}\right)^2=1-\left(\frac{a_1}{a_2}\right)^2\frac{1}{m_2^2} \tag{2-9-27}$$

$\delta_{2\to1}$ 相当于从共轭像点 P_2 发出的球面波在腔内从镜 M_2 单程传播到镜 M_1 时,其能量的相对损耗,即从镜 M_1 逸出腔外的能量份额。

根据(2-9-24)式和(2-9-26)式,我们能够得到从任何一个共轭像点发出的球面波在腔内往返一周经过两个镜面反射时总的能量损耗份额,即非稳定腔的输出耦合率为

$$\delta_{往返}=1-\gamma_{2/1}\gamma_{1/2}=1-\frac{1}{m_1^2}\cdot\frac{1}{m_2^2}=1-\left[\frac{l_1l_2}{(l_1+L)(l_2+L)}\right]^2 \tag{2-9-28}$$

利用(2-9-20)式可将(2-9-28)式写成如下形式:

$$\delta_{往返}=1-\frac{1}{M^2} \tag{2-9-29}$$

式中 $M=m_1m_2$ 定义为非稳腔的往返放大率。

考虑对称双凸非稳腔的能量损耗,$|R|=10\text{m}$,$L=1\text{m}$,则得

$$g=1-\frac{L}{R}=1+\frac{l}{|R|}=1.1$$

$$M = m^2 = 2g^2 + 2g \sqrt{g^2 - 1} - 1 = 2.428$$

$$\delta_{往返} = 1 - \frac{1}{M^2} \approx 83\%$$

由此可见,即使凸面镜的曲率半径很大,由它组成的对称双凸腔的损耗仍将十分可观。

根据上述几何光学分析,非稳腔的光能量输出是通过侧向能量逸出"损耗"实现的。这样,腔的两个反射镜通常都做成全反射镜,利用从一个(或两个)反射镜边缘逸出的能量来取得所需要的耦合输出,因此,可以通过调节腔的几何参数 R_1、R_2、L 来直接控制非稳腔的输出能量。

第十节 选模技术

由于光学谐振腔的尺寸远大于光波波长,因此决定了通常情况下腔内大量模式($10^2 \sim 10^8$)同时振荡。在许多实际应用中,常常对激光器提出以下要求:单横模工作;很高的功率;单频工作(用于稳频或调频范围很大的场合)。概括地说,就是要求输出的激光有很好的单色性和相干性。为此,可采用两类选模技术,一类是用来限制振荡激光束的发散角或横向模式数;另一类是用来限制振荡频率范围或纵向模式数。限制激光束发散角可大幅度提高输出光束的定向亮度,这对激光加工、通信、雷达和测距以及获得在聚焦情况下高光能密度等应用具有极重要意义。

在限制发散角的基础上,进一步限制振荡的频率范围,可提高输出光束的单色定向亮度或光子简并度,这对激光精密测量、光学外差和拍频技术、超精细光谱分析具有极重要意义。

现在分别介绍横模和纵模的选模技术。一般来说,对横模的限制可独立地进行,而对纵模的选择,必须在对横模限制的基础上进行。

一、横模的选择

激光器的输出光束,不一定都是基模(TEM$_{00}$模)输出,可能是高阶横模,或者同时有几种模式。由于高阶横模的光束,强度分布不均匀,光束发散角较大,因此对很多应用不适宜。基模的强度分布比较均匀,光束的发散角较小是比较理想的光束。所以要进行横向模式的选择,所谓选模就是从谐振腔可能产生的许多模式中,选出 TEM$_{00}$ 模式的光束,而其他的模式则被抑制,不能产生振荡。

不同模式的激光有不同的谐振频率和衍射损耗,只有当某一模式的激光在腔内得到的增益能克服包括它的衍射损耗在内的损耗时,这个模式的激光才能振荡起来。衍射损耗是随腔结构(即菲涅耳数 N)和模式的阶数而改变的,TEM$_{00}$模的损耗最小。基于此,我们可以使基模满足阈值条件产生振荡,而使高阶模的衍射损耗足够大,使它们不能产生振荡,或在模式竞争中不占优势。

评价一种腔或某种措施选模性能的优劣,不但要看各个横模衍射损耗的绝对值大小,而且主要看基模与邻近横模衍射损耗的相对差异,例如比值 $\alpha = \delta_{10}/\delta_{00}$ 的大小。比值 α 越大,腔的横模鉴别力就越高。图 2-10-1 和图 2-10-2 示出了对称稳定球面镜腔和半对称稳

定球面镜腔 δ_{10}/δ_{00} 的值。

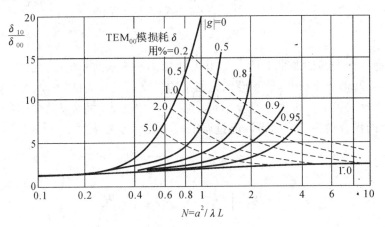

图 2-10-1　对称稳定腔两个最低阶模的单程损耗比

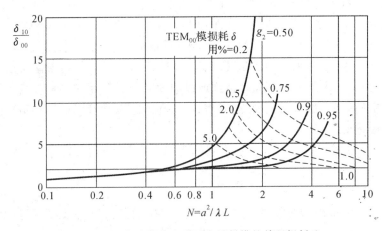

图 2-10-2　半对称稳定腔两个最低模的单程损耗比

从图 2-10-1 和图 2-10-2 可看出共焦腔和半共焦腔的 δ_{10}/δ_{00} 值最大，而平面腔和半共心腔的 δ_{10}/δ_{00} 值却最小。但另一方面，当 N 不太小时，共焦腔和半共焦腔各横模的衍射损耗一般都非常低，与腔内其他非选择损耗相比，往往可以忽略，因而无法利用它的横模鉴别高这一优点来实现模式选择，只有当菲涅耳数 N 很小时，这一优点才能真正发挥作用。但此时共焦腔的基模体积甚小，因而其基模振荡功率也低。共心腔和平行平面腔虽然模式鉴别力低（即 δ_{10}/δ_{00} 小），但由于衍射损耗的绝对值较大，因而它们之间的差别实际上很容易被用来实行横模选择，而且它们的模体积较大，一旦实现单模振荡，其输出功率可能较高。这类腔结构通常用于高增益激光器中。

从这两个图中还可以看出，比值 δ_{10}/δ_{00} 不但与腔型有关，而且还与腔的菲涅耳数 N 有关。N 愈大，则每一种腔的比值 δ_{10}/δ_{00} 也愈大。不同腔的模式鉴别力之间差异也较大，当 N 很小时，各种稳定腔以及平行平面腔和共心腔的模式鉴别力之间的差异消失。

下面介绍几种简单的选择横模的方法：

1. 减少腔的菲涅耳数 N

当菲涅耳数 N 减少时，衍射损耗就增加，这一规律适用于平面腔、共心腔或各种稳定腔。所以,为得到基模光束,就需增加高阶模式的衍射损耗,一种有效的办法是减少腔的菲涅耳数。为了达到这一目的,我们可以减少反射镜的有效半径,亦即在气体激光器中减小放电管半径;在腔内靠近反射镜的地方安置光阑,适当地选择光阑的孔径,使高阶模的衍射损耗比较大,因而高阶模式光束不能产生振荡。基模的衍射损耗小,则可在激光器内产生振荡。应用这种方法进行选模比较方便。

另一种办法,增加反射镜间的距离 L,也可减少腔的菲涅耳数,增加反射镜的间距,使激光器内的光斑尺寸增加,因而使谐振腔的衍射损耗增加,这就有可能使高阶模式不能引起振荡。若基模的衍射损耗较小,则可维持振荡。但必须注意,把腔拉长对选纵模来说是不利的。

2. 腔内加光阑

在固体激光器中,往往采用损耗很大的谐振腔,例如平行平面腔和共心腔。共心腔的选模方法是在光束半径的最小处,即共心腔中心处放一选模光阑,在腔中心处高阶横模的光斑大于基模。如果光阑孔径选择得适当,使它对高阶模造成的衍射损耗大于激光介质的增益时,则这些高阶模不能产生振荡,而只允许基模振荡。等价共心腔选模的实验装置如图 2-10-3 所示,对菲涅耳数 $N = -2.5 \sim 20$ 的共心腔,限模孔的半径应满足 $ra/L\lambda = 0.28 \sim 0.36$。其中 r 为光阑孔的半径,a 为反射镜半径。

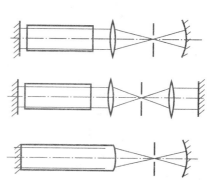

图 2-10-3 等价共心腔的光阑选模

3. 倾斜腔镜法

光学谐振腔的反射镜与激光介质的轴线均重合时,各种模式的衍射损耗都最小。如果调整谐振腔的一块反射镜而使轴线偏离,则各种模式的衍射损耗都相应增加,而高阶模式的损耗增加更大,以致不能产生激光振荡,然而由于基模的损耗比较小,仍然可以产生激光振荡。这种情况,在球面腔和半球腔中表现得尤为明显。这种方法,实际上是通过腔镜的倾斜减少了谐振腔的菲涅耳数,增加了高阶模的衍射损耗,从而具有一定的选模特性。但是激光的总功率输出,由于腔镜的倾斜而显著降低。

4. 正确选择腔的结构形式

大多数气体激光器的增益比较小,因而可以选择适当的谐振腔结构来达到选模的目的。例如,在氦氖激光器和小型 CO_2 激光器中,往往用近半球腔和平面一大曲率半径腔(或对称大曲率半径)来选模。

图 2-10-1 和图 2-10-2 给出了基模与邻近横模衍射损耗比值 δ 与腔的结构形式 g 以及菲涅耳数的关系。我们可适当选择腔的结构 $g = 1 - L/R$,使 δ 的比值增大以提高横模鉴别力,从而达到选择基模的目的。

二、纵模的选择

1. 激光器的振荡频率范围和频谱

激光器的振荡频率范围主要由工作物质增益曲线的频率宽度来决定,并且在激励水平不十分低的条件下工作时,激光振荡发生在与工作物质特定自发辐射荧光谱线宽度内,并且它们具有相同或相近量级的频率范围。

通常情况,工作物质的粒子数反转发生在一对能级之间或在几对能级之间。与此相应,可能产生的激光振荡频率大致由上述一对能级间的自发辐射光谱线宽度所限定,或在几条以上荧光谱线的位置处发生,而在这些波长位置处的激光振荡的频率范围分别由相应荧光谱线的宽度所限定。在某些特殊的情况下,工作物质的粒子数反转是发生在大量相互连接起来的能级之间或者两条能带之间,此时,激光振荡可发生在比较宽广的频率范围内,并且由相应荧光谱带的宽度所限定。

表 2-10-1 列出了几种典型激光器系统的光谱或频率特征,其中包括了能产生激光作用的工作物质荧光谱线的数目、中心波长、自发辐射线宽以及实际能够产生激光振荡的频率或波长范围。

表 2-10-1 各类激光器的光谱特征

工作物质	工作荧光谱线条数	主要工作荧光谱线中心波长	荧光谱线宽度	激光振荡频率范围	纵波型数($L=1$ 米)	备 注
红宝石(晶体)	单条(R_1 线)	6943A	3~5A	0.2~0.5A	~10^2	300K
YAG:Nd^{+3}(晶体)	单条	1.06μm	7~10A	0.3~0.6A	~10^2	300K
钕玻璃	单条	1.06μm	200~300A	50~130A	~10^4	300K
He-Ne(原子气体)	单条或多条	6328 1.153μm	1~2KMHz	1KMHz	~6	
Ar$^+$(离子气体)	多条	4880A5145A	5~6KMHz	4KMHz	~25	
CO$_2$(分子气体)	多条	10.57μm[P(18)] 10.59μm[P(20)] 10.61μm[P(22)] 10.63μm[P(24)]	52MHz			
若丹明 6G(有机染料液体)	单谱带	0.565μm		50~100A	~10^4	
GaAs($p-n$结二极管)	单谱带	8400A	175A	30A	~10	77K $L\approx 0.1cm$

表 2-10-1 还列出了按腔长 $L=1$m,$\Delta\nu_a = C/2\eta L = 1500$MHz 计算求得的各类激光器系统可能产生振荡的最大纵模(轴向模式)数目。

2. 选择纵模的方法

在某些激光应用中,例如精密测长、大面积全息照相,它们不仅要求激光是横向单模(TEM$_{00}$),同时还要求光束仅存在一个振荡频率(即纵向单模),以保证在各种干涉长度下,获得清晰的干涉条纹。由此可知,所谓纵模选择,就是通过使激光器只允许有一种频率振荡,而其余的频率则均被抑制。下面介绍几种选择纵模的方法:

(1)缩短腔的长度。我们知道发光的原子或分子的谱线都有一定的宽度,即增益线宽。为获得单纵模(单频)输出,最简单的办法是使谐振腔的纵模间隔 $\Delta\nu_a = C/(2\eta L)$,大于激活介质的增益线宽,使线宽内只有一个纵模振荡。

例如:氦氖激光器波长 6328Å 的增益线宽(多普勒加宽)为 1500MHz,我们选择腔长 $L \leqslant 10$cm,使在增益线宽内只有一个纵模,如图 2-10-4 所示,且满足阈值条件。这种方法的缺点是腔长太短,输出功率低。但在氦氖稳频激光器中是经常使用的方法。对于具有宽的荧光线宽的激光器,例如红宝石、Nd^{3+}:YAG 和钕玻璃等激光器,这种方法实际上是不可能实现的。

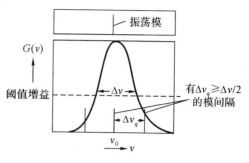

图 2-10-4　缩短腔长选纵模

(2)腔内插入法—珀标准具选纵模,这种方法的装置如图 2-10-5 所示,它是在激光器腔内插入用透过率很高的材料,如石英制成的平行平板,它本身起着平面法—珀标准具的作用,两个介面镀上反射率较低的反射膜(反射率一般小于 20% 或 30%)。标准具插入腔内,激光器振荡频率发生很大的变化。这是因为产生振荡的频率不仅要符合谐振腔共振条件,还要对标准具有最大的透过率。

入射角为 α 的平行光束,由于干涉效应所决定的平板组合透过率为入射光波长(频率)的函数,故有如下形式

$$\overline{T}(\nu) = \frac{(1-R)^2}{(1-R)^2 + 4R\sin^2(\delta/2)} \qquad (2\text{-}10\text{-}1)$$

式中 δ 为平行平板内参与多光束干涉效应的相邻二出射光线的相位差,表示式为

$$\delta(\nu) = \frac{2\pi\nu}{C} 2nd\cos\frac{\alpha}{\eta} \qquad (2\text{-}10\text{-}2)$$

式中 η 为平板材料的折射率,d 为厚度,图 2-10-5(b)表示当反射率取不同值时,板的透过率变化曲线,两相邻透过率极大值之间的频率间隔(亦称自由光谱区)为

$$\Delta\nu_m = \frac{C}{2\eta d\cos\dfrac{\alpha}{\eta}} \approx \frac{C}{2\eta d} \qquad$$

由图 2-10-5(b)和(c)可看出,由于透过率峰值曲线宽度随平板反射率 R 的增大而变窄,因而适当选择 R 和板的厚度 d,可使增益线宽内只含有一个透过率极大值,且只含有一个谐振频率,这样就有可能实现单频(即单纵模)振荡。这种方法已成功地用于氦氖激光器,氩离子激光器以及红宝石、掺钕钇铝石榴石、钕玻璃激光器的单频运转,只不过有时需在腔内同时采用多个厚度不同的平板以加强限模效果。

应用法—珀标准具选纵模须注意:

1)选择合适的标准具光学长度 ηd,使标准具的自由光谱范围 $\Delta\nu$ 与激光器的增益线宽 $\Delta\nu_G$ 相当。从而在 $\Delta\nu_G$ 范围内,避免存在二个或多个标准具的透过峰。

2)选择合适的标准具界面反射率 R,使得被选纵模的相邻纵模由于透过率低,损耗大而被抑制。

通常使用斜置法—珀标准具选纵模,应使法—珀标准具的波长—透过峰基本和增益线宽的峰重合,以获得最佳选纵模效果。此时,可通过改变倾角 α;或采用温度调节法—珀标准具的光学长度 ηd 方法,在实验中仔细调整获得。如要求有稳定的选模效果,应对法—珀标准具采用恒温措施;或者采用温度膨胀系数较小的石英、蓝宝石等材料制作法—珀标准具平板或隔环。此外,为了避免子腔振荡,法—珀标准具必须根据增益的大小以及腔的实际情况,仔细调整倾斜角 α。倾斜安置在腔内的法—珀标准具,由于光在法—珀平板内的多

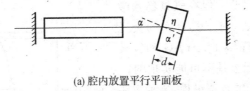

(a) 腔内放置平行平面板

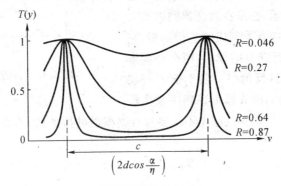

(b) 平行平面板的组合透过

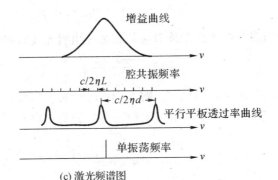

(c) 激光频谱图

图 2-10-5　法—珀标准具选纵模

次反射,产生横向位移,这对有限口径振荡的谐振腔造成插入损耗。如果不考虑吸收、散射损耗,仅由 α 角引入的单程损耗为

$$\delta_a = \frac{2R}{(1-R)^2}\left(\frac{2d\alpha}{\eta D}\right)^2 \tag{2-10-4}$$

式中,D 是光束的光斑尺寸。式(2-10-4)说明在 TEM_{00} 模运转的谐振腔内斜置高反射率的厚法—珀标准具,将存在着相当大的插入损耗。

利用法—珀标准具原理选择纵模的另一种途径是用标准具取代输出反射镜。此时,法—珀标准具起了一个对波长选择性反射的输出反射镜的作用,称为谐振反射器。其选模原理基本上类似腔内斜置法—珀标准具,前者利用了法—珀标准具对波长选择性反射,抑制多余纵模振荡。后者利用法—珀标准具对波长的选择性透过率,对不需要的纵模引入大的损耗。谐振反射器可以是两界面(即一块法—珀平板的两个表面),也可以是三界面或四界面。这种谐振反射器已成功地应用于红宝石激光器和 Nd:YAG 激光器中。

（3）组合干涉腔限制纵模

这种方法的原理是基于用一个干涉系统来代替腔的一个端面反射镜。由于干涉效应的结果，使得干涉仪对腔内光束组合的反射率表现为入射光波长（频率）的函数。图2-10-6为福克斯——史密斯（Fox-Smith）型干涉仪腔。它是在原来激光器中加入两块镜子，其中一块为半反射镜 M_2，反射率为50％，镜面与激光安装器的光轴成45°角，另一块为全反射镜 M_4。这样激光器由两个谐振腔组成，一个是 M_1 和 M_3 镜面所组成，另一个为 $M_4 - M_2 - M_3$ 的镜面所组成。因此，激光器的谐振频率应满足以下两个条件：

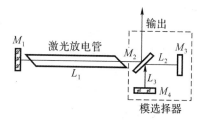

图2-10-6　福克斯—史密斯干涉仪型

$$\nu = q \frac{C}{2(L_1+L_2)} \qquad (2\text{-}10\text{-}5)$$

$$\nu = q' \frac{C}{2(L_2+L_3)} \qquad (2\text{-}10\text{-}6)$$

q 和 q' 为两个整数。如果某些频率仅满足（2-10-5）式而不满足（2-10-6）式，则这些频率的激光在谐振腔内损耗很大，不能产生激光。

图2-10-7表示谐振腔 M_1 和 M_3 的谐振频率和 $M_4 - M_2 - M_3$ 谐振腔光学损耗与频率之间的关系。由图可见，只有当激光器的谐振频率同时满足上述两个谐振条件，同时 $M_4 - M_2 - M_3$ 谐振腔的相邻两个纵模间隔 $\Delta\nu_{q'} = C/[2(L_2+L_3)]$ 又大于激光器增益曲线的宽度时，激光器才实现单频运转。所以在实验时要仔细调整 L1 或 L3 的长度，使某一频率既同时满足两个谐振腔的谐振条件（2-10-5）式和（2-10-6）式，又落在增益曲线的极大值附近。

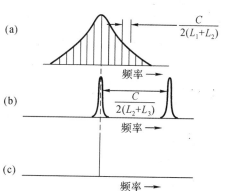

图2-10-7　福克斯—史密斯干涉仪选模原理

(a)未经选择前的纵模；

(b)模选择器的反射特性；

(c)输出功率的频率特性（由(a)与(b)的乘积给出）

采用这种组合干涉仪可不引入附加的腔内无用损耗，又可通过改变干涉仪的光路长度 L_2 和 L_3 实现可调单频振荡。这种方法的缺点是结构复杂，调整困难，它主要适用于窄荧光谱线的气体激光器系统。

习　题

2.1　证明：如图2.1所示，当光线从折射率 η_1 的介质，向折射率为 η_2 的介质折射时，在曲率半径为 R 的球面分界面上，折射光线所经受的变换矩阵为

$$\begin{bmatrix} 1 & 2 \\ \dfrac{\eta_2-\eta_1}{\eta_2 R} & \dfrac{\eta_1}{\eta_2} \end{bmatrix}$$

其中，当球面相对于入射光线凹（凸）面时，R 取正（负）值。

2.2　试求半径 $R=4\text{cm}$，折射率 $\eta=1.5$ 的玻璃球的焦距和主面的位置 h_1 和 h_2。

2.3 焦距 $f_1=5$cm 和 $f_2=-10$cm 的两个透镜相距 5cm。第一个透镜前表面和第二个透镜后表面为参考平面的系统,其等效焦距为多少?焦点和主平面位置在何处?距 f_1 前表面20cm处放置高为10cm的物体,能在 f_2 后多远地方成像?像高为多少?

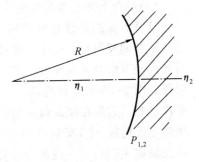

图 2.1

2.4 一块折射率为 η,厚度为 d 的介质放在空气中,其两界面分别为曲率半径等于 R 的凹球面和平面,光线入射到凹球面上。求:(1)凹球面上反射光线的变换矩阵;(2)平面界面处反射,球面界面处折射出介质的光线变换矩阵;(3)透射出介质的光线的变换矩阵。

2.5 三个平面反射镜组成的等边三角形的环形腔,每边长为 L,其中一边的中点放有焦距为 f 的透镜。(1)画出该腔的等效透镜波导;(2)L/f 为何值时该腔是稳定的;(3)求出光腰的位置和大小。

2.6 对于图 2.2 所示的腔,忽略象散对稳定性影响。证明:当 $R_1=2L_1,R_2=2L_2$ 时,该腔是非稳定;仅当 $R_1=R_2$ 时,该腔是临界腔。

2.7 设 $R_1=20$cm,$R_2=-32$cm,$L=16$cm,$\lambda=0.6\mu$m,试求:(1)光腰 w_0 的大小及位置;(2)两个反射镜上光斑半径。

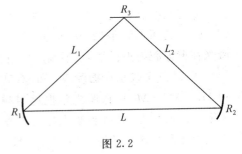

图 2.2

2.8 若法卜里—珀洛平面干涉仪的腔长为 4.5cm,它的自由谱宽为多少?能否分辨 $\lambda=6\times10^{-4}$mm,$\Delta\lambda=0.01$nm 的 He-Ne 激光谱线?

2.9 $R=100$cm,$L=40$cm 的对称腔,相邻纵模的频率差为多少?

2.10 由四个平面反射镜组成矩形的环形腔,该腔绕垂直于激光腔所在平面,过矩形中心的轴以角频率 Ω 旋转。证明:该激光腔两个传播方向相反的行波的振荡频率之差

$$\Delta\nu=2\nu\Omega L/C$$

其中:ν 为 $\Omega=0$ 时这两个行波振荡频率之差 $\nu=nc/L,n$ 为正整数;L 为腔长。

2.11 在图 2.3 中,试求:(1)球面镜上基模的等相位面曲率半径;(2)平面镜和球面镜经透镜成像后"像镜"的曲率半径和位置;(3)腔的基模特性;(4)等效腔和原谐振腔相邻纵模频率差各为多少?(5)腔的光子寿命。

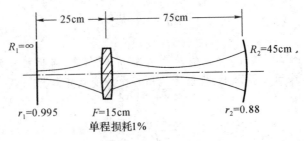

图 2.3

2.12 四个平面镜组成的矩形腔中,矩形长 $L_1=1$m;宽 $L_2=0.5$m,反射镜的功率反射

率分别为 0.9、0.99、0.99、0.99，$\lambda = 5 \times 10^{-4}$mm。(1)若矩形光路是无损的，求光子寿命 τ_R 和品质因素；(2)若光路中有 0.15 的吸收损耗，$\tau_R=?$ (3)若光路中有能量 0.1 的增加，τ_R 又为多少？(4)当增益足够大时，τ_R 变为负值，如何解释？

2.13　激光入射到法卜里—珀洛腔中，其输出由光电二极管接收，这时输出电压正比于激光功率。若得到图 2.4 的电压波形，试求：(1)波长；(2)法—珀腔的腔长；(3)腔的细度；(4)光子寿命 τ_R；(5)若腔内充满增益系数为 G 的介质，为得到振荡，G 应为多少？

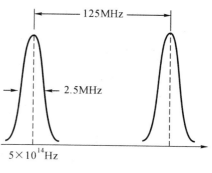

图 2.4

2.14　腔内有其他元件的两镜腔中，除两个反射镜外的其余部分的变换矩阵为 $ABCD$，腔镜曲率半径为 R_1，R_2，证明：稳定性条件为

$$0 < g_1 g_2 < 1$$

其中 $g_1 = D - B/R_1$；$g_2 = A - B/R_2$。

2.15　平凹腔中靠近平面镜的半空间内充有类透镜介质 $n = n_0(1 - K_2 r^2 / 2K)$，假设 $(K_2/K)^{1/2} \ll 1$，使用 2.14 题结果，讨论该腔的稳定性问题。

2.16　使用 2.14 题结果，求图 2.5 所示的谐振腔的稳定性条件(不考虑像散)。

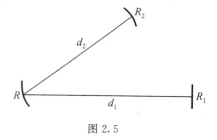

图 2.5

2.17　考虑一用于氦氖激光器的共焦腔，波长 $A = 0.6328\mu m$，放电管直径 $2a = 2$mm，腔长 $L = 0.5m$，试求腔中心和镜面上光斑尺求，并计算模体积与激活体积之比。

2.18　设圆形镜共焦腔长 $L = 1$m，试求纵模间隔 $\Delta \nu_q$ 和横模间隔 $\Delta \nu_m$，$\Delta \nu_n$。若振荡阈值以上的增益线宽为 60MHz，试问：是否可能有两个以上的纵模同时振荡，是否可能有两个以上的不同横模同时振荡，为什么？

2.19　某共焦腔氦氖激光器，波长 $\lambda = 0.6328\mu m$，若镜面上基模光斑尺寸为 0.5mm，试求共焦腔的腔长，若腔长保持不变，而波长 $\lambda = 3.39\mu m$，问：此时镜面上光斑尺寸多大？

2.20　考虑一台氩离子激光器，其对称稳定球面腔的腔长 $L = 1$m，波长 $\lambda = 0.5145\mu m$，腔镜曲率半径 $R = 4$m，试计算基模光斑尺寸和镜面上的光斑尺寸。

2.21　腔长 $L = 75$cm 的氦氖平凹腔激光器，波长 $\lambda = 0.6328\mu m$，腔镜曲率半径 $R = 1$m，试求凹面镜上光斑尺寸，并计算该腔基模远场发散角 θ。

2.22　设稳定球面腔的腔长 $L = 16$cm，两镜面曲率半径为 $R_1 = 20$cm，$R_2 = -32$cm，波长 $\lambda = 10^{-4}$cm，试求：(1)最小光斑尺寸 w_0 和最小光斑位置；(2)镜面上光斑尺寸 w_{s1}，w_{s2}；(3)w_0、w_{s1} 和 w_{s2} 分别与共焦腔($R_1 = R_2 = L$)相应值之比。

2.23　设平凹腔结构氦氖激光器的腔长 $L = 50$cm，球面反射镜曲率半径 $R = 100$cm，两反射镜的反射率 $r_1 = 0.96$，$r_2 = 0.99$，放电管直径 $d = 2$mm。(1)求输出端(平面镜)50cm 处的基模高斯光束的光斑大小；(2)求激光束的远场发散角；(3)试问：忽略其他损耗时，介质的增益系数多大才能形成振荡？最佳放电条件下该激光器能否振荡？(已知此时最大增益系数可表示为 $G_m = 3 \times 10 - 7 \frac{1}{d}$。)

2.24 激光器谐振腔是用外部光源产生 $\lambda=0.557\mu$m 脉宽 $1ns$ 的脉冲激励的。当介质没有受到泵浦时,探测的透射如图 2.6(a)所示,当用强电子束照射介质时,就得到(b)的结果。

试求:(1)腔长;(2)光子寿命 τ_R;(3)腔的 Q 值;(4)介质的增益系数;(5)冷腔的精细度。

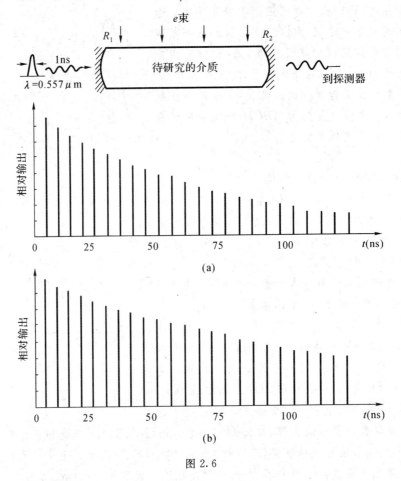

图 2.6

2.25 设光学谐振腔两镜面曲率半径 $R_1=-1\text{m}$,$R_2=1.5\text{m}$,试问:腔长 L 在什么范围内变化时该腔为稳定腔。

2.26 设对称稳定球面腔的腔长 $L=50\text{cm}$,试求基模远场发散角 θ。若保持镜面曲率半径 R 不变,而改变 L,试问:L 多大时基模远场发散角达到极小值,$\lambda=0.6328\mu$m,$R=113\text{cm}$。

2.27 证明虚共焦腔下述关系式成立:

$$M=2g_2-1=\frac{1}{2g_1-1}$$

$$g_1=\frac{M+1}{2M},\quad g_2=\frac{M+1}{2}$$

$$R_1=\frac{2M}{M-1}L,\quad R_2=\frac{-2}{M-1}L$$

式中 M 为往返放大率,L 为腔长,R_1,R_2 为镜面曲率半径,g_1,g_2 为腔的几何参数。

2.28　设对称双凸非稳定腔的腔长 $L=1\text{m}$，腔镜曲率半径 $R=-5\text{m}$，试求单程和往返功率损耗率。

2.29　设虚共焦非稳定腔的腔长 $L=0.25\text{m}$，凸球面镜 M_2 的直径和曲率半径分别为 $R_2=-1\text{m}$ 和 $2a_2=3\text{cm}$，若保持镜 M_2 尺寸不变，并从镜 M_2 单端输出，试问：凹面镜 M'_1 尺寸应选择多大？此时腔的往返放大率多大？

2.30　证明无论对虚共焦非稳定腔或实共焦稳定腔，其往返放大率为

$$M=|g_2/g_1|=|R_1/R_2|$$

2.31　考虑如图 2.7 所示的虚共焦非稳定腔。(1)此腔是单端输出还是双端输出？(2)试求平均功率损耗率和维持激光器振荡所需的功率增益。

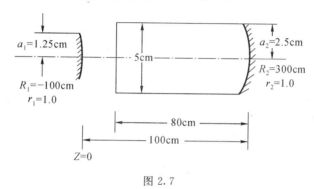

图 2.7

2.32　试证明虚共焦非稳定腔关系式

$$R_1/2-R_2/2=L$$

$$2g_1g_2=g_1+g_2$$

成立

2.33　设激活介质的横向尺寸为 a_0，虚共焦非稳定腔镜面半径为 a_1（凹面镜）和 a_2（凸面镜），而单程放大率为 m_1 和 m_2 当

$$(1)a_1<\frac{a_0}{m};a_2\approx\frac{a_0}{m_1m_2};(2)a_1\geqslant a_0,a_2>\frac{a_0}{m_1m_2}$$

$$(3)a_1\geqslant a_0,a_2<\frac{a_0}{m_1m_2};(4)a_1\approx a_0,a_2\approx\frac{a_0}{m_1m_2};$$

时，试用作图法从激光束的输出方向，是否充分利用激活介质，输出光束是否均匀等方面进行讨论。

2.34　考虑图 2.8 所示的非稳定谐振腔。反射镜 R_1 的反射率 $r_1=0.98$，R_2 的反射率 $r_2=0.95$。

(1)试求出共轭像点 P_1 和 P_2 的位置，并在光学谐振腔图上把它们标出；(2)试画出光学谐振腔内的场变化，指出来自光束限制器的波阵面。(3)通过空腔的单程平均损耗为多少？(4)这个激光器所需要的增益是多少？

2.35　考虑一虚共焦非稳定腔，工作波长 $\lambda=1.06\mu\text{m}$，腔长 $L=0.3\text{m}$，等效菲涅耳数 $N_{eq}=0.5$，往返损耗率 $\delta=0.5$，试求单端输出时，镜 M_1 和 M_2 的半径和曲率半径。

2.36　设 CO_2 激光器共焦非稳定腔的腔长 $L=1\text{m}$，波长 $\lambda=10.6\mu\text{m}$，如果要模体积达

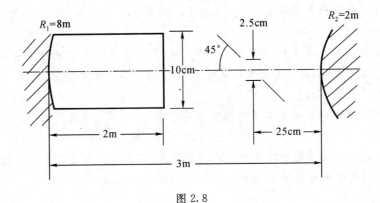

图 2.8

到最大值,将选择腔的那个支? 为了使腔的等效菲涅耳数 $N_{eq}=7.5$ 和单端输出,并使往返功率损耗 $\delta_{往返}=20\%$,问两镜的直径和曲率半径应选择多大? (虚共焦非稳定腔的等效菲涅耳数 $N_{eq}=\left(\dfrac{M-1}{2}\right)\dfrac{a^2}{L\lambda}$,$a$ 为输出镜半径)

第三章　高斯光束

本章分析的出发点是,以电磁辐射的标量为基础,分析菲涅耳—基尔霍夫公式(2-5-1)。在标量理论中,对光现象起主要作用的电矢量所满足的波动方程,可简化为赫姆霍茨方程。可以证明,高斯光束是赫姆霍茨方程在缓变振幅近似下的一个特解,同时还可推导出以一定"光束参数"描述激光光束的场分布及其性质;使用高斯光束的复参数表示法和 *ABCD* 定律能简洁地处理高斯光束在腔内外的传输问题;利用光束参数与腔所规定的边界条件之间的关系,讨论光腔之间的匹配问题。最后介绍高斯光束通过光学成像系统的传输规律。

第一节　高斯光束的基本性质

本节研究基模高斯光束,它是波动方程的一个基模解,属于一种非均匀波,在许多方面,它有点类似于平面波。但是它的强度分布是不均匀的,主要集中在传播轴附近,它的等相面不是平面,而略有弯曲。稳定腔输出的激光束属于各种类型的高斯光束,非稳腔输出的基模光束经准直后,在远场的强度分布也是接近高斯型的。因此研究高斯光束的场分布及传输和变换特性,对于与激光束变换有关的光学系统的设计,以及光学谐振腔的工程设计都是很重要的。

一、波动方程的基模解

由第一章第一节可知,在标量近似下稳态传播的电磁场满足赫姆霍茨方程(1-1-22):

$$\Delta u_0 + k^2 u_0 = 0$$

这里标量 u_0 表示相干光的场分量(电场或磁场),$k = 2\pi/a$ 为自由空间中的波矢常数。式中,u_0 与电场强度的复表示 u 之间的关系为

$$u = u_0 \exp(i\omega t) \tag{3-1-1}$$

可以证明,它不是(1-1-22)式的精确解,而是在缓变振幅近似下的一个特解,它可被表示为

$$u_0 = \psi(x, y, z) \exp(-ikz) \tag{3-1-2}$$

这里 $\psi(x, y, z)$ 可看成是振幅函数,一般是一个沿 Z 轴缓慢变化的复函数。它表示高斯光束与平面波之间差异,即是:不均匀的强度分布,光束随传播距离的增加而发散,波阵面弯曲以及一些其他的差别。我们将(3-1-2)式代入(1-1-22)式,得

$$\frac{\partial^2 \psi}{\partial x^2} + \frac{\partial^2 \psi}{\partial y^2} - 2ik \frac{\partial \psi}{\partial z} = 0 \tag{3-1-3}$$

前面已设 $\psi(x, y, z)$ 是 Z 的缓变函数,式中忽略了二阶导数项 $\dfrac{\partial^2 \psi}{\partial x^2}$,因为一阶导数项的系数

比二阶导数项的系数大很多。该式属于抛物线型微分方程,类似于与时间有关的薛定谔方程。解这类微分方程的典型方法是"试探法",先给出解的函数形式,然后使未知数或函数满足该方程。设它的解有如下形式:

$$\psi = \exp\left\{-i\left[P(z) + \frac{k}{2q(z)}(x^2 + y^2)\right]\right\} \tag{3-1-4}$$

参数 $P(z)$ 是与光束传播有关的复相移,$q(z)$ 是复光束参数,它表示光束强度随与光轴的距离 $r = \sqrt{x^2 + y^2}$ 呈高斯变化,与波阵面的弯曲一样,在接近光轴处它是球面,所以 $q(z)$ 是复曲率半径。将(3-1-4)式代入(3-1-3)式得

$$-2i\frac{k}{q(z)} - \frac{k^2}{q(z)^2}(x^2 + y^2)$$
$$-2k\frac{dP(z)}{dz} - \frac{k^2}{q(z)^2}(x^2 + y^2)\frac{dq(z)}{dz} = 0 \tag{3-1-5}$$

把 x 和 y 的同次幂项合并在一起

$$\left[\frac{k^2}{q(z)^2}\frac{dq(z)}{dz} - \frac{k^2}{q^2(z)}\right](x^2 + y^2) - \left[2i\frac{k}{q(z)} + 2k\frac{dP(z)}{dz}\right](x^2 + y^2) = 0$$

欲使该式对 x 和 y 的任何值都成立,要求 x 和 y 同次幂的系数之和分别等于零。结果可得下列两个简单的常微分方程

$$\frac{dq(z)}{dz} = 1 \tag{3-1-6}$$

$$\frac{dP(z)}{dz} = -\frac{i}{q(z)} \tag{3-1-7}$$

由于(3-1-6)式与其他参量无关,所以先讨论它的解及其含义。它的解很简单:

$$q(z) = q_0 + z \tag{3-1-8}$$

式中 q_0 是积分常数,即 q 在 $z=0$ 处的值。上式表示了输出平面内的光束参数 q 与输入平面的光束参数 q_0 的关系,输出平面和输入平面之间的距离 z_0,而 q_0 的量纲必须和 z(长度)相同,因此用 z_0 表示它。

根据分析,设 $q(z)$ 是复数,由于(3-1-8)式中的 z 显然是实数,而且 q_0 的实部就相当于空间坐标的平移。因此,我们可以通过适当地选择 $z=0$ 来消去 q_0 的实部,只要令 q_0 为虚数(即 $q_0 = iz_0$),所以

$$q(z) = z + iz_0 \tag{3-1-9}$$

式中 z_0 是待确定的常数。如果把(3-1-9)式代到(3-1-4)式中,令 $z=0$,则就可得到非常满意的 ψ_0 部分的物理图像。在 $z=0$ 处,

$$q_{(z=0)} = q_0 = iz_0$$

$$\psi_0(z=0) = \exp\left(-\frac{kr^2}{2z_0}\right)\exp[-ip(z=0)] \tag{3-1-10}$$

由此可见,第一指数项是实数,因而振幅随 r 从它在 $r=0$ 处的峰值 1 迅速下降,到 $r = \left(\frac{2z_0}{k}\right)^{\frac{1}{2}}$ 处时,振幅下降到中心值的 $1/e = 0.368$,这时的 r 用 w_0 来表示,即

$$w_0^2 = \frac{2z_0}{k} = \frac{\lambda z_0}{\pi} \text{ 或 } z_0 = \frac{\pi w_0^2}{\lambda} \tag{3-1-11}$$

因此,在 $z=0$ 平面处场呈 $\exp\left(\dfrac{r^2}{w_0^2}\right)$ 形式变化,如图 3-1-1 所示。w_0 称为"光斑尺寸",它包含了光束的大部分光功率。以下分析将会看到,w_0 实际上是最小光斑尺寸,由上可知

$$q_0 = \frac{i\pi w_0^2}{\lambda} \tag{3-1-12}$$

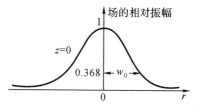

图 3-1-1　场在横向平面上的变化

可见 q_0 为纯虚数。

在任意 z 处,q 值按照(3-1-9)式变化。我们讨论 q 的倒数

$$\frac{1}{q(z)} = \frac{1}{z+iz_0} = \frac{z}{z^2+z_0^2} - i\frac{z_0}{z^2+z_0^2} \tag{3-1-13}$$

将(3-1-13)式代入(3-1-4)式得

$$\psi = \left\{\exp\left[-\frac{kz_0 r^2}{2(z^2+z_0^2)}\right]\right\}\left\{\exp\left[-\frac{ikzr^2}{2(z^2+z_0^2)}\right]\right\}\left\{\exp[-ip(z)]\right\} \tag{3-1-14}$$

在上式的第一个指数因子中,乘以 r^2 的项是一个标度为长度,并把它称为光束的光斑尺寸,它是 z 的函数:

$$w^2(z) = \frac{2}{kz_0}(z_0^2+z^2) = \frac{2z_0}{k}\left[1+\left(\frac{z}{z_0}\right)^2\right]$$

利用(3-1-11)式,则上式可写成

$$w^2(z) = w_0^2\left[1+\left(\frac{\lambda z}{\pi w_0^2}\right)^2\right] \tag{3-1-15}$$

再将(3-1-14)式中的第二个指数因子中的有关项写成:

$$R(z) = \frac{1}{z}(z^2+z_0^2) = z\left[1+\left(\frac{z_0}{z}\right)^2\right] = z\left[1+\left(\frac{\pi w_0^2}{\lambda z}\right)^2\right] \tag{3-1-16}$$

根据第二章第七节可以清楚地了解(3-1-15)式和(3-1-16)式的物理意义。

现讨论(3-1-7)式的解,把(3-1-8)式代入(3-1-7)式,表示 $P(z)$ 与 $q(z)$ 的关系

$$\frac{\mathrm{d}P(z)}{\mathrm{d}z} = -\frac{i}{z+q_0} \tag{3-1-17}$$

上式关于参数 P 的解为

$$iP(z) = \int_0^z \frac{\mathrm{d}z}{z+q_0} = \ln(z+q_0) - \ln q_0$$

则上式成为

$$P = -i\ln\left(1+\frac{z}{q_0}\right) \tag{3-1-18}$$

将(3-1-12)式代入(3-1-18)式,得

$$iP = \ln\left[1-i\left(\frac{\lambda z}{\pi w_0^2}\right)\right]$$

现在我们利用关系式

$$1-i\left(\frac{\lambda z}{\pi w_0^2}\right) = \left[1+\left(\frac{\lambda z}{\pi w_0^2}\right)^2\right]^{1/2}\exp\left[1-i\arctan\left(\frac{\lambda z}{\pi w_0^2}\right)\right]$$

求出 $P(z)$ 的实部和虚部

$$iP(z) = \ln\left[1 + \left(\frac{\lambda z}{\pi w_0^2}\right)^2\right]^{1/2} - i\arctan\left(\frac{\lambda z}{\pi w_0^2}\right) \tag{3-1-19}$$

我们感兴趣的指数项为

$$\exp[-iP(z)] = \frac{1}{\left[1 + \left(\frac{\lambda z}{\pi w_0^2}\right)^2\right]^{1/2}} \exp\left[i\arctan\left(\frac{\lambda z}{\pi w_0^2}\right)\right] \tag{3-1-20}$$

利用(3-1-20)式,(3-1-14)式和(3-1-2)式,以及上面所作的各种定义,求得波动方程的解:

$$u_0(x,y,z) = \left\{\frac{w_0}{w(z)}\exp\left[-\frac{r^2}{w^2(z)}\right]\right\} \qquad 振幅因子$$

$$\times \exp\left\{-i\left[kz - \arctan\left(\frac{\lambda z}{\pi w_0^2}\right)\right]\right\} \qquad 纵向相位$$

$$\times \exp\left[-i\frac{kr^2}{2R(z)}\right] \qquad 径向相位$$

$$\tag{3-1-21}$$

(3-1-21)式是波动方程(3-1-22)式的一个特解,叫做基模(TEM$_{00}$模)高斯光束。光束参数 $R(z)$ 表示等相面的曲率半径,$w(z)$ 表示光斑半径,$\arctan\left(\frac{\lambda z}{\pi w_0^2}\right)$ 表示附加相位。由该式可见基模高斯光束的性质,包括场分布及传输特点,主要由下面三个参数决定:

$$w^2(z) = w_0^2\left[1 + \left(\frac{\lambda z}{\pi w_0^2}\right)^2\right] = w_0^2\left[1 + \left(\frac{z}{z_0}\right)^2\right]$$

$$R(z) = z\left[1 + \left(\frac{\pi w_0^2}{z}\right)\right] = z\left[1 + \left(\frac{z_0}{z}\right)^2\right]$$

$$z_0 = \frac{\pi w_0^2}{\lambda}$$

二、高斯光束的基本性质

由(3-1-21)式可知,高斯光束具有下列基本性质:

1. 高斯光束 $Z =$ 常数的平面内,场振幅以高斯函数 $\exp\left[-\frac{r^2}{w^2(z)}\right]$ 的形式从中心(即传播轴线)向外平滑地减小。当振幅减小到中心值的 $1/e$ 处的 r 值定义为光斑半径即(3-1-15)式。由此可见,光斑半径随坐标 z 按双曲线的规律而扩展:

$$\frac{w^2(z)}{w_0^2} - \frac{z^2}{z_0^2} = 1$$

如图 3-1-2 所示,$z = 0$ 时,$w(0) = w_0$ 达到最小值。双曲线的对称轴为 z 轴,基模高斯光束是以上述双曲线绕 z 轴旋转所构成的回转双曲面为界的。

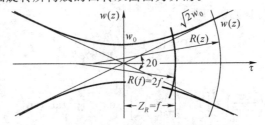

图 3-1-2　高斯光束通过轴截面的轮廓线为双曲线

2. 高斯光束的相移和等相位面由(3-1-21)式可知,总相移为

$$\Phi(x,y,z)=k\left[z+\frac{r^2}{2R(z)}\right]-\arctan\left(\frac{\lambda z}{\pi w_0^2}\right) \tag{3-1-22}$$

它描述高斯光束在点(r,z)处相对于原点 $(0,0)$处的相位滞后。其中:kz描述几何相 移为$\arctan\left(\dfrac{\lambda z}{\pi w_0^2}\right)$描述高斯光束在空间行 进距离$z$时相对几何相移的附加相位超前; 因子$\dfrac{kr^2}{2R(z)}$表示与径向有关的相移。在近 轴条件下,高斯光束的等相位面是以$R(z)$ 为半径的球面,由(3-1-16)式决定。由此可 得等相位面的曲率半径R和传播距离z的 关系曲线,如图3-1-3所示,下面对该曲线 进行讨论:

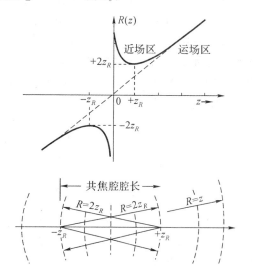

图 3-1-3 等相面的曲率半径$R(z)$随z变化的关系

$z=0,R(z)\to\infty$等相面为平面在束腰 处。$z=\pm\infty,R(z)\approx z\to\infty$。离束腰无限 远处等相位面亦为平面,且曲率半径的中心 就在束腰处。

$z=\pm z0,R(z)=2z0$达到极小值。

$z\gg z0,R(z)\to z$在远场处可将高斯光束近似为一个由$z=0$发出,半径为z的球面波。 此外,应注意高斯光束等相面的曲率中心并不是一个固定的点,它随着光束的传播而移动。

3. 瑞利长度

由(3-1-11)式可知,瑞利长度的物理意义为:当$|z|=z_0$时,$w(z_0)=\sqrt{2}w_0$,则$z_0=\pi w_0^2/\lambda$ 即光斑从最小半径w_0。增大到$\sqrt{2}w_0$,或者说从最小光斑面积增大到它的二倍,这个范围是瑞 利范围,从最小光斑处算起的这个长度叫瑞利长度Z_R(这里的z_0和第二章第七节中的共焦参 数$f=z_R$是相同的)。在实用上常取$z=\pm z_0$范围,为高斯光束的准直距离,表示在这段长度 内,高斯光束可以近似认为是平行的。所以瑞利长度越长,就意味着高斯光束准直范围越大, 并可看到,高斯光束的最小光斑w_0半径越大,它的准直性越好,准直距离越长。

4. 远场发散角

在瑞利范围以外,高斯光束迅速发散,高斯光束远场发散角θ(半角)的一般定义为$z\to\infty$时(远场处)高斯光束振幅减小到中心最大值$1/e$处与z轴的交角,即

$$\theta_{1/e^2}=\lim_{z\to\infty}\frac{w(z)}{z}=\frac{\lambda}{\pi w_0}=\sqrt{\frac{\lambda}{\pi f}}=\sqrt{\frac{\lambda}{\pi z_R}} \tag{3-1-23}$$

计算证明,包含在发散全角$2\theta_{1/e^2}$范围内的功率占高斯基模光束总功率的86.5%。$2\theta_{1/e^2}$为 全角发散度,是直径$2w_0$光束可能具有的最小发散角。

综上所述,高斯光束在其轴线附近可以看作是一种非均匀高斯球面波,在传播过程中 曲率中心不断改变,其振幅在横截面内为一高斯函数,强度集中在轴线及其附近,且等相面 保持球面。

三、高阶高斯光束

前面已叙述了波动方程的基模解,它的特点是,在垂直于光束的任意一个截面上,场振幅(或强度)是高斯型的。然而波动方程(3-1-3)式有一系列解,这些解连同基模解构成一组正交完备函数。每一个解表示电磁波(光波场)的一种可能存在的形式,称为传播模。这些解的各种组合也是波动方程的解,表示一种实际存在的激光束,称为多模。波动方程在直角坐标下可解得横截面内的场分布,它可由厄米多项式与高斯函数乘积来描述。所以,高阶高斯光束场的形式为

$$u_{mm}(x, y, z) = C_{mm} \frac{w_0}{w(z)} H_m\left[\frac{\sqrt{2}x}{w(z)}\right] H_n\left[\frac{\sqrt{2}y}{w(z)}\right] \times \exp\left[-\frac{r^2}{w^2(z)}\right] \exp$$

$$\left\{-i\left[kz - (1+m+n)\arctan\left(\frac{\lambda z}{\pi w_0^2}\right)\right]\right\} \times \exp\left[-i\frac{kr^2}{2R(z)}\right]$$

$$(3-1-24)$$

式中所有符号($w(z)$,w_0 和 $R(z)$)都已在前面第二章第七节中作了定义和解释,C_{mm} 是归一化常数。当 $m=0$,$n=0$ 时,上式退化为基模高斯光束的表达式(3-1-21),式中 $H_m\left[\frac{\sqrt{2}x}{w(z)}\right]$ 和 $H_n\left[\frac{\sqrt{2}y}{w(z)}\right]$ 分别为 m 阶和 n 阶厄米多项式(见第二章第七节)。

高阶高斯光束在垂直于光轴的横截面上场振幅或光强的分布由厄米多项式与高斯函数的乘积决定

$$\exp\left[-\frac{r^2}{w^2(z)}\right] H_m\left[\frac{\sqrt{2}x}{w(z)}\right] H_n\left[\frac{\sqrt{2}y}{w(z)}\right]$$

因此这种分布称为厄米—高斯分布。对应着不同整数 m 和 n,场振幅的横向分布不同,通常把由整数 m 和 n 所表征的横向分布称为高阶横模,用 TEM_{mm} 表示,横模阶数 m 和 n 分别表示场在 x 和 y 方向的节线数。

由(3-1-24)式可以看出,表示高阶模波面的曲率半径 $R(z)$ 与模的阶数 m 和 n 无关。这意味着在同一传播距离 z 处,各阶厄米—高斯光束波面的曲率半径都相同,且随 z 的变化规律也相同。

从(3-1-24)式还可以看到,高阶模的总相移与模阶数 m 和 n 有关,可表示为

$$\Phi(x,y,z) = k\left(z + \frac{r^2}{2R(z)}\right) - (1+m+n)\arctan\left(\frac{\lambda z}{\pi w_0^2}\right) \qquad (3-1-25)$$

相移因子中随模阶数 m 和 n 的变化导致了谐振腔中不同横模之间谐振频率的差异。

高阶高斯光束的光斑半径和光束发散角也随模阶数 m 和 n 而增大。

对于波动方程在圆柱坐标系统下,其解由拉盖尔多项式与高斯函数的乘积来描述。这种解对应着具有圆对称光学谐振腔的诸振荡模式,利用拉盖尔多项式和递推公式,可以得到拉盖尔—高斯光束的场表达式:

$$u_{pl} = (r, \varphi, z) = C_{pl} \frac{w_0}{w(z)} \left[\frac{\sqrt{2}r}{w(z)}\right]^l L_p^l\left[\frac{2r^2}{w^2(z)}\right]$$

$$\times \exp\left[\frac{-r^2}{w^2(z)}\right] \exp\left\{-i\left[kz - (1+2p+l) \times \arctan\frac{\lambda z}{\pi w_0^2}\right]\right\} \exp\left[-i\frac{kr^2}{2R(z)}\right] \begin{Bmatrix} \cos l\varphi \\ \sin l\varphi \end{Bmatrix}$$

$$(3-1-26)$$

式中 C_{lp} 为常数。这就是方程(1-1-22)式在缓变振幅近似下的一个特解。$L_p^l\left[2\dfrac{r^2}{w(z)}\right]$ 为缔合拉盖尔多项式(见第二章第七节),(r,φ,z) 为场点的柱坐标。拉盖尔—高斯光束的横向分布是由(3-1-26)式振幅部分决定的。在垂直于光束的任意一个截面上,如果省略掉常数因子,振幅部分的表达式为

$$A_{pl}(r,\varphi,z)=\left[\frac{\sqrt{2}\,r}{w(z)}\right]^l L_p^l\left[\frac{2r^2}{w^2(z)}\right]\exp\left[-\frac{r^2}{w(z)}\right]\begin{Bmatrix}\cos\varphi\\\sin\varphi\end{Bmatrix} \tag{3-1-27}$$

它表示沿径向 r 和 p 个节线圆,沿辐射角 φ 方向有 l 根节线。

TEM$_{pl}$ 模高斯光束的总相移为

$$\Phi(r,\varphi,z)=k\left[z+\frac{r^2}{2R(z)}\right]-(2p+l+1)\arctan\left(\frac{\lambda z}{\pi w_0^2}\right) \tag{3-1-28}$$

在圆柱坐标系中,高阶高斯光束的光斑半径和光束发散角也随 l 和 p 向增大。

四、高斯光束的孔径

在激光应用中,高斯光束从谐振腔出射后,经常要和后面的光学系统相联系,这样高斯光束就必须通过有限大小的开孔。这种开孔可以是选模光阑,准直或聚焦用透镜或望远镜,也可以是谐振腔自身的反射镜。因此,就需要研究高斯光束的孔径,以便知道用多大的孔径才能使高斯光束的绝大部分能量通过。

根据(3-1-21)式,高斯光束 TEM$_{00}$ 模在某一横截面上的光场振幅分布为

$$A(r)=A_0\exp\left(-\frac{r^2}{w^2}\right) \tag{3-1-29}$$

而光强 I 的分布为

$$I(r)=I_0\exp\left(-\frac{2r^2}{w^2}\right) \tag{3-1-30}$$

式中 r 为从光斑中心算起的距离,w 为该截面处的光斑尺寸。

考虑开孔半径为 a 的圆孔,高斯光束通过半径为 a 的圆孔的功率 P_a 与总的功率户 p_∞ 之比:

$$T=\frac{P_a}{P_\infty}=\frac{\int_0^a\int_0^{2\pi}I(r)2\pi r\mathrm{d}r\mathrm{d}\theta}{\int_0^\infty\int_0^{2\pi}I(r)2\pi r\mathrm{d}r\mathrm{d}\theta}=1-\exp\left(-\frac{2a^2}{w^2}\right) \tag{3-2-31}$$

T 称为功率透过率。

图 3-1-4 表示透过率与 a/w 的关系,表 3-1-1 给出了高斯光束通过不同孔径时透过功率的百分比。实验证明,孔径半径取 $\dfrac{3}{2}w$ 并作为可靠的孔径下限。

表 3-1-1　高斯光束功率透过率与孔径的关系

孔径半径 a	$\dfrac{1}{2}w$	w	$\dfrac{3}{2}w$	$2w$
透过功率百分比	39.3000	86.5000	98.8900	99.9877

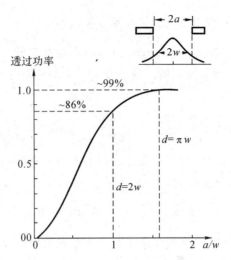

图 3-1-4　高斯光束通过功率与孔径关系

第二节　高斯光束的传输

本节讨论高斯光束在自由空间或在均匀介质中的传输规律。高斯光束的复参数表示及用 $ABCD$ 定律处理高斯光束的传输变换问题。

一、球面波的传输

一个位于坐标原点的波源发出的球面波,沿着 z 轴方向传输,其由率中心为 O,如图 3-2-1 所示该球面波的波前曲率半径 $R(z)$ 随传输过程而变化,

$$\begin{cases} R(z)=z \\ R_2(z)=R_1(z)+(z_2-z_1)=R_1(z)+L \end{cases} \quad (3\text{-}2\text{-}1)$$

(3-2-1)式表示球面波在自由空间的传输规律。

当从物点 O 发出的近轴球面波通过焦距为 f 的薄透镜见图 3-2-2 时,其波前曲率半径应满足

$$\frac{1}{R'(z)}=\frac{1}{R(z)}-\frac{1}{f} \quad (3\text{-}2\text{-}2)$$

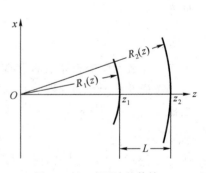

图 3-2-1　球面波的传输

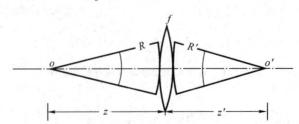

图 3-2-2　近轴球面波通过薄透镜的传输

这里,以 $R(z)$ 表示入射在透镜表面上球面波的曲率半径,以 $R'(z)$,表示经过透镜出射的球面波波面的曲率半径。(3-2-2)式描述了近轴球面波通过薄透镜的变换规律。在讨论时规定:沿光传输方向的发散球面波的曲率半径为正,会聚球面波的曲率半径为负。

根据第二章的光线传播矩阵说明,采用近轴球面波传输的 $ABCD$ 矩阵表示,输入参数 (x_1,θ_1) 和输出参数 (x_2,θ_2),之间的关系由(2-4-7)式可写成如下形式:

$$\frac{x^2}{\theta_2}=\frac{Ax_1+B\theta_1}{Cx_1+D\theta_1} \tag{3-2-3}$$

式中,x 表示在某一参考面处光线离轴的距离,θ 表示该处光线的斜率。

由图 3-2-1 并利用(3-2-3)式可求出出射面处球面波的曲率半径 $R(z)$ 与入射面处球面波的曲率半径 $R_2(z)$ 的关系为

$$R(z_2)=\frac{x^2}{\theta_2}=\frac{AR_1(z)+B}{CR_1(z)+D} \tag{3-2-4}$$

这个式子反映了近轴球面波曲率半径的传输和变换与光学系统矩阵元之间的关系。

二、高斯光束的复参数 q 表示

由(3-1-21)式,(3-1-11)式,(3-1-15)式和(3-1-16)式可知,一旦腰斑 w_0 的大小和位置给定后,整个高斯光束的结构也就随之确定下来,具体说,高斯光束可由波前曲率半径 $R(z)$、光斑半径 $w(z)$ 和位置 z 中任意两个量来描述。因此,可以引入复参数 $q(z)$ 将这三个量联系起来。复参数 q 的定义为

$$\frac{1}{q(z)}=\frac{1}{R(z)}-i\frac{\lambda}{\pi w^2(z)} \tag{3-2-5}$$

$R(z)$ 是波前的曲率半径,$w(z)$ 是光斑半径,它们分别由(3-1-15)式和(3-1-16)式给出。利用(3-1-15)式和(3-1-16)式代入(3-2-5)式,可得

$$q=z+iz_0 \tag{3-2-6}$$

我们利用复参数 q 可将(3-1-21)式表示为

$$u_0=\frac{w_0}{w(z)}\exp\left[-ik\frac{r^2}{2}\cdot\frac{1}{q(z)}\right]\exp\left\{-i\left[kz-\arctan\frac{\lambda z}{\pi w_0^2}\right]\right\} \tag{3-2-7}$$

由(3-2-5)式可知高斯光束可由复参数 q 确定,已知 $q(z)$ 就可求得 $R(z)$ 和 $w(z)$:

$$\frac{1}{R(z)}=Re\left\{\frac{1}{q(z)}\right\} \tag{3-2-8}$$

$$\frac{1}{w^2(z)}=-\frac{\pi}{\lambda}I_m\left\{\frac{1}{q(z)}\right\} \tag{3-2-9}$$

式中 Re 表示复数取实部,I_m 表示复数取虚部。

应注意在讨论高斯光束的传输和变换问题时,可以用 w_0、z、$w(z)$、$R(z)$ 参数来描高斯光束比较直观,但用 q 参数来研究高斯光束更为方便。

三、高斯光束 q 参数的传输

高斯球面波是非均匀的、曲率中心不断决定的球面波,因此与普通球面波不同,但也有类似之处。研究高斯光束的传输,不仅要研究曲率半径在传输过程中的变化规律,还要研究光斑在传输过程中的变化规律。它们分别由以下两式给出:

$$w^2(z) = w_0^2 \left[1 + \left(\frac{\lambda z}{\pi w_0^2} \right)^2 \right] = \frac{\lambda}{\pi} \frac{z^2 + z_0^2}{z_0} \tag{3-1-15}$$

$$R(z) = z \left[1 + \left(\frac{\pi w_0^2}{\lambda z} \right)^2 \right] = \frac{z^2 + z_0^2}{z_0} \tag{3-1-16}$$

将(3-1-16)式与(3-2-1)式加以比较,我们看到,高斯光束波面曲率半径的传输规律与球面波曲率半径的传输规律是有很大差别的。正象本章第一节中叙述的那样,当光束从束腰向外传输时,波面的曲率半径从无穷大迅速变小,通过一个极小值 $2z_0$ 又逐渐变大,最后以表征球面波曲率半径变化的直线为渐近线趋于无穷大。只有当 $z_0/z \ll 1$ 时,高斯光束波面的曲率半径的变化可当作球面波来处理。光斑随距离的变化,是以回转双曲面为界的。从(3-1-15)式和(3-1-16)式可得

$$\frac{\pi w^2(z)}{\lambda R(z)} = \frac{z}{z_0} \tag{3-2-10}$$

上式说明,在任意一个位置上,光斑的面积与该位置上波面的曲率半径之比与这个位置到束腰的距离 z 成正比。从(3-1-15)式和(3-1-16)式还可得

$$\begin{cases} z = \dfrac{R}{1 + \left(\dfrac{\lambda R}{\pi w} \right)^2} \\[4mm] w_0 = \dfrac{w^2}{1 + \left(\dfrac{\pi w^2}{\lambda R} \right)^2} \end{cases} \tag{3-2-11}$$

当测出某个位置 z 处波面的曲率半径 $R(z)$ 和该位置的光斑半径 $w(z)$ 时,用(3-2-11)式可确定束腰位置和腰斑半径。

下面我们将说明,高斯光束的复数曲率半径在传输过程中与球面波的曲率半径所遵从的规律却又是相同的。根据(3-2-5)式高斯光束复参数 q 的定义:

$$\frac{1}{q(z)} = \frac{1}{R(z)} - i \frac{\lambda}{\pi w^2(z)} \tag{3-2-5}$$

将(3-1-15)式和(3-1-16)式代入(3-2-5)式,经整理后可得

$$q(z) = i \frac{\pi w_0^2}{\lambda} + z = q_0 + z \tag{3-2-12}$$

式中 q_0 是 $z = 0$ 点的复曲率半径,它是一个纯虚数 $q_0 = q(0) = i\pi w_0^2/\lambda = iz_0 = if = iz_R$,$z_0$ 等于瑞利距离,也等于高斯光束的共焦参数 f,参看(3-1-12)式。(3-2-5)式和(3-2-12)式是等价的,它描述了高斯光束 q 参数在自由空间(或各向同性介质)中的传输规律。由(3-2-12)式可以推得

$$q_2(z) = q_1(z) + (z_2 - z_1) = q_1(z) + L \tag{3-2-13}$$

式中 $q_1(z) = q(z_1)$ 为 z_1 处的 q 参数值,$q_2(z) = q(z_2)$ 为 z_2 处的 q 参数值;L 是是 z_1 和 z_2 之间的距离。上式与(3-2-1)式相比,可以看出,高斯光束的复数曲率半径与普通球面波的曲率半径遵循相同的传输规律。这是因为当腰斑 $w_0 \to 0$ 时,高斯光束就变成一个理想点波源所发出的球面波。

四、高斯光束的 *ABCD* 定律

在第二章中讨论了用矩阵法表示光线的传输和变换。现在再讨论如何用光线矩阵来

表示高斯光束的传输和变换，高斯光束复参数 q 通过传输矩阵 $\boldsymbol{M}=\begin{bmatrix} A & B \\ C & D \end{bmatrix}$ 的光学系统，其变换规律遵守 $ABCD$ 定律：

$$q_2 = \frac{Aq_1 + B}{Cq_1 + D} \qquad (3\text{-}2\text{-}14)$$

式中　A、B、C、D 为该光学系统的光线矩阵元；q_1 和 q_2 分别为在入射平面(1)和出射平面(2)的复光束参数。

(3-2-14)式把光线传输的矩阵理论和高斯光束用简单的方式联系起来。

我们亦可把(3-2-14)式写成倒数形式：

$$\frac{1}{q_2} = \frac{C + D\left(\dfrac{1}{q_1}\right)}{A + B\left(\dfrac{1}{q_1}\right)} \qquad (3\text{-}2\text{-}15)$$

如果复参数为 q_1 的高斯光束顺次通过传输矩阵为

$$\boldsymbol{M}_1 = \begin{bmatrix} A_1 & B_1 \\ C_1 & D_1 \end{bmatrix}, \boldsymbol{M}_2 = \begin{bmatrix} A_2 & B_2 \\ C_2 & D_2 \end{bmatrix}, \cdots, \boldsymbol{M}_n = \begin{bmatrix} A_n & B_n \\ C_n & D_n \end{bmatrix}$$

的光学系统后变为 q_n 的高斯光束，如图 3-2-3 所示，利用矩阵乘法规则，此时 $ABCD$ 定律亦成立，

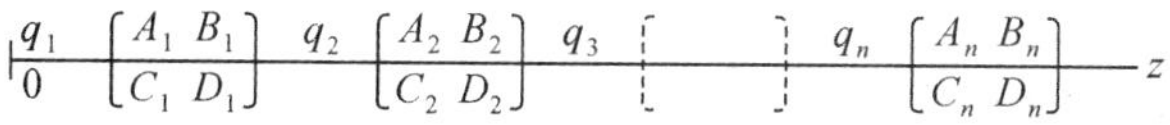

图 3-2-3　经光学系统变换后的复参数 q

其中，$ABCD$ 为下面矩阵 $\boldsymbol{M}$ 的诸元：

$$\boldsymbol{M} = \boldsymbol{M}_n \cdots \boldsymbol{M}_2 \cdot \boldsymbol{M}_1 \qquad (3\text{-}2\text{-}16)$$

$$\boldsymbol{M} = \begin{bmatrix} A & B \\ C & D \end{bmatrix} = \begin{bmatrix} A_n & B_n \\ C_n & D_n \end{bmatrix} \cdots \begin{bmatrix} A_2 & B_2 \\ C_2 & D_2 \end{bmatrix} \begin{bmatrix} A_1 & B_1 \\ C_1 & D_1 \end{bmatrix} \qquad (3\text{-}2\text{-}17)$$

当 q_1 和光学系统的矩阵 $\boldsymbol{M}_1, \boldsymbol{M}_2, \cdots, \boldsymbol{M}_n$ 为已知时，原则上由 $ABCD$ 定律可求出任意 z 处的 q，再由(3-2-8)式和(3-2-9)式作复数运算分离实、虚部得到 R 和 w，这样高斯光束的复参数 q 和 $ABCD$ 定律给出研究高斯光束传输的一个基本方法。

第三节　高斯光束通过薄透镜的变换

现在讨论高斯光束通过薄透镜后的变换问题。激光光束通过一个透镜后可以聚焦成一个小点，当它进入一个给定的光学结构的系统时就产生一定直径和波面曲率的光束。一个理想的透镜并不使高斯光束模的横向场分布发生变化，即进入透镜的基模高斯光束出射后仍将是一基模高斯光束，而高斯模通过透镜后仍保持为相同阶次的模。但是透镜将改变光束参数 $R(z)$ 和 $w(z)$。

设光腰粗为 $2w_0$ 的高斯光束从左方向焦距为 f 的薄透镜入射，如图 3-3-1 所示。它在透镜上的光斑尺寸为 w，在透镜上的波阵波曲率半径为 R，经透镜后，则把它变换为曲率半

径为 R' 的球面波出射,R' 由(3-2-2)式决定,即

$$\frac{1}{R'}=\frac{1}{R}-\frac{1}{f}$$

这表明激光光束的波阵面通过透镜的变换与球面波光束一样,只要透镜足够薄,则紧挨透镜两侧波面上的光斑大小及光强分布都应该完全一样,故左右两侧都是高斯球面。出射光束在透镜处的光斑尺寸 w' 应满足:

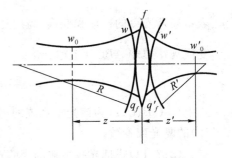

图 3-3-1　薄透镜对高斯光束的变换

$$w=w' \tag{3-3-1}$$

现在根据(3-2-2)式和(3-3-1)式,讨论在 z 处光腰粗为 $2w_0$ 的高斯光束经上述薄透镜变换为光腰在 z' 处,光腰粗为 $2w_0'$ 的高斯光束,求变换后 z'、w_0' 与 z、w_0 之间的关系。用 q_f 表示入射高斯光束在透镜处的 q 参数,用 q'_f 表示出射高斯光束在透镜处的 q 参数,则

$$\frac{1}{q_f}=\frac{1}{R}-i\frac{\lambda}{\pi w^2} \tag{3-3-2}$$

$$\frac{1}{q'_f}=\frac{1}{R'}-i\frac{\lambda}{\pi w'^2} \tag{3-3-3}$$

根据上述二式并考虑(3-2-2)式和(3-3-1)式,得

$$\frac{1}{q'_f}=\frac{1}{q_f}-\frac{1}{f} \tag{3-3-4}$$

距透镜分别为 z 和 z' 处的复参数为

$$q=q_f-z \tag{3-3-5}$$
$$q'=q_f'+z' \tag{3-3-6}$$

将(3-3-5)式和(3-3-6)式代入(3-3-4)式,得到在 z' 处的 q' 为

$$q'=\frac{\left(1-\frac{z'}{f}\right)q+\left(z+z'-\frac{zz'}{f}\right)}{-\frac{q}{f}+\left(1-\frac{z}{f}\right)} \tag{3-3-7}$$

上式表明,已知透镜的焦距,只要知道入射高斯光束的 q 和 z,就可求得出射高斯光束在 z' 处的 q'。

将(3-3-7)式与(3-2-14)式比较可得 $ABCD$ 诸矩阵元为

$$\begin{cases} A=1-z'/f \\ B=z_0+z'-zz'/f \\ C=-\dfrac{1}{f} \\ D=1-z/f \end{cases} \tag{3-3-8}$$

由此可知用传输矩阵 $\begin{bmatrix} A & B \\ C & D \end{bmatrix}$ 也可计算出射高斯光束的 q 参数:

$$q'=\frac{Aq+B}{Cq+D}$$

现在从(3-3-7)式出发,建立表示出射光束的腰粗和光束腰位置的公式。设入射高斯光束的光腰在 z 处,出射高斯光束的光腰在 z' 处,则在光腰处为

$$q = q_0 = i \frac{\pi w_0^2}{\lambda} \tag{3-3-9}$$

$$q' = q_0' = i \frac{\pi w_0'^2}{\lambda} \tag{3-3-10}$$

将(3-3-9)式和(3-3-10)式代入(3-3-7)式,得

$$-\frac{q_0' q_0}{f} + \left(1 - \frac{z}{f}\right) q_0' = \left(1 - \frac{z'}{f}\right) q_0 + \left(z + z' - \frac{zz'}{f}\right) \tag{3-3-11}$$

由于 q_0 和 q_0' 都是虚数,所以上式的左右两端的虚部和实部应分别对等,于是得到下列两式

$$\frac{q_0}{q_0'} = \frac{f-z}{f-z'} \tag{3-3-12}$$

$$q_0 q_0' = -\left(z + z' - \frac{zz'}{f}\right) f \tag{3-3-13}$$

将(3-3-9)式和(3-3-10)式代入,得

$$\frac{w_0^2}{w_0'^2} = \frac{f-z}{f-z'} \tag{3-3-14}$$

$$\frac{\pi^2 w_0'^2 w_0^2}{\lambda} = \left(z + z' - \frac{zz'}{f}\right) f \tag{3-3-15}$$

由以上二式可求出用以确定出射高斯光束腰尺寸 w_0' 与光腰所在位置 z' 的公式为

$$w_0'^2 = \frac{w_0^2}{\left(1 - \frac{z}{f}\right)^2 + \frac{\pi^2 w_0^4}{\lambda^2 f^2}} \tag{3-3-16}$$

$$z' = \left[1 - \frac{\left(1 - \frac{z}{f}\right)}{\left(1 - \frac{z}{f}\right)^2 + \frac{\pi^2 w_0^4}{\lambda^2 f^2}}\right] f \tag{3-3-17}$$

由此可知,当入射高斯光束的 z 和 w_0 已知,可求出出射高斯光束的 z' 和 w_0'。为了讨论方便起见(3-3-16)和(3-3-17)式可改写成

$$\frac{w_0'^2}{w_0^2} = \frac{1}{\left(1 - \frac{z}{f}\right)^2 + \frac{\pi^2 w_0^4}{\lambda^2 f^2}} \tag{3-3-18}$$

$$1 - \frac{z'}{f} = \frac{1 - \frac{z}{f}}{\left(1 - \frac{z}{f}\right)^2 + \frac{\pi^2 w_0^4}{\lambda^2 f^2}} \tag{3-3-19}$$

经透镜变换后的束腰位置由(3-2-19)式决定。此式所给出的 z' 随 z 的变化规律表示在图 3-3-2 上,实曲线表示(3-3-19)式的结果。

经透镜变换后的腰斑,由(3-3-18)式决定,图 3-3-3 给出了 $\frac{w_0'}{w_0}$ 与 $\frac{z}{f}$ 的关系曲线。

为了说明高斯光束通过薄透镜这类光学元件的传输特点,现在分别讨论(3-3-18)式和(3-3-19)式。

(1)当入射高斯光束光腰位置 z 满足条件:

$$\frac{\pi^2 w_0^4}{\lambda^2 f^2} \ll \left(1 - \frac{z}{f}\right)^2, \text{即} \ |f - z| \gg z_R \tag{3-3-20}$$

式中 z_R 为入射高斯光束的瑞利距离。则 (3-3-19) 式近似为

$$1-\frac{z'}{f}=\frac{1}{1-\dfrac{z}{f}} \qquad (3\text{-}3\text{-}21)$$

与几何光学的薄透镜对轴上点的成像公式一致。这一点由图 3-3-2 上的曲线也可以看出,当 z/f 值增大时,(3-3-19) 式代表的曲线(图 3-3-2 上的实线)与(3-3-21) 式所代表的曲线(图 3-3-2 上的虚曲线)有相同的变化趋势。所以,对(3-3-20) 式所示的情形,为简便起见,可近似地使用几何光学中处理近轴光线的方法来处理高斯光束。

（2）当入射高斯光束的光腰处在薄透镜前焦点附近时,此时 $z\approx f$,由图 3-3-2 的曲线可看出,$z/f=1$ 处,两曲线有

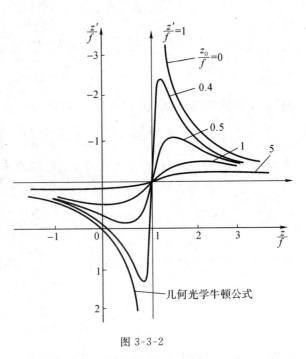

图 3-3-2

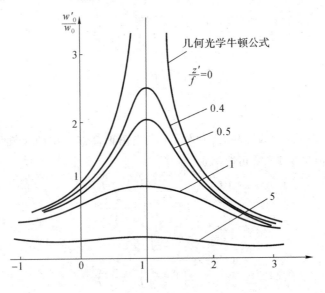

图 3-3-3 　w_0'/w_0 与 z/f 的关系

不同的变化规律。这就是说,入射高斯光束光腰在焦点附近,高斯光束的行为与通常几何光学中近轴光线的行为不同。特别是当 $z=f$ 时,由(3-3-19) 式得 $z'=f$,这表明入射高斯光束的光腰恰好在透镜的前焦面上时,出射高斯光束的光腰则在透镜的后焦面上。这与物在焦平面上,像在无穷远的几何光学结果完全不同。

我们还可以把(3-3-16) 式写成下面形式

$$w_0'=\frac{\lambda f}{\pi w_F} \qquad (3\text{-}3\text{-}22)$$

w_F 是入射光束在透镜前焦面上的光斑半径

$$w_F = w_0 \left\{ 1 + \left[\frac{\lambda(f-z)}{\pi w_0^2} \right]^2 \right\}^{1/2} \tag{3-3-23}$$

(3-3-22)式表明,光束经透镜变换后,腰斑的大小只与透镜前焦面上的光斑大小有关,而与入射光束的具体形式无关。根据光线可逆性原理,我们可直接把入射腰斑半径与透镜后焦面上的光斑半径之间关系写出来。

$$w_0 = \frac{\lambda f}{\pi w_F'} \tag{3-3-24}$$

w_F 是透镜后焦面上的光斑半径

$$w_F' = w_0' \left\{ 1 + \left[\frac{\lambda(z'-f)}{\pi w_0'^2} \right]^2 \right\}^{1/2} \tag{3-3-25}$$

(3-3-24)式是很重要的,它表明只要测得透镜焦面上的光斑 w_F',就能根据下式求出入射光束的远场发散角(半角)

$$\theta = \frac{\lambda}{\pi w_0} = \frac{w_F'}{f} \tag{3-3-26}$$

这是测量光束发散角最常采用的方法。

第四节 高斯光束的聚焦

现在讨论透镜变换的一种重要应用,即如何用适当的光学系统将高斯光束聚焦。高斯光束能聚焦成极小的光斑,其极限可以小到波长的量级,因此功率密度是极高的,可用于打孔、切割和焊接等多种加工。由于聚焦光斑小,空间分辨率高,可用来实现高密度信息存储。

现在我们讨论高斯光束通过单透镜的聚焦问题,为此利用(3-3-16)式和(3-3-17)式,分析像方高斯光束腰斑的大小 w_0' 随物方高斯光束参数 w_0、z 及透镜焦距 f 的变化情况,下面分两种情况分别予以讨论。

一、f 一定时,w_0' 随 z 变化的情况

像方高斯光束腰斑的大小由(3-3-16)式确定,将此式对 z 求一阶偏导:

$$\frac{\partial w_0'}{\partial z} = \frac{w_0 f(f-z)}{[z_0^2 + (z-f)^2]^{3/2}} \tag{3-4-1}$$

这里 $z_0 = \frac{\pi w_0^2}{\lambda}$ 为共焦参数即瑞利距离 z_R,由此可得

1. 当 $z < f$ 时,$\partial w_0'/\partial z > 0$ 故,w_0' 随 z 减小而单调减小,当 $z = 0$,w_0' 达到最小值。

$$w_{0\min}' = \frac{w_0}{\sqrt{1 + (\pi w_0^2/\lambda f)^2}} = \frac{w_0}{\sqrt{1 + (z_0/f)^2}} \tag{3-4-2}$$

由(3-3-17)式可得

$$z' = \frac{f}{1 + \left(\frac{f}{z_0} \right)^2} \tag{3-4-3}$$

因此,当 $z = 0$ 时,w_0' 总比 w_0 小,故不论透镜的焦距 f 为多大,但只要 $f > 0$,它总有一定的

会聚作用,且像距始终小于 f 这表示像方腰斑位置在透镜后焦点以内。

若进一步满足 $f \ll z_0 = \dfrac{\pi w_0^2}{\lambda}$ 即使用短焦距透镜时,由(3-4-2)式和(3-4-3)式得到

$$w_0' \approx \frac{\lambda}{\pi w_0} f \quad z' \approx f \tag{3-4-4}$$

这时,像方腰斑近似位于透镜后焦面上,且透镜焦距越短,聚焦效果越好。

2. 当 $z > f$ 时,此时 $\dfrac{\partial w_0'}{\partial z} < 0$,$w_0'$ 随 z 的增大而单调地减小,当 $z \to \infty$ 时,由(3-3-14)式和(3-3-17)式可得

$$w_0' \to 0, z' \approx f \tag{3-4-5}$$

当然,这只是一种理想的极限情况。实际上,由于透镜孔径的衍射作用,光斑不可能无限小,它的极限值由夫琅和费衍射决定。即

即 $z \gg f$ 时,有

$$w_0' \approx \frac{\lambda f}{w_0 \pi \sqrt{1+\left(\frac{\lambda z}{\pi w_0^2}\right)^2}} = \frac{\lambda f}{\pi w(z)} \tag{3-4-6}$$

式中

$$w(z) = w_0 \sqrt{1+\left(\frac{z}{z_0}\right)^2} \tag{3-4-7}$$

为入射在透镜表面上的高斯光束光斑半径。

且有

$$z' \approx f$$

若还满足 $z \gg \dfrac{\pi w_0^2}{\lambda} = z_0$ 则

$$w_0' \approx \frac{\lambda f}{\pi w_0} \cdot \frac{z_0}{z} = \frac{f w_0}{z} \tag{3-4-8}$$

因此,当物高斯光束的腰斑离透镜甚远($z \gg f$)的情况下,z 越大,f 越小,聚集效果越好。这是实际中常用的情形。

3. 当 $z = f$ 时,这时 w_0' 达到极大值。

$$w'_{0max} = \frac{\lambda f}{\pi w_0} \tag{3-4-9}$$

且 $z' = f$,仅当 $f < \dfrac{\pi w_0^2}{\lambda} = z_0$ 时,透镜才有聚焦作用。

上面讨论的结果可用图 3-4-1 表示。由图可知,不论 z 值多少,只要满足条件 $f < z_0 = \dfrac{\pi w_0^2}{\lambda}$ 时,总有一定的聚焦作用。

二、z 一定时,w_0' 随 f 而变化的情况

将(3-3-16)式对 f 求一阶偏导数,得

$$\frac{\partial w_0'}{\partial f} = w_0 \frac{z_0^2 + z(z-f)}{[z_0^2 + (z-f)^2]^{3/2}} \tag{3-4-10}$$

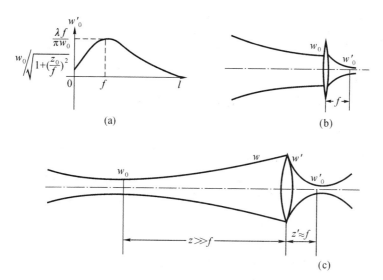

图 3-4-1　高斯光束的聚焦

$(a)f$ 一定时，w_0' 随 z 而变化的曲线；$(b)z=0,z'\approx f;(c)z\gg f,z'\approx f$

当 w_0 和 z 一定时，根据(3-3-16)式，w_0' 随 f 而变化的情况如图 3-4-2 所示。

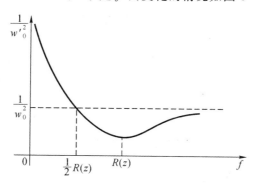

图 3-4-2　z 一定时，w_0' 随 f 而变化的曲线

1. 当 $f=z\left[1+\left(\dfrac{z_0}{z}\right)^2\right]=R(z)$ 　　　　　　　　　　　　(3-4-11)

时，w_0' 取极大值，亦可由曲线看出

$$w'_{0max}=w_0\left[1+\left(\frac{z}{z_0}\right)^2\right]^{1/2}=w(z)\tag{3-4-12}$$

式中 $R(z),w(z)$ 分别为高斯光束入射在透镜表面处等相面的曲率半径和光斑半径。

2. $f<R(z)$ 时

因 $\dfrac{\partial w'_0}{\partial f}>0$，所以 w'_0 随 f 的减小而单调减小，当 $f=\dfrac{1}{2}R(z)$ 时，

$$w'_0=w_0\tag{3-4-12}$$

从图可以看出，对一定的 z 值，只有当其焦距 $f<\dfrac{1}{2}R(z)$ 时，透镜才能对高斯光束起聚焦作用，且 f 越小，聚焦效果越好。当 $f\ll z$ 时，

$$w'_0 \approx \frac{\lambda f}{\pi w(z)} \qquad (3-4-13)$$

式中 $z' \approx f$。

3. $f > R(z)$ 时

因 $\frac{\partial w'_0}{\partial f} < 0$，所以 w'_0 随 f 的增加而单调减小，当 $f \to \infty$ 时，$w'_0 \to w_0$，故在此范围无聚焦作用。

综上所述，为使高斯光束获得良好聚焦作用，通常采用的方法是：作短焦距透镜，使高斯光束腰斑远离透镜焦点，从而满足条件 $z \gg f$，总会使高斯光束聚焦。

下面进一步讨论聚焦光斑的焦深问题。我们把(3-3-22)式写成如下形式：

$$w'_0 = \frac{\lambda f}{\pi w_F} \approx \frac{f}{D}\lambda = F\lambda \qquad (3-4-14)$$

上式中透镜的孔径 D 应满足有效通光孔径 $D \approx 3w_F$ 的要求。上式表明焦斑半径 w'_0 与透镜的 F 数(标称焦比)成正比。

焦深就是纵向聚焦范围，一般用束腰长度(二倍瑞利距离)来表示

$$2z'_0 = 2\frac{\pi {w'_0}^2}{\lambda} \qquad (3-4-15)$$

实际上，z'_0 是共焦参数(即通过透镜后出射高斯光束的瑞利距离)，上式表明焦深与焦斑半径存在着平方正比关系。欲使焦斑小，焦深也随之变短(考虑焦深对激光打孔是重要的)，打孔深度一般不能超焦深，否则孔径上下相差很大。

第五节 高斯光束的自再现变换和 $ABCD$ 定律在光学谐振腔中的应用

当高斯光束通过透镜后模结构不发生变化，即参数 w_0 或 z_0 不变，称这种变换为自再现变换。为此下列两个等式必能同时满足：

$$\begin{cases} w'_0 = w_0 \\ z' = z \end{cases} \qquad (3-5-1)$$

如果以高斯光束复参数 q 来描述自再现变换，当距透镜分别为 z 和 $z'(z'=z)$ 处的两复参数 q 和 $q'(z'=z)$ 应满足如下条件：

$$q'(z'=z) = q \qquad (3-5-2)$$

(3-5-1)式和(3-5-2)式就是自再现变换的数学表示式。

下面讨论 $ABCD$ 定律在光学谐振腔中的应用，即利用 $ABCD$ 定律能容易求出一个任意复杂稳定光学谐振腔的基模光束参数。我们假定在光学谐振腔内某一参考面 P 处的复参数为 q。光束从谐振腔的反射镜左面(具有曲率半径 R_1)传输到参考面 P 的矩阵为 $A_1B_1C_1D_1$。而光束从参考面 P 传输到右面反射镜(具有曲率半径 R_2)的矩阵为 $A_2B_2C_2D_2$，参看图 3-5-1。从光学谐振腔中的参考面 P 沿着箭头方向出发，求光束在谐振腔中循环一周的变换矩阵 $ABCD$ 可以由下式表示：

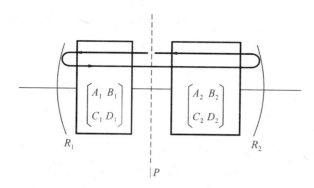

图 3-5-1 光学谐振腔内 $ABCD$ 定律

$$\begin{bmatrix} A & B \\ C & D \end{bmatrix} = \begin{bmatrix} D_2 & B_2 \\ C_2 & A_2 \end{bmatrix} \begin{bmatrix} 1 & 0 \\ -\dfrac{2}{R_2} & 1 \end{bmatrix} \begin{bmatrix} A_2 & B_2 \\ C_2 & D_2 \end{bmatrix} \begin{bmatrix} A_1 & B_1 \\ C_1 & D_1 \end{bmatrix} \begin{bmatrix} 1 & 0 \\ -\dfrac{2}{R_2} & 1 \end{bmatrix} \begin{bmatrix} D_1 & B_1 \\ C_1 & A_1 \end{bmatrix}$$

$$(3\text{-}5\text{-}3)$$

由于在稳定腔中,光束循环一周应复原,叫自再现。即曲率半径和光斑大小与起始光束值相同。设高斯光束从腔内某一参考面 P 出发时的复参数为 q,在腔内往返一周后其复参数的 q' 则按复参数传输的 $ABCD$ 定律(3-2-14)式可得

$$q' = \frac{Aq+B}{Cq+D} \qquad (3\text{-}5\text{-}4)$$

根据高斯光束在腔内形成自再现模的条件为

$$q' = q \qquad (3\text{-}5\text{-}5)$$

由(3-5-4)式和(3-5-5)式可得腔的高斯模应满足 $q = \dfrac{(Aq+B)}{(Cq+D)}$,式中 A,B,C,D 为近轴光束在腔内往返矩阵元。q 是腔内高斯模在某一参考面 P 的复参数,从上式对 $\dfrac{1}{q}$ 求解并等于(3-2-5)式:

$$\frac{1}{q} = \frac{D-A}{2B} \pm i \frac{\sqrt{4-(A+D)^2}}{2B} = \frac{1}{R} - i \frac{\lambda}{\pi w^2} \qquad (3\text{-}5\text{-}6)$$

式中 $\pm$ 号的选取应保证使 $\pm \sqrt{4-(A+D)^2}/(2B)$ 为负值(即使光斑半径平方为正值)。

由(3-5-6)式还可以导出腔的稳定性条件为

$$(A+D)^2 - 4 < 0 \qquad (3\text{-}5\text{-}7)$$

或

$$-1 > \frac{A+D}{2} < 1 \qquad (3\text{-}5\text{-}8)$$

这正是(2-4-17)式由近轴光线的几何损耗导出的开腔稳定性条件。

从(3-5-6)式求得高斯模在参考面上的曲率半径 R 和光斑半径 w 为

$$\begin{cases} R = \dfrac{2B}{D-A} \\[2mm] w^2 = \dfrac{\lambda}{\pi} \dfrac{2B}{\sqrt{4-(A+D)^2}} \end{cases} \qquad (3\text{-}5\text{-}9)$$

由于参考面是任意选取的,所以通过这两式可求得谐振腔中任意部位的光束参数 R 及 w

值。利用(3-1-15)式和(3-1-16)式求出束腰到参考面的距离 z 和腰斑半径 w_0：

$$\begin{cases} z=\dfrac{R}{1+\left(\dfrac{\lambda R}{\pi w^2}\right)^2}=\dfrac{B(D-A)}{2(1-AD)} \\[4mm] w_0^2=\dfrac{w^2}{1+\left(\dfrac{\pi w^2}{\lambda R}\right)^2}=\dfrac{\lambda B}{2\pi(1-AD)}\sqrt{4-(A+D)^2} \end{cases}$$ (3-5-10)

根据上述讨论，如果稳定腔的几何结构确定后，其高斯模的特征就可由(3-5-9)式和(3-5-10)式完全确定。利用 $ABCD$ 矩阵很容易求出复杂光学谐振腔(如腔内插入一个或多个透镜或激光棒等光学元件)的基模参数。

第六节　高斯光束的匹配

当一个谐振腔产生的单模高斯光束入射到另一个光学系统,例如干涉仪、多程反射室等,由于该光学系统都有自己的本征模式,而且一般来说,与入射光束的模式是不匹配的,这样第一个腔发出的单模光束将与第二个腔中的各个不同模式相耦合,从而发生模的交叉激发作用而使损耗增加,激发起系统的多模,在很多情况下这是需要避免的。而在模式匹配的情况下,一个入射的单模高斯光束只会激发起系统一个相对应的单模。现在分析图3-6-1所示两个共轴球面腔,设在Ⅰ腔中产生腰斑 w_0 的基模高斯光束,在Ⅱ腔中亦要产生腰斑 w'_0 的基模高斯光束,如果在其适当位置(物距 z,像距 z')上插入一个适当焦距 f 的薄透镜,使由Ⅰ腔发出的光束与Ⅱ腔发出的光束为物像共轭,则该透镜称为二腔的模匹配透镜。

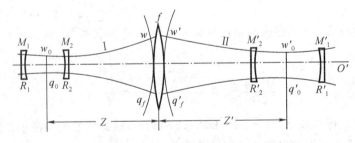

图 3-6-1　高斯模的区配

对于二腔的匹配问题,可根据已知参数的不同形式而采用多种不同的方法来处理。已知物方高斯光束的腰斑 w_0,要求在像方得到腰斑为 w' 的高斯光束,求物距 z 和像距 z',以及模匹配透镜的焦距厂应满足的关系。一种最简单的方法,是直接利用高斯光束通过薄透镜变换的成像公式和物像比例公式,稍加变化即可得出。可采用另一种方法是用高斯光束复参数 q 表示和 $ABCD$ 定律直接推导。

设在透镜处物方和像方复参数分别为 q_f 和 q'_f,物方腰斑和像斑处复参数分别为 q_0 和 q'_0,由 $ABCD$ 定律可得到透镜处物方的复参数

$$q_f=q_0+z$$ (3-6-1)

复参数通过镜的变换

$$\frac{1}{q'_f} = \frac{1}{q_f} - \frac{1}{f} \qquad (3\text{-}6\text{-}2)$$

得像方腰斑处的复参数

$$q'_0 = q'_f + z' \qquad (3\text{-}6\text{-}3)$$

将(3-6-1)式和(3-6-2)式代入(3-6-3)式,得

$$(q'_0 - z')\left(\frac{1}{q_0 + z} - \frac{1}{f}\right) = 1 \qquad (3\text{-}6\text{-}4)$$

将上式左方展开,分离实、虚部并利用

$$\frac{1}{q_0} = -i\,\frac{\lambda}{\pi w_0^2} \qquad (3\text{-}6\text{-}5)$$

$$\frac{1}{q'_0} = -i\,\frac{\lambda}{\pi w'_0{}^2} \qquad (3\text{-}6\text{-}6)$$

均为纯虚数,得到

$$(z - f)(z' - f) = q_0 q'_0 + f^2 \qquad (3\text{-}6\text{-}7)$$

$$q'_0(z - f) = q_0(z' - f) \qquad (3\text{-}6\text{-}8)$$

把(3-6-5)式和(3-6-6)式代入(3-6-7)式和(3-6-8)式,求出 z 和 z',即得到高斯光束的模匹配公式

$$z = f \pm \frac{w_0}{w'_0}\sqrt{f^2 - f_0^2} \qquad (3\text{-}6\text{-}9)$$

$$z' = f \pm \frac{w'_0}{w_0}\sqrt{f^2 - f_0^2} \qquad (3\text{-}6\text{-}10)$$

式中

$$f_0 = \frac{\pi w_0 w'_0}{\lambda} \qquad (3\text{-}6\text{-}11)$$

f_0 称为特征匹配长度,是由匹配光束的腰部直径所决定的。

下面我们分两种情况进行讨论:

(1)当 w_0 和 w'_0 给定时,模匹配公式仍包含三个未知量 z、z' 和 f,因而其中有一个量可以独立选择。例如,任意指定一个 f 值,由(3-6-9)式和(3-6-10)式可以计算出一组 z 和 z',它们确定两个腔的相对位置及它们各自与透镜的距离,这样模的匹配问题也就解决了。为了保证从(3-6-9)式和(3-6-10)式解出合理的实数解 z 和 z',则 f 必须满足下列不等式

$$f > f_0 = \frac{\pi w_0 w'_0}{\lambda} \qquad (3\text{-}6\text{-}12)$$

这是对 f 取值范围的唯一限制。

(2)若 w_0,w'_0 和二腔相对位置

$$z_m = z + z' \qquad (3\text{-}6\text{-}13)$$

给定时,数学上由三个联立方程式(3-6-9)、(3-6-10)和(3-6-13)式可解出 z、z' 和 f,从而确定匹配所需的系统参数,但必须检查求出的结果在物理上是否合理。

第七节　高斯光束的准直

在许多实际工作中,需要用光学仪器来改善光束的方向性,即要压缩光束的发散角,通常称为光束的准直问题。高斯光束从束腰向前传输,在距离束腰较小范围内(与瑞利长度 $z_0 = z_R$ 相比),它的光斑大小几乎不变;在远离束腰的地方,光斑随着传输距离的增加线性地扩大。对于准直应用,需要一条细而直的光束,即在相当长的范围内使光斑直径保持尽可能小。然而在光斑大小与准直长度之间存在着相反的综合调整关系。就是说要保持光斑小就不得不牺牲准直长度。如图 3-7-1 所示,腰斑小,光束发散得快,发散角大;腰斑大,光束发散得慢,发散角小。

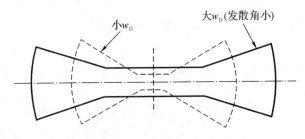

图 3-7-1　腰斑与光束发角

一条被准直的光束,一般来说,是一个特别长的高斯光束的束腰。人们通常定义准直区域(或束腰长度)为两倍的瑞利长度 $2Z_R = 2z_0$,在准直区两端光斑直径是腰斑直径的 $\sqrt{2}$ 倍,或光斑面积等于腰斑面积的二倍。在这里,先考虑高斯光束通过薄透镜时,其发散角的变化规律。

1. 单透镜准直

设高斯光束腰斑半径为 w_0,其发散角为

$$\theta = \frac{\lambda}{\pi w_0} \tag{3-7-1}$$

通过焦距为 f 的透镜后,像高斯光束发散角为

$$\theta' = \frac{\lambda}{\pi w'_0} \tag{3-7-2}$$

利用(3-3-16)式可得

$$\theta' = \frac{\lambda}{\pi}\sqrt{\frac{1}{w_0^2}\left(1 - \frac{z}{f}\right)^2 + \left(\frac{\pi w_0}{\lambda f}\right)^2} \tag{3-7-3}$$

从上式可看到,对 w_0 为有限大小的高斯光束,无论 f,z 取什么数值,都不可能使 $w'_0 \to \infty$,亦即不可能使 $\theta' \to 0$。这表明要想用单透镜将高斯光束变换成平面波是不可能的。

现在讨论在什么条件下,利用单透镜可改善高斯光束的方向性,提高准直性。由(2-7-1)式和(2-7-2)式可看出,当 $w'_0 > w_0$ 时,则有 $\theta' < \theta$,在一定条件下,当 w'_0 达到极大值时,θ' 将达到极小值。

设腰斑为 w_0 的高斯光束入射在焦距为 f 的透镜上,由条件

$$\frac{\partial \dfrac{1}{{w'_0}^2}}{\partial z}=0$$

可得到，当 $z=f$ 时，w'_0 达到极大值

$$w'_0=\frac{\lambda}{\pi w_0}f \tag{3-7-4}$$

此时

$$\theta'=\frac{\lambda}{\pi w'_0}=\frac{w_0}{f} \tag{3-7-5}$$

$$\frac{\theta'}{\theta}=\frac{\pi w_0^2}{f\lambda}=\frac{z_R}{f} \tag{3-7-6}$$

式中 z_R 为入射光束的瑞利距离。所以，当透镜的焦距 f 一定时，若入射高斯光束的腰处在透镜的前焦面上($z=f$)，则 θ' 达到极小值。此时，f 愈大，即透镜焦距越长，θ' 越小。当

$$\frac{\pi w_0^2}{\lambda f}=\frac{z_R}{f}\ll 1 \tag{3-7-7}$$

时，有较好的准直效果。

在实际应用中，只要满足准直长度的要求，用作准直变换的透镜应尽可能小，因此透镜放在准直区域的一端为好，如图 3-7-2 所示。

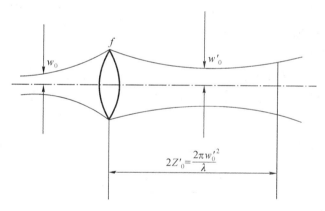

图 3-7-2　单透镜准直

考虑到有效通光孔径，透镜的直径 $D=3\sqrt{2}\,w_0$。准直长度还可用透镜的直径 D 表示：

$$2Z'_R=2\frac{\pi {w'_0}^2}{\lambda}\approx\frac{D^2}{3\lambda} \tag{3-7-8}$$

式中 $2z'_R$ 为入射光束经透镜变换后的瑞利距离，一块通光孔径为 10 厘米的透镜，对可见光而言，光束的准直长度约为 6 公里，而光斑直径保持在 5 厘米左右。

根据(3-7-6)式可知，在 $z=f$ 的条件下，像高斯光束的方向性，不但与 f 的大小有关，而且也与 w_0 的大小有关。w_0 越小，则高斯光束的方向性越好。因此，如果预先用一个短焦距的透镜将高斯光束聚焦，以便获得极小的腰斑，然后再用一个长焦距的透镜来改善其方向性，就可得到很好的准直效果。

2. 望远镜准直

根据上述讨论，可将短焦距 f_1 透镜和长焦距 f_2 的透镜按照图 3-7-3 组合起来，构成一

个望远镜系统,采用倒装式使用便可压缩高斯光束的发散角。

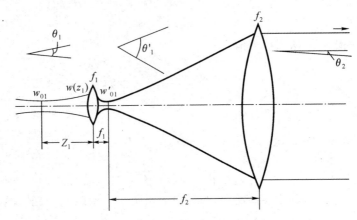

图 3-7-3　高斯光束通过望远镜的准直

图中 f_1 为短焦距透镜(称为副镜)的焦距,当满足条件 $z_1 \gg f_1$ 时,根据(3-4-6)式可将物高斯光束聚焦于 f_1 透镜后焦面上,得一极小光斑

$$w'_{01} = \frac{\lambda f_1}{\pi w(z_1)} \tag{3-7-9}$$

式中 $w(z_1)$ 为入射在副镜表面上的光斑半径。由于 w'_{01} 恰好落在长焦距透镜 f_2(为主镜)焦距的前焦面上,所以腰斑为 w'_{01} 的高斯光束将被物镜 f_2 很好地准直,于是可计算整个系统对高斯光束的准直倍率。

设入射高斯光束的发散角为 θ_1,经过副镜 f_1 后的高斯光束发散角 θ'_1,经过主镜 f_2 后的高斯光束发散角为 θ_2,则望远镜对高斯光束的准直倍率 M' 定义为 $M' = \theta_1/\theta_2$,根据(3-7-1)式,(3-7-2)式和(3-7-6)式得

$$\frac{\theta_2}{\theta'_1} = \frac{\pi w'_{01}{}^2}{f_2 \lambda}$$

$$\frac{\theta'_1}{\theta_1} = \frac{\lambda}{\pi w'_{01}} \bigg/ \frac{\lambda}{\pi w_{01}} = \frac{w_{01}}{w'_{01}}$$

利用(3-7-9)式,则可求得

$$\frac{\theta_2}{\theta_1} = \frac{\theta_2}{\theta'_1} \frac{\theta'_1}{\theta_1} = \frac{\pi w'_{01}{}^2}{f_2 \lambda} \cdot \frac{w_{01}}{w'_{01}} = \frac{\pi}{\lambda f_2} w'_{01}{}' \cdot w_{01} = \frac{f_1}{f_2} \frac{w_{01}}{w(z_1)}$$

所以可求得望远镜对高斯光束的准直倍率

$$M' = \frac{\theta_1}{\theta_2} = \frac{f_2}{f_1} \frac{w(z_1)}{w_{01}} = M \frac{w(z_1)}{w_{01}} \tag{3-7-10}$$

利用(3-1-16)式可得

$$M' = M \sqrt{1 + \left(\frac{\lambda z_1}{\pi w_{01}}\right)^2} \tag{3-7-11}$$

式 $M = f_2/f_1$,为望远镜的放大倍率(即几何压缩比)。

由此可知,一个给定望远镜对高斯光束的准直倍率不仅与望远镜的本身结构有关,而且还与高斯光束的腰斑 w_{01} 以及腰斑与副腰的距离 z_1 有关。M 愈大,$w(z_1)/w_{01}$ 愈大,M' 也愈大。

如果对 $z_1=0$(且 $z_{R1}=\dfrac{\pi w_{01}^2}{\lambda}\gg f_1$)的情况也适合,则

$$w(z_1)=w_{01}$$
$$M'=M=f_2/f_1$$

在一般情况下,由于 $w(z_1)$ 总是大于 w_{01},因而望远镜对高斯光束的准直倍率 M' 总是比它对普通近轴光线的几何压缩比高。

值得注意的是由于 w'_{01} 需要严格在透镜 f_2 的前焦面上,而透镜 f_1 只将光束近似聚焦在它的焦点附近,所以两透镜之间的距离不再严格是 f_1+f_2 而是有所偏离。这应在调节时加以考虑。

习 题

3.1 波长为 λ 的高斯光束入射到位于 $z=1$(如图 3.1)处的透镜上。为了使出射高斯光束的光腰刚好落在样品表面上(样品表面距透镜 L),透镜的焦距 f 应为多少? 画出解的简图。

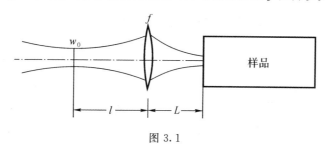

图 3.1

3.2 二氧化碳激光器,采用平凹腔,凹面镜的曲率半径 $R=2\mathrm{m}$,腔长 $L=1\mathrm{m}$。求出它所产生的高斯光束的光腰大小和位置,共焦参数 z_R 及发散角 θ。

3.3 某高斯光束光腰大小为 $w_0=1.14\mathrm{mm}$,波长为 $\lambda=10.6\mu\mathrm{m}$。求与腰相距 $30\mathrm{cm}$,$10\mathrm{m},1\mathrm{km}$ 处的光斑大小及波前曲率半径。

3.4 求出上题所给出的高斯光束的发散角 $\theta_{1/e}$。用计算来回答下述问题:在什么条件下可以将高斯光束近似地看作曲率中心在光腰处的球面波? 即在什么条件下可以用公式 $R(z)=z$ 和公式 $w(z)=\theta_1/\mathrm{e}^2\cdot R(z)$ 来计算高斯光束的光斑大小和波前曲率半径?

3.5 某高斯光束的 $w_0=1.2\mathrm{mm},\lambda=10.6\mu\mathrm{m}$。令用 $f=2\mathrm{cm}$ 的凸透镜来聚焦。当光腰与透镜的距离分别为 $10\mathrm{m}、1\mathrm{m}、0$ 时,出射高斯光束的光腰大小和位置各为多少? 分析所得的结果。

3.6 已知高斯光束的 $w_0=0.3\mathrm{mm},\lambda=0.6328\mu\mathrm{m}$。试求:(1)光腰处;(2)与光腰相距 $30\mathrm{cm}$ 处;(3)无穷远处的复参数 q 值。

3.7 如图 3.2,已知:$w_{01}=3\mathrm{mm},\lambda=10.6\mu\mathrm{m},z_1=2\mathrm{cm},d=50\mathrm{cm},f_1=2\mathrm{cm}m,f_2=5\mathrm{cm}$。求:$w_{02}$ 和 z_2,并叙述聚焦原理。

3.8 两支氦氖激光器的结构及相对位置如图 3.3 所示。求在什么位置插入一焦距为多大的透镜才能实现两个腔之间的模匹配?

3.9 从腔长为 $1\mathrm{m}$,反射镜曲率半径为 $2\mathrm{m}$ 的对称腔中输出的高斯光束入射到腔长为 $5\mathrm{cm}$,曲率半径为 $10\mathrm{cm}$ 的干涉仪中去,两腔相距 $50\mathrm{cm}$。为得到模匹配,应把焦距为多大的

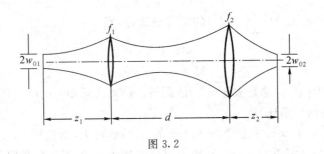

图 3.2

透镜放置在何处？

3.10 某高斯光束的 $w_0 = 1.2\text{mm}, \lambda = 10.6\mu\text{m}$，今用一望远镜将其准直，如图 3.4 所示，主镜用镀金全反射镜：$R = 1\text{m}$，口径为 10cm；副镜为一锗透镜；$f_1 = 2.5\text{cm}$，口径为 1.5cm，高斯光束的束腰与副镜相距 $l = 1\text{m}$，求以下两种情况望远镜系统对高斯光束的准直倍率：(1)两镜的焦点重合；(2)从副镜出射的光腰刚好落在主镜的焦平面。

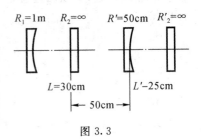

图 3.3

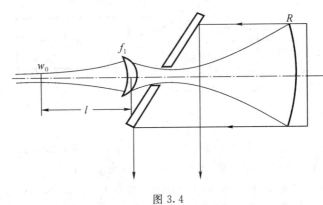

图 3.4

3.11 月球距地球表面 $3.8 \times 10^5\text{km}$，使用波长 $\lambda = 0.5145\mu\text{m}$ 的激光束照射月球表面。当(1)光束发散角为 $1.0 \times 10^{-3}\text{rad}$；(2)光束发散角为 $1.0 \times 10^{-6}\text{rad}$ 时月球表面被照亮的面积为多少？两种情况下，光腰半径各为多大？

3.12 一高斯光束的光腰半径 $w_0 = 2\text{cm}$，波长 $\lambda = 1\mu\text{m}$，从距离透镜为 d 的地方垂直入射到焦距 $f = 4\text{cm}$ 的透镜上。求：(1)$d = 0$；(2)$d = 1\text{m}$ 时，出射光束的光腰位置和光束发散角。

3.13 一染料激光器输出激光束的波长 $\lambda = 0.63\mu\text{m}$，光腰半径为 $60\mu\text{m}$。使用焦距为 5cm 的凸透镜对其聚焦，入射光腰到透镜的距离为 0.50m。问：离透镜 4.8cm 处的出射光斑为多大？

3.14 一高斯光束的光腰半径为 w_0，腰斑与焦距为 f 的薄透镜相距 l，经透镜变换后传输距离 l_0，又经一折射率为 η，长为 L 的透明介质后输了，如图 3.5 所示。求：(1)高斯光束在介质出射面处的 q 参数和半斑半径。(2)若介质移到薄透镜处，即 $l_0 = 0$(不考虑可能存在的间隙)，求输出光束的远场发散角 θ。

3.15 已知输出功率为 1w 的氩离子激光器，光束波长为 $0.5145\mu\text{m}$，在 $z = 0$ 处的最小

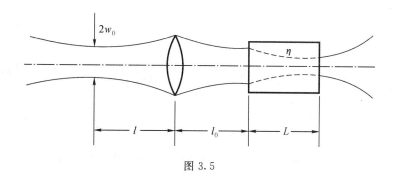

图 3.5

光斑尺寸 $w_0 = 2\text{mm}$。求：(1)在光斑尺寸达到 1cm 时，该光束传播多远？(2)在这距离处相位面的曲率半径等于多少？(3)电场在 $r=0$ 处的振幅为多少？

3.16　如图 3.6 所示，波长 $\lambda = 1.06\mu\text{m}$ 的钕玻璃激光器的全反射镜的曲率半径 $R = 1\text{m}$，距全反射镜 $a = 0.44\text{m}$ 处放置长为 $b = 0.1\text{m}$ 的钕玻璃棒，其折射率为 $\eta = 1.7$。棒的一端直接镀上半反射膜作为腔的输出端。(1)进行腔的稳定性判别；(2)求输出光斑的大小；(3)若输出端刚好位于 $f = 0.1\text{m}$ 的透镜的焦平面上，求透镜聚焦后的光腰大小和位置。

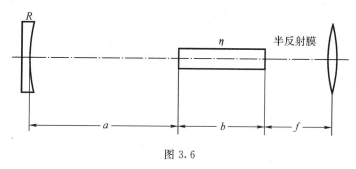

图 3.6

第四章　光场与物质间的相互作用

在第一章中,我们曾从爱因斯坦的光场与原子间相互作用的唯象理论出发,讨论了激光器构成的基本思想和激光形成的主要物理过程。可以看出,光频电磁场与激光工作物质中的工作粒子(例如原子、分子或离子,为简便计通称为原子)间的相互作用是形成激光的物理基础。因此,对这一问题的讨论就成为激光物理的中心问题之一,它不仅是我们理论激光工作物质的放大特性、分析激光器振荡原理的物理基础,也是更进一步学习激光理论的基础。本章将对这一中心问题进行较为专门的讨论。在光场与物质相互作用过程中,一般会同时存在共振相互作用与非共振相互作用。前者特指光场的频率近似等于原子辐射本身某一固有频率(即原子的某两能级间辐射跃迁的波尔频率)的情况。在激光器中,为了实现光的受激辐射放大,其主要的物理过程是共振相互作用。因此,本章的中心是讨论场与物质原子间的共振相互作用,非共振相互作用已超出本课程要求而不作讨论。

由于我们讨论的问题是具有波粒二象性的光与构成物质的大量微观粒子体系间相互作用的问题。因此采用的理论方法的近似程序将有较大差异。它可以是以经典电动力学为基础的完全经典的讨论,亦可以是建立在量子力学基础上的半经典方法,甚至是在量子电动力学基础上的完全量子化的理论方法。采用不同层次的理论方法所建立起来的激光理论自然可以以不同的近似程度揭示激光器的不同层次的特性和规律。然而,在激光工程技术中常常采用简化的量子理论,即速率方程近似来描述光场与物质间的相互作用并进而建立激光器的速率方程理论。该理论方法不涉及光与物质相互作用的力学过程,而是基于爱因斯坦关于相互作用的唯象理论,建立起原子在各能级上的集居数密度在与光场相互作用过程中的变化速率方程,以及光场的光子数变化速率方程,继而据速率方程组讨论激光器的特性。由于这一理论方法能够简明地对激光器的一些重要宏观特性和动力学过程给出较好的说明,因而在工程中得到了较为广泛的应用。

本章将讨论经典理论的基本概念和处理方法,着重于速率方程理论,对量子力学的半经典处理,将在经典理论的基础上给出主要的结果。完全量子化的处理已超出本课程的教学大纲要求,读者可参考有关的激光理论专著[17,18]。由于光场与物质相互作用的特点与介质自发辐射谱线加宽及其性质密切有关,因此还将以较大的篇幅讨论光谱线的加宽问题。

第一节　光场与物质相互作用的经典理论

在量子力学建立之前,人们为了解释说明光波的发射和吸收等实验现象,在经典电动力学的基础上建立了光场与物质相互作用的经典理论。该理论的主要出发点是:将构成物质的原子系统和与之相互作用的光频电磁场都作经典处理,即光场服从普遍的麦克斯韦电磁运动规律,物质中的原子则视为服从经典力学运动规律的电偶极振子,研究光与物质间的相互作用,归结为光频电磁场与电偶极子间的相互作用。虽然,从现代量子理论的观点看来,经典理论是十分粗糙和近似的,但它能以比较直观和简单的理论方法解释光与物质相互作用的某些实验现象,如物质对光的吸收、色散,亦可定性地说明原子的自发辐射及谱线加宽等。同时,经典理论所采用的基本概念和术语对于进一步理解更深入的理论亦颇有帮助。

一、光与物质相互作用的经典模型

在阐述经典理论的基本概念和方法之前,首先需要建立光场与物质相互作用的经典物理模型。在经典理论中,假设:

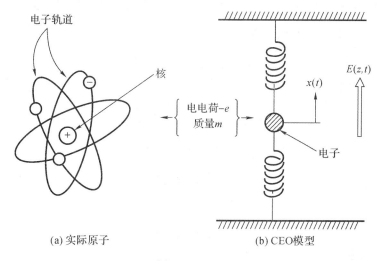

图 4-1-1

1. 由原子核和核外运动电子所构成的物质原子被简化为如图 4-1-1(b)所示的经典电子振子模型(简记为 CEO)。单电子(电量为 $-e$,质量为 m)被与位移成正比的弹性恢复力束缚在平衡位置(原子中的正电荷中心)附近作一维振动。

2. 原子中的电子与原子核构成了一电偶极子。当无外场存在时,原子内正负电荷中心重合,使得原子不呈现出极性。在外场的作用下,正负电荷中心不再重合而产生感应电偶极矩,原子被电偶极化。从宏观上看,物质在光场作用下被极化并可用感应电极化强度及电极化系数来描述极化特性。介质极化的情况与介质本身性质、入射光场的频率和强弱等密切有关,我们的讨论主要限于共振线性极化,即讨论入射光场的频率近似等于电子振子的固有振动频率、场强不太强时与各向同性的电介质原子相互作用所产生的极化。

3. 考虑到在光学和激光领域中所遇到的大多数情况,入射光频电磁场的电场分量对电子振子的作用都远大于磁场分量的作用,在讨论中将忽略磁场的影响。此外,还假定光电场为振动方向与振子振动方向相同的单色平面线偏振光。

4. 被极化了的物质对入射光场产生反作用,它可以使光场的振幅、频率和相位等发生变化。在经典理论中,仅对线性共振极化介质对光场所呈现的吸收(或增益)及色散做出简单讨论。对于非线性极化的更复杂情况,其经典描述可参考有关非线性光学的文献。

在以上的经典模型下,一维电子振子在外光场 $E(z,t)$ 作用下作受迫振动,其运动方程

可简单地表示为

$$\frac{d^2x}{dt^2}+\gamma\frac{dx}{dt}+\omega_0^2 x=-\frac{e}{m}E(z,t) \tag{4-1-1}$$

式中 $\omega_0^2=k/m$ 为电子振子简谐振动的固有频率,其中 k 为弹性恢复系数;γ 为经典辐射阻尼系数。由经典电动力学可以证明

$$\gamma=\frac{e^2 w_0^2}{6\pi a v^3} \tag{4-1-2}$$

式中 ε 和 v 分别为介质中的介电常数和光速。对于可见光频振子,$\omega_0\approx 4\times10^{15}\,s^{-1}$,而 $\gamma\approx10^8\,s^{-1}$,因此 $\gamma\ll\omega_0$。γ 亦称经典辐射能量衰减速率。下面据上述的经典模型,从方程式(4-1-1)出发对原子的自发辐射、以及在光场作用下的受激吸收和介质的色散现象作经典分析。

二、原子的自发电偶极辐射

当无外场存在,即 $E(z,t)=0$ 时,电子振子的运动方程变为

$$\frac{d^2x}{dt^2}+\gamma\frac{dx}{dt}+\omega_0^2 x=0$$

显然,振子在其平衡位置作阻尼简谐振动,该方程的解为

$$x(t)=x_0 e^{-\frac{\gamma}{2}t}e^{i\omega'_0 t}$$

式中 x_0 为初始值,$\omega'_0\equiv\sqrt{\omega_0^2-\left(\frac{\gamma}{2}\right)^2}$。在光频范围 $\omega'_0\approx\omega_0$,因此自由阻尼振动的解可表示成

$$x(t)=x_0 e^{-\frac{\gamma}{2}t}e^{i\omega_0 t} \tag{4-1-3}$$

相应地,电偶极振子的偶极矩为

$$p(t)=-ex(t)=p_0 e^{-\frac{\gamma}{2}t}e^{i\omega_0 t} \tag{4-1-4}$$

式中 $p_0=-ex_0$。据经典电动力学的基本概念,由于电子的运动具有加速度,该电偶极振子将发射电偶极辐射,其电场强度可表示为

$$E(t)=E_0 e^{-\frac{\gamma}{2}t}e^{i\omega_0 t} \tag{4-1-5}$$

也就是说,在无外场作用于介质原子时,原子将自发辐射振幅随时间指数衰减的、频率近似等于其固有振动频率 ω_0 的电磁场。电场能量的衰减速率决定于经典辐射阻尼系数 γ,因此常称 γ 为经典辐射能量衰减速率(电偶极辐射场振幅的衰减速率为 $\frac{\gamma}{2}$)。

三、光的受激吸收和介质的色散

受激吸收和介质的色散现象是物质原子与光场相互作用的结果。从方程(4-1-1)式可给出它们的经典解释。

设入射到介质中的光场为沿 z 方向行进的单色平面波,其角频率 $\omega\approx\omega_0$,故沿 x 方向的电场强度可表示成

$$E(z,t)=E(z)e^{i\omega t} \tag{4-1-6}$$

将该式代入方程(4-1-1)式可得方程的特解:

$$x(t)=x_0 e^{i\omega t}$$

式中 x_0 为初始常数。应该指出,方程式(4-1-0)的解应包括两项:一项代表无光场作用时的自由阻尼振荡项;另一项即方程的特解,代表在光场作用时的自由阻尼振荡项;另一项即方程的特解,代表在光场作用下电子振子所发生的偏离自由振荡的位移。由于前者对原子的感应电偶极矩无贡献,因而,当考虑光场与原子的共振相互作用时可不予考虑。将形式特解代入方程可确定 x_0 并得到特解为

$$x(t) = \frac{-\frac{e}{m}E(z)}{2\omega_0(\omega_0 - \omega) + i\gamma\omega_0}e^{i\omega t} \tag{4-1-7}$$

于是,单个原子的感应电偶极矩为

$$p(z,t) = \frac{\frac{e^2}{m}E(z)}{2\omega_0(\omega_0 - \omega) + i\gamma\omega_0}e^{i\omega t} \tag{4-1-8}$$

假设在光场作用下,介质中所有原子都产生完全相同的极化,诸原子间的相互作用亦可忽略不计,若原子密度为 n,则整个介质的宏观感应电极化强度可简单地表示为

$$P(z,t) = np(z,t) = \frac{\frac{ne^2}{m}E(z,t)}{2\omega_0(\omega_0 - \omega) + i\gamma\omega_0} \tag{4-1-9}$$

又考虑到在线性极化下,介质的感应电极化强度亦可表示成

$$P(z,t) = \varepsilon_0 \chi E(z,t) \tag{4-1-10}$$

式中 ε_0 为真空中的介电常数,χ 为介质的线性电极化系数。比较(4-1-9)及(4-1-10)二式得到

$$\chi = \frac{ne^2}{\varepsilon_0 m} \frac{1}{2\omega_0(\omega_0 - \omega) + i\gamma\omega_0} \tag{4-1-11}$$

令 $\chi = \chi' + i\chi''$,得到电极化系数实部和虚部分别为

$$\chi' = \frac{ne^2}{m\omega_0\varepsilon_0\gamma} \frac{2(\omega - \omega_0)\gamma^{-1}}{1 + \frac{4(\omega - \omega_0)^2}{\gamma^2}} \tag{4-1-12}$$

$$\chi'' = \frac{ne^2}{m\omega_0\varepsilon_0\gamma} \cdot \frac{1}{1 + \frac{4(\omega - \omega_0)^2}{\gamma^2}} \tag{4-1-13}$$

若令 $\Delta\omega_a = \gamma$,并引进参数 $\Delta y = \dfrac{\omega - \omega_0}{\dfrac{\Delta\omega_a}{2}}$ 表示入射光频率 ω 与原子固有频率 ω_0 的相对偏差,则可将以 γ 两式改写成

$$\chi' = -\chi''_0 \frac{\Delta y}{1 + (\Delta y)^2} \tag{4-1-14}$$

$$\chi'' = -\chi''_0 \frac{1}{1 + (\Delta y)^2} \tag{4-1-15}$$

其中 χ''_0 表示当 $\omega = \omega_0$ 时经典振子线性电极化系数的大小,它可表示为

$$\chi''_0 = \frac{ne^2}{m\omega_0\varepsilon_0\Delta\omega_a} \tag{4-1-16}$$

图 4-1-2 示出了按(4-1-14)、(4-1-15)两式得到的 $\chi'(\omega)$ 及 $\chi''(\omega)$ 的频率响应曲线。

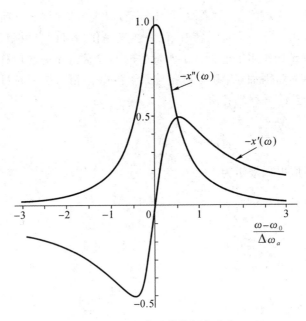

图 4-1-2　极化系数的频率响应

按电磁场理论,在电偶极相互作用下 ,对于各向同性的介质线性极化,介质中的电感应强度 $\vec{D}$、电场强充 $\vec{E}$ 及电极化强度 $\vec{P}$ 之间有如下的关系:

$$\vec{D}=\varepsilon_0\vec{E}+\vec{P}=\varepsilon_0(1+\chi)\vec{E}=\varepsilon\vec{E} \tag{4-1-17}$$

式中 ε 为介质中的介电常数。介质的相对介电常数 $\varepsilon'=\varepsilon/\varepsilon_0$,于是 ε' 与 χ 的关系为

$$\varepsilon'=1+\chi=1+\chi'+i\chi'' \tag{4-1-18}$$

另一方面,频率为 ω 的单色平面波在介质中沿 Z 方向的传播方程为

$$E(z,t)=E_0\mathrm{e}^{i\omega(t-\frac{z}{v})} \tag{4-1-19}$$

式中 v 为介质中光波的相速度,其大小为 $v=\dfrac{c}{\sqrt{\varepsilon'\mu'}}$。对于非铁磁电介质,相对磁导率 $\mu'\approx 1$,故有 $v\approx\dfrac{c}{\sqrt{\varepsilon'}}$,$c$ 为真空中的光速。将(4-1-18)式代入(4-1-19)式,并考虑到 $|\chi|\ll 1$,结果到

$$E(z,t)=E_0\,\mathrm{e}^{\frac{\omega}{c}\beta z}\,\mathrm{e}^{i(\omega t-\frac{\omega}{c/\eta}Z)} \tag{4-1-20}$$

式中

$$\beta=\frac{\chi''}{2} \tag{4-1-21}$$

$$\eta=1+\frac{\chi'}{2} \tag{4-1-22}$$

从(4-1-20)式可以看出,β 决定着光场振幅在介质中传播过程中的增大(或衰减),η 即为通常定义的介质折射率。

若在介质中 z 处光场的光强为 $I(z)$,介质的增益系数定义为

$$G=\frac{1}{I(z)}\frac{\mathrm{d}I}{\mathrm{d}z}$$

光场的光强正比于振幅的平方,即

$$I(z) \infty |E(z,t)|^2 = E_0^2 \mathrm{e}^{2\frac{\omega}{c}\beta z}$$

结果得到

$$G = 2\frac{\omega}{c}\beta = \frac{\omega}{c}\chi'' \tag{4-1-23}$$

将(4-1-14)、(4-1-15)及(4-1-16)三式分别代入(4-1-22)、(4-1-23),得到在共振线性极化近似下,经典理论关于受激吸收和介质色散的关系:

$$G = -\frac{ne^2}{m\varepsilon_0 c\Delta\omega_a}\frac{1}{1+(\Delta y)^2} \tag{4-1-24}$$

$$\eta = 1 - \frac{ne^2}{2m\omega_0\varepsilon_0\Delta\omega_a}\frac{1}{1+(\Delta y)^2} \tag{4-1-25}$$

介质增益系数 G 与折射率 η 之间则存在

$$\eta = 1 + \frac{c\Delta y}{2\omega}G \tag{4-1-26}$$

关系。若以通常的频率 ν 代替以上诸式中的角频率 ω,可得到另外一组完全等价的关系式:

$$\left.\begin{array}{l} G = -\dfrac{ne^2}{2\pi m\varepsilon_0 c\Delta\nu_a}\dfrac{1}{1+(\Delta y)^2} \\[3mm] \eta = 1 - \dfrac{ne^2}{4\pi m\omega_0\varepsilon_0\Delta\nu_a}\dfrac{\Delta y}{1+(\Delta y)^2} \\[3mm] \text{以及 } \eta = 1 + \dfrac{c\Delta y}{4\pi\nu}G \end{array}\right\} \tag{4-1-27}$$

式中 $\Delta\nu_a = \gamma/2\pi$, $\Delta y = (\nu-\nu_0)/\dfrac{\Delta\nu_a}{2}$。

根据以上的讨论及所得结果可以进一步看出,在光场与物质相互作用的共振线性极化经典模型下,有

1. 介质对入射光波所呈现出吸收(或增益)的频率响应 $G(\omega)\sim\omega$ 由洛仑兹函数描述。从本章第二节讨论可以知道,这是由于在本节假定介质中所有的原子在光场作用下都具有完全相同的极化,并忽略了电偶极振子间的相互作用,即介质具有均匀加宽的谱线所致,式中 $\Delta\omega$ 为原子自发辐射的谱线宽度,它正比于经典辐射能量的衰减速率 γ。

2. 当光场与物质发生共振相互作用而介质线性极化时(即光场频率 $\omega\approx\omega_0$ 且 $\omega-\omega_0$ 为 $\Delta\omega_a$ 数量级,场强较弱并远小于原子内电子所受到的库仑场的情况),介质的折射率在原子辐射的固有频率 ω_0 附近随入射光波的频率变化发生反常的急剧变化,通常称为反常色散现象,图 4-1-2 示出了这种情况。介质折射率的这种变化将直接影响到入射光场的相位特性。

3. 对于实际的介质,光场与介质原子的相互作用以及极化的情况要复杂得多,特别由于介质中各振子间所存在的相互作用(如无规则的碰撞、偶极子间的耦合等)以及振子受到周围介质环境的影响,使介质中偶极振子的振荡频率和相位受到调制并使相位紊乱(即所谓的相位紊乱过程),结果使介质的极化强度及其运动方程都要进行必要的修正,有关这方面的分析讨论,读者可查阅参考文献[14]。应该指出,当所施加的光场为很强的短脉冲相干讯号时,介质中所有的偶极振子都将以相同的位相振荡并辐射,这就是通常所说的相干极化的情况。此时会发生光场与物质相互作用的一系列"瞬态效应",介质宏观极化强度运动

方程可表示为

$$\frac{\mathrm{d}^2 P}{\mathrm{d}t^2} + \Delta\omega_a \frac{\mathrm{d}P}{\mathrm{d}t} + \omega_0^2 P(t) = \frac{ne^2}{m} E(z,t) \tag{4-1-28}$$

式中 $\Delta\omega_a$ 为实际介质原子自发辐射的线宽。

4. 有相当多的激光工作物质,产生共振线性极化的振子都是处在晶体、玻璃或液态基质中,这些基质材料(或溶液)在无激光原子时对激光波长都几乎是透明而无损耗的电介质,因而具有大的非共振线性极化强度 $\vec{P}h$,基质的这一极化与激光工作原子所决定的原子共振极化强度 $\vec{P}_a$ 无直接的关联。因而,当考虑光场与激光工作介质相互作用时,电感应强度应表示为

$$\vec{D} = \varepsilon_0 \vec{E} + \vec{P}_h + \vec{P}_a = \varepsilon_h \vec{E} + \vec{P}_a$$

式中 ε_h 表示基质的介电常数,对于线性极化,$\varepsilon_h = \varepsilon_0(1+\chi^h)$,$\chi^h$ 为基质的线性非共振电极化系数。若记工作原子的线性共振极化系数为 χ_a,则 $\vec{P}_a = \chi_a \varepsilon_0 \vec{E}$,于是

$$\vec{D} = \varepsilon_h \left(1 + \frac{\varepsilon_0}{\varepsilon_h} \chi_a\right) \vec{E}$$

如果特殊定义极化系数

$$\bar{\chi}_a = \frac{\varepsilon_0}{\varepsilon_h} \chi \tag{4-1-29}$$

则电感应强度

$$\vec{D} = \varepsilon_h (1 + \bar{\chi}_a) \vec{E} \tag{4-1-30}$$

将(4-1-30)式与(4-1-17)式比较可以看出,只要按(4-1-29)式定义介质的原子极化系数,就可以得到与前面不考虑周围介质存在时完全类似的关于介质极化和增益、色散的关系式,只需注意将(4-1-16)、(4-1-24)、(4-1-25)三式中的 ε_0 改写成 ε_h 即可。对于稀薄的气体激光介质,$\varepsilon_h \approx \varepsilon_0$,因而以前所得到的一系列结果可适用于气体介质。

四、经典结果的量子力学修正

事实上,只需对前面所导出的经典电子振子的结果进行简单修正,就可以得出介质在光场作用下极化性质的量子力学关系。它们将能更精确地反映光场与介质相互作用的规律。按前述经典结果,介质中原子共振线性电极化系数可表示为

$$\chi_a(\omega) = -i\chi''_0 \frac{1}{1 + i\Delta y} \tag{4-1-31}$$

式中

$$\chi''_0 = \frac{ne^2}{m\omega_0 \varepsilon \Delta\omega_a} = \frac{3}{4\pi^2} \frac{n\lambda_0^3 \gamma}{\Delta\omega_a} \tag{4-1-32}$$

$$\Delta y \equiv (\omega - \omega_0) \Big/ \left(\frac{\Delta\omega_a}{2}\right)$$

注意,以上诸式中的 $\varepsilon = \varepsilon_h$,表示不计激光工作原子存在时,基质的介电常数,电极化系数则按(4-1-29)式定义。为简单计,省去了下角标 h 及字母上方的一横记号。

为了得到量子力学的结果,实际原子自发辐射是由原子的量子能级间的辐射跃迁所产生,因此需作如下的量子力学修正:

1. 将经典振子的固有振动频率 ω_0 和波长 λ_0 修正为原子的量子能级 E_m 和 E_n 间的跃迁频率和波长,即 $\omega_0 = \omega_{mn} = (E_m - E_n)/\hbar$,$\hbar = \dfrac{h}{2}$,$h$ 为普朗克常数。

2. 将经典振子的辐射能量衰减速率),与特定的原子量子能级间的自发辐射跃迁几率 A_{mn} 对应。$\gamma = A_{mn}$,A_{mn} 为相应跃迁的爱因斯坦自发辐射系数。为了与其他的能量衰减速率相区别,记 γ 为 $\gamma_{\text{rad}} = A_{mn}$。

3. 将经典振子数密度 n 修正为两相应能级间的原子集居数密度差,即 $\Delta n = (g_m / g_n)n_n - n_m$。其中 n_m、n_n、g_m、g_n 分别为相应跃迁上、下量子能级上的原子集居数密度和能级简并度。

4. 光谱线线宽 $\Delta\omega_a$ 与特定跃迁所对应的 γ_{rad} 及其他可能存在的光谱线加宽机制有关(详见下节所述)。对于同一跃迁,它可能具有很不相同的数值。

5. 考虑到实际介质所存在的各向异性,介质的电极化系数应用一张量表示。若入射光场相对于原子没有适当的偏振和指向,则会使原子跃迁的响应(即电极化系数)减少。为此用 3^* 代替极化系数表达式(4-1-32)中的 3,且应有 $0 \leqslant 3^* \leqslant 3$。

在以上修正和考虑的基础上,得到量子力学中实际电偶极跃迁共振极化系数的表达式为

$$\chi_a(\omega) = -i\,\frac{3^*}{4\pi^2}\,\frac{\Delta n\lambda_{mn}^3\gamma_{\text{rad}}}{\Delta\omega_a}\,\frac{1}{1+2i(\omega-\omega_{mn})/\Delta\omega_a} \tag{4-1-33}$$

相应地,量子力学的相干极化强度运动方程(一维形式)为

$$\frac{\mathrm{d}^2P_x}{\mathrm{d}t^2} + \Delta\omega_a\,\frac{\mathrm{d}P_x}{\mathrm{d}t} + \omega_{mn}^2 P_x = \frac{3^*\omega_{mn}\varepsilon\lambda_{mn}^3\gamma_{\text{rad}}\Delta n(t)}{4\pi^2}E_x(z,t) \tag{4-1-34}$$

该方程中,P_x 为实际原子跃迁的感应电极化强度或量子力学的预期值。注意,原子集居数密度差为时间的函数(在激光介质中,它与受激跃迁、泵浦以及各弛豫过程有关),而不像经典理论中的振子数密度 n 是一个常数。若入射光场强不是很强、跃迁谱线线宽 $\Delta\omega_a$ 不是很窄,$\Delta_n(t)$ 随时间的变化为慢变化,这就可将运动方程简单地按线性微分方程求解,进而即可得到前述关于原子极化的结果(4-1-33)式,这就是所谓的速率方程近似。否则就必须求解极化强度的非线性微分方程,同时还要有一个关于 $\Delta n(t)$ 的变化率方程,结果就会出现光场与物质相互作用的一系列相干光学瞬态效应,有关这方面的讨论可查阅参考文献[14]。

当然,在严格的量子力学关于光场与物质原子相互作用的描述中,原子集合中单个原子在光场的作用下并不是发生能级间的跃迁,而是发生量子态的变化。原子量子态随时间的变化,需求解原子的状态波函数在存在外光场时的薛定锷运动方程,且通过一定的量子力学分析才能得到。其结果是,原子出现在量子态的几率会发生数值的变化,对整个原子集合求平均就呈现为原子在各量子态或简单地讲在原子能级上集居数的变化,即原子跃迁发生,这就是量子跃迁的含义。然而,在很多情况下,采用前述简化的说法,即认为在外光场的作用下,原子发生受激跃迁并引起各能级上的原子集居数发生变化,其结果与量子力学最终的平均结果是相同的。量子力学受激跃迁(对于 $m \to n$ 间的跃迁)几率可以表示成:

$$W_{mn} = \frac{g_n}{g_m}W_{mn} = \frac{3^*}{8\pi^2}\frac{\gamma_{\text{rad}}}{\hbar\Delta\omega_a}\frac{\varepsilon|E|^2\lambda_{mn}^3}{1+\left(\dfrac{\omega-\omega_{mn}}{\Delta\omega_a/2}\right)^2} \tag{4-1-35}$$

式中 $|E|$ 为入射光场振幅。(4-1-35)式就是著名的费米黄金法则,是一个普遍的关于量子跃迁的重要结论。

第二节　光谱线加宽

理论和实验都证明,介质自发辐射光谱中每一条谱线都不是理想的单频光,而是在其对应的原子能级间跃迁的波尔频率附近呈现出某种频率分布。自发辐射的这种特性通常称为光谱线的加宽。光谱线的加宽机制和特性直接影响到光场与介质相互作用的特点,影响到介质的极化和原子能级间自发辐射、受激辐射以及受激吸收的跃迁几率。因此,为了进一步讨论光场与物质相互作用的规律,本节将专门讨论光谱线的加宽机制和特点。

一、自发辐射的谱线加宽和线型函数

假定所讨论的是,介质中原子的某一对特定能级 E_2 至 E_1 间的自发辐射。由于种种因素的影响,该自发辐射的功率(或光强)分布在以其跃迁波尔频率 ν_0 $(E_2-E_1)/h$(简称中心频率)为中心的小频率范围内,或者说,原子从 E_2 能级至 E_1 能级间跃迁发出的自发辐射功率,如图4-2-1所示有一个频率分布 $I(\nu)$。为了定量描述和比较光谱线的这种加宽特性,重要的是 $I(\nu)$ 的函数形式和频率分布范围。在光谱学中,通常引进线型函数和线宽来描述光谱线的加宽

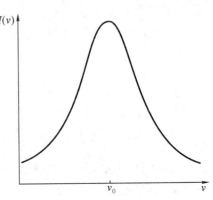

图 4-2-1　自发辐射的频率分布

特性。若自发辐射的总功率为 I_0,则频率分布在 $\nu-\nu+\mathrm{d}\nu$ 范围内的功率应为 $I(\nu)\mathrm{d}\nu$,并有

$$I_0 = \int_{-\infty}^{\infty} I(\nu)\mathrm{d}\nu \tag{4-2-1}$$

(一)线型函数

若光谱线的功率频率分布函数

$$I(\nu)=I_0 g(\nu,\nu_0) \tag{4-2-2}$$

式中 $g(\nu,\nu_0)$ 给出了给定光谱线的轮廓或形状,称为线型函数。按线型函数的定义将(4-2-2)式代入(4-2-1)式,得到线型函数应满足的归一化条件:

$$\int_{-\infty}^{\infty} g(\nu,\nu_0)\mathrm{d}\nu \equiv 1 \tag{4-2-3}$$

按照线型函数的定义和它所满足的归一化条件,可将线型函数理解为自发辐射跃迁几率按频率 ν 的分布函数。若从 E_2 至 E_1 能级自发辐射跃迁总几率为 A_{21},其中分配在频率 ν 处的单位频率间隔内的跃迁几率记为 $A_{21}(\nu)$。由于谱线加宽所引起的从 E_2 至 E_1 能级的自发辐射光子频率间的差异远小于光子频率的数值,在计算光功率时可以不计诸不同自发辐射光子间频率差异而致的能量差异,显然应有

$$g(\nu,\nu_0)=\frac{I(\nu)}{I_0}=\frac{A_{21}(\nu)}{A_{21}}$$

或

$$A_{21}(\nu)=A_{21}g(\nu,\nu_0) \tag{4-2-4}$$

(二)线宽

如图 4-2-2 所示,通常线型函数 $g(\nu,\nu_0)$ 在相应能级间跃迁的波尔频率 ν_0 处具有极大值,远离 ν_0,则 $g(\nu,\nu_0)$ 值减少,因此称 ν_0 为光谱线的中心频率。一般定义线型函数的半极值点所对应的频率全宽度为光谱线宽度(英文缩写为 FWHM)并记作 ν。它大致度量了自发辐射功率的频率分布范围,故 ν/ν_0 常用来度量自发辐射场单色性的优劣。值得注意的是,在激光和光谱学文献上,有时以波长或波数差来标记光谱线宽,它们与以频差表示线宽的关系是

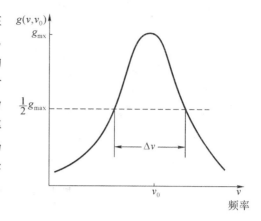

图 4-2-2　线型函数和线宽

$$\left.\begin{array}{l} \Delta\lambda = \dfrac{\lambda^2}{c}\Delta\nu \\[2mm] \Delta\left(\dfrac{1}{\lambda}\right) = \dfrac{1}{c}\Delta\nu \end{array}\right\} \qquad (4\text{-}2\text{-}5)$$

式中 c 为真空中的光速,λ 为真空波长。例如,若以波数差表示的某光谱线线宽为 $1\,\mathrm{cm}^{-1}$,则对应的频差线宽则为 30GHz。

二、光谱线的加宽机制和类型

本节讨论引起物质自发辐射谱线加宽的物理机制和相应光谱线线型函数的形式、线宽的计算;分析不同加宽机制下谱线加宽的特点和类型;对实际激光工作物质的光谱线加宽特性进行简要讨论。

(一)自然加宽和寿命加宽

介质中处于激发态的原子会自发地跃迁到低能态,其跃迁几率由原子在激发态的平均寿命直接决定。若能级间的跃迁满足偶极辐射跃迁的选择定则,则发生自发偶极辐射。自发辐射的跃迁几率决定于原子本身的固有性质。通常不考虑发光原子本身的平动、原子间相互作用以及原子所受到的任何周围环境影响,仅由原子的纯自发辐射跃迁几率 $A_{21}=1/\tau_{\mathrm{rad}}=\gamma_{\mathrm{rad}}$ 所决定的光谱线加宽为自然加宽,亦称固有加宽或纯辐射寿命加宽。因此,可以把自然加宽看作是介质中一个孤立、静止的原子在自发辐射时所产生的光谱线加宽,它是自发辐射过程所固有的,其光谱线宽具有最小值。我们可以从爱因斯坦对于自发辐射的唯象解释或介质原子自发辐射的经典模型出发,对光谱线的自然加宽给出说明。

按爱因斯坦的唯象理论,在 t 时刻,若处于 E_z 能级原子数密度为 n_2,则在单位体积的介质中,由 $E_2 \rightarrow E_1$ 间的自发辐射跃迁所引起的 E_2 能级上的原子数密度衰减速率为

$$\frac{\mathrm{d}n_2(t)}{\mathrm{d}t} = -n_2(t)A_{21}$$

式中 A_{21} 表示两能级间的纯辐射跃迁几率,由该跃迁所决定的 E_2 能级的平均纯辐射寿命 $\tau_{\mathrm{rad}}=\tau_{21}=1/A_{21}$。由该式求得 $n_2(t)=n_2(0)\mathrm{e}^{-A_{21}t}=n_2(0)\cdot\mathrm{e}^{-t/\tau_{21}}$。就单位体积的介质而言,在 t 时刻的自发辐射功率 $I(t) \approx h\nu_0 n_2(t)A_{21}=h\nu_0 n_2(0)A_{21}\mathrm{e}^{-t/\tau_{21}}$,即

$$I(t)=I(0)\mathrm{e}^{-t/\tau_{21}} \qquad (4\text{-}2\text{-}6)$$

该式表示,由于激发态所固有的有限辐射寿命 τ_{21},自发辐射的功率将随时间按指数规律衰减,其衰减常数为 $1/\tau_{21}$。与此对应,自发辐射光场的振幅亦随时间按指数规律衰减,衰减常数为 $1/2\tau_{21}$。于是,自发辐射为振幅随时间指数衰减的阻尼简谐波,其电矢量可表示成为

$$E(t) = E_0 e^{-\frac{1}{2\tau_{21}}t} e^{i2\pi\nu_0 t} \tag{4-2-7}$$

对该式进行付里叶变换,可求得自发辐射的频谱,进而得到功率谱

$$I(\nu) \infty |\mathscr{F}\mathscr{T}[E(t)]|^2$$

按线型函数的定义及满足的归一化条件(4-2-2)、(4-2-3)两式可得到自然加宽的线型函数为

$$g_N(\nu,\nu_0) = \frac{1}{\tau_{21}} \frac{1}{\left(\frac{1}{2\tau_{21}}\right)^2 + 4\pi^2(\nu-\nu_0)^2} \tag{4-2-8}$$

由上式所求得自然加宽的线宽为

$$\Delta\nu_N = \frac{1}{2\pi\tau_{21}} \tag{4-2-9}$$

利用(4-2-9)式亦可将(4-2-8)式改写成另外的形式:

$$g_N(\nu,\nu_0) = \frac{2}{\pi\Delta\nu_N} \cdot \frac{1}{1 + \left(\frac{\nu-\nu_0}{\frac{\Delta\nu_N}{2}}\right)^2} \tag{4-2-10}$$

(4-2-10)、(4-2-9)两式表明,光谱线自然加宽的线型函数为洛仑兹函数,其线宽则唯一地由原子处于激发态 E_2 的平均纯辐射寿命 τ_{21} 所决定。τ_{21} 是由原子的固有性质所决定的。

从关于原子自发辐射的经典电子振子模型出发亦可对光谱线的自然加宽给出说明。实际上,按电子振子偶极辐射的经典模型,据(4-1-5)式,经典偶极振子自发电偶极辐射的电场强度可表示成

$$E(t) = E_0 e^{-\frac{\gamma}{2}t} e^{i2\pi\nu_0 t}$$

将该式与(4-2-7)式比较可以看出,只需将经典辐射阻尼系数 $\gamma = 1/\tau_{21}$,就可以得到与(4-2-9)、(4-2-10)两式所表示的关于谱线自然加宽线宽和线型函数完全相同的结果。

在实际的介质中,原子处于激发态 E_2 的平均寿命 τ_2 不仅决定于 $E_2 \to E_1$ 间的辐射跃迁的纯辐射寿命 $\tau_{21} = \tau_{rad}$,而且还与其他的诸如热弛豫等无辐射跃迁和其他能量衰减过程有关。若与 τ_2 对应的能级 E_2 的总能量衰减速率 $\gamma_2 = 1/\tau_2$,则自发辐射谱线加宽的线宽应为

$$\Delta\nu_L = \frac{1}{2\pi\tau_2} \tag{4-2\11}$$

式中

$$\frac{1}{\tau_2} = \frac{1}{\tau_{rad}} + \frac{1}{\tau_{nr}} + \gamma_0$$

其中 τ_{21} 为由无辐射跃迁过程所决定的能级 E_2 的平均寿命,γ_0 为该能级的其他能量衰减速率。这种由能级的总平均寿命所决定的光谱线加宽通常称为寿命加宽。其实,寿命加宽是量子力学中能量—时间测不准关系的直接结果。我们可以将原子某个量子能级的平均寿命 τ 理解为原子所具有的时间测不准量。据原子的能量—时间测不准关系,原子所具有的能量测不准量应为 $\Delta E \approx h/\tau$。换言之,原子的能级有一个由测不准关系所决定的宽度。与之相应,原子能级间跃迁所发射的光子必然具有某个频率不确定量或谱线宽度,其大小应为

$$\Delta\nu \approx \frac{1}{\tau_2} + \frac{1}{\tau_1}$$

τ_2、τ_1 分别为跃迁上、下能级的平均总寿命。若下能级为基态,则 $\tau_1 \approx \infty$,于是 $\Delta\nu \approx 1/\tau_2$,这与前面所得到的结果一致。寿命加宽显然与自然加宽有类似的特性,其线型函数为洛仑兹函数。

自然加宽与寿命加宽的线型函数和线宽决定于原子激发态的平均纯辐射寿命 τ_{rad} 或平均总寿命 τ_2。由于激发态的平均寿命对介质中的所有原子都是相同的,因此介质中所有原子的给定自发辐射都具有完全相同的中心频率、线型函数和线宽。或者说,从光谱线加宽角度看,原子间彼此是不可区分的。

（二）气体介质中的光谱线加宽机制

气体介质中引起自发辐射谱线在自然加宽的基础上进一步加宽的主要物理因素是碰撞和多普勒效应。两者都与在一定温度和气压下气体介质中发光原子的运动有关。

1. 碰撞加宽

气体介质中,辐射原子间、辐射原子与其他辅助气体原子间的碰撞会导致发光过程中光场的相位随机调制和紊乱,亦可能引起辐射能量衰减速率 γ 的增大。从原子跃迁的观点来看,碰撞改变了原子的能量状态,它相当于缩短了原子处于激发态的平均寿命,其结果导致光谱线在自然加宽的基础上被进一步加宽。这种由碰撞所引起的光谱线加宽称为碰撞加宽。

由于碰撞的发生完全是一种随机过程,因此对于由大量原子所构成的介质,我们只能讨论它们的统计平均性质。显然,碰撞加宽的线宽应该同原子所遭受的平均碰撞速率成正比。若发光原子与其他原子发生碰撞的平均时间间隔为 τ_c,则由碰撞所决定的原子平均碰撞速率或能量衰减速率为 $1/\tau_c$。类同于前的述自然加宽的讨论方法,可得到碰撞加宽的线型函数和线宽为

$$\left. \begin{aligned} g_c(\nu,\nu_0) &= \frac{2}{\pi\Delta\nu_c} \frac{1}{1+\left(\dfrac{\nu-\nu_0}{\dfrac{\Delta\nu_c}{2}}\right)^2} \\[2em] \Delta\nu_c &= \frac{1}{2\pi\tau_c} \end{aligned} \right\} \tag{4-2-12}$$

碰撞加宽的线型函数亦是洛仑兹函数。原子所受到的平均碰撞速率 $1/\tau_c$ 与气体的压强、温度、原子间的碰撞截面等有关。实验表明,碰撞加宽的线宽与气压成线性关系,并可简单地表示为 $\Delta\nu_c = \alpha P$。由于碰撞加宽的线宽与气压成正比,所以亦称为压力加宽,其中的比例系数 α 称为压力加宽系数。该系数与气压无关,但随不同的工作气体及不同的跃迁波长而异。考虑到大部分气体激光工作物质都是由工作气体(设为 a)与辅助气体($b, c, \cdots$)组成,若分气压分别为 P_a、$P_b \cdots$,则工作气体原子的压力加宽线宽可表示为

$$\Delta\nu_c(a) = \alpha_{aa}P_a + \alpha_{ab}P_b + \alpha_{ac}P_c + \cdots \tag{4-2-13}$$

式中 $\alpha_{aa}, \alpha_{ab}, \cdots\cdots$ 分别表示工作气体与工作气体原子之间及工作气体与辅助气体原子间碰撞的压力加宽系数。这些系数虽可从理论上进行估算,但更多的是从实验中测出。表 4-2-1 给出了两种气体激光介质压力加宽系数的典型实验结果。

表 4-2-1 两种常见气体激光跃迁谱线压力加宽系数

激光跃迁	碰撞气体	压力加宽系数
He-Ne 633nm	He＋Ne	≈70MHz/Torr
He-Ne 3.39μm	He＋Ne	50－80MHz/Torr
CO_2 10.6μm	$CO_2＋CO_2$	7.6MHz/Torr
	$CO_2＋N_2$	5.5MHz/Torr
	$CO_2＋He$	4.5MHz/Torr
	$CO_2＋H_2O$	2.9MHz/Torr

表中 Torr(托)为工程中常用的压力单位,它与法定单位的关系是 1Torr＝133.33P_a(帕)。根据已知的压力加宽系数和(4-2-13)式,知道了气体介质的组分即可估算工作气体原子自发辐射的压力加宽线宽。

由于碰撞加宽的特性决定于工作气体原子所受总的平均碰撞速率 $1/\tau_c$,而 $1/\tau_c$ 对介质中所有的工作原子平均而言都是相同的,因此介质中所有的工作原子都有相同的碰撞加宽性质。这与前述寿命加宽相同。

2. 多普勒(Doppler)加宽

按光波的多普勒效应,如图 4-2-3 所示,在实验室坐标系中,若发光原子(光源)对于光接受器相对静止时测得的光波中心频率为 ν_0,当原子相对于接受器以速度分量 v_z 运动时,测得的光波中心频率变成 ν_0 则

$$\nu'_0 = \nu_0 \sqrt{\frac{1+v_z/c}{1-v_z/c}}$$

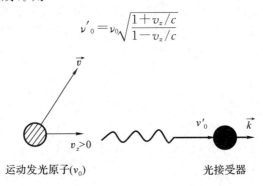

运动发光原子(ν_0)　　　　　　　　光接受器

图 4-2-3 光波多普勒效应示意图

由于通常的原子运动速率远小于光速 c,即 $v_z/c \ll 1$,取上式的一级近似得到

$$\nu'_0 \approx \nu_0 \left(1+\frac{v_z}{c}\right) \tag{4-2-14}$$

式中 $v_z = \vec{v} \cdot \vec{n}$,$\vec{v}$ 为原子的运动速度矢量,$\vec{n}_0$ 为沿光传播方向上的单位矢量。由该式可知,运动原子较静止原子发生的多普勒频移为

$$\nu'_0 - \nu_0 = \frac{v_z}{c}\nu_0 \tag{4-2-15}$$

由于光学多普勒效应,显然在气体介质中,具有不同热运动速度分量 v_z 的工作原子。当它们从激发态 E_2 跃迁到低能态 E_1 而自发辐射时,被探测到的自发辐射光场的中心频率 ν'_0 将各异于波尔中心频率 ν_0,ν'_0 随原子热运动速度分量 v_z 的变化由(4-2-14)式给出。通常称 ν'_0 为运动原子自发辐射的表观中心频率。可见,实验中所记录到的光谱线实际上是气体介质中具有不同热运动速度的大量激发态原子自发辐射所共同贡献的结果,因此,自

发辐射的功率必然按原子表观中心频率有一定的频率分布,即光谱线被加宽了。通常称由光波的多普勒效应所引起的这种光谱线加宽为多普勒加宽。

多普勒加宽的线型函数显然与气体介质中工作原子诸能级上的原子集居数密度按原子热运动速率的几率分布函数直接有关。据气体分子运动的统计力学结果,若处于激发能级 E_2 上的原子数密度为 n_2,则处在该能级上原子数密度按热运动速度分量 v_z 的几率分布函数为

$$\frac{n_2(v_z)}{n_2} = \left(\frac{m}{2\pi KT}\right)^{1/2} \exp\left(-\frac{mv_z^2}{2KT}\right) \qquad (4\text{-}2\text{-}16)$$

式中　K 为玻尔兹曼常数;T 为气体介质的绝对温度;m 为工作原子的质量。

由于原子自 E_2 能级跃迁自发辐射某一表观频率 ν 的光功率正比于 E_2 能级上对该频率有贡献的原子数,因此,按线型函数的定义(4-2-2)式得到光谱线多普勒加宽的线型函数可由下式求出

$$g_D(\nu,\nu_0)\mathrm{d}\nu = \frac{I(\nu)\mathrm{d}\nu}{I_0} = \frac{n_2(v_z)\mathrm{d}v_z}{n_2}$$

将上式中的 $n_2(v_z)$ 分布,即(4-2-16)式据(4-2-14)式代换为按表观频率 ν 的分布(若不计原子自发辐射的自然加宽、碰撞加宽等影响,可认为 $\nu=\nu_0'$),容易看出,多普勒加宽的线型函数实质上就是介质中 E_2 能级上的原子数密度 n_2 按其表观中心频率 ν_0' 的几率分布函数。因此

$$g_D(\nu,\nu_0) = \frac{c}{\nu_0}\left(\frac{m}{2\pi KT}\right)^{1/2} \exp\left[-\frac{mc^2}{2KT\nu_0^2}(\nu-\nu_0)^2\right] \qquad (4\text{-}2\text{-}17)$$

由上式求得的光谱线线宽为

$$\Delta\nu_D = 2\nu_0\left(\frac{2KT}{mc^2}\ln 2\right)^{1/2} \approx 7.16\times10^{-7}\nu_0\left(\frac{T}{M}\right)^{1/2} \qquad (4\text{-}2\text{-}18)$$

式中 M 为气体工作原子(分子)的原子量,且 $m=1.66\times10^{-27}M\,\mathrm{kg}$。利用(4-2-18)式可将(4-2-17)式改写为

$$g_D(\nu,\nu_0) = (\pi\ln 2)^{1/2}\cdot\frac{2}{\pi\Delta\nu_D}\exp\left[-(\ln 2)\left(\frac{\nu-\nu_0}{\frac{\Delta\nu_D}{2}}\right)^2\right] \qquad (4\text{-}2\text{-}19)$$

可见,多普勒加宽的线型函数为高斯函数。图(4-2-4)给出了当谱线宽度相等时高斯型线型函数与洛仑兹函数的比较。可以看出,高斯型线型函数的峰值较洛仑兹函数高出约50%,但在远离谱线中心频率 ν_0 的"翼部"却较后者更快地下降并会出现 $g_D(\nu,\nu_0)$ 值小于 $g_L(\nu,\nu_0)$ 值的情况。

特别应指出的是,与前面所讨论的寿命加宽及碰撞加宽两种机制不同,介质中不同热运动速率的工作原子的自发辐射具有不同的多普勒频移和相应的表观中心频率,诸原子对线型函数的不同频率有贡献,或者说,从光谱线加宽角度看,介质中的原子是可以区分的,可以按其不同的表观中心频率将它们分类。

(三)固体和液体激光介质中的谱线加宽

固体和液体工作原子的密度远大于气体,它们与周围环境之间的相互作用更强,情况也比较复杂。因此,通常固体和液体激光介质的自发辐射谱线线宽较气体介质大得多,而其线型函数则难以解析表示,通常只能给出定性说明。

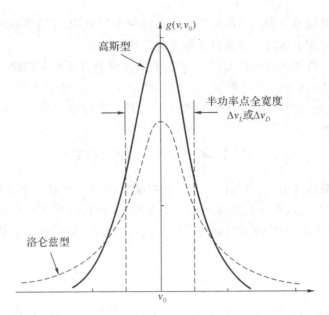

图 4-2-4　具有相同线宽的高斯线型函数与洛仑兹线型函数的比较

1. 固体离子掺杂型激光介质中的谱线加宽

在固体激光介质中,发光的工作粒子常以离子形式掺杂于晶体或玻璃基质中,在这种情况下,导致自发辐射谱线加宽的主要物理因素是晶格场热振动所引起的频率调制加宽和晶格随机缺陷所引起的加宽。此外,还存在发光离子之间的库仑场相互作用所造成的偶极子加宽以及离子与晶格间热弛豫过程所产生的无辐射跃迁造成的寿命加宽,但与前两种情况相比通常都较弱,可以忽略。

晶格的高频热振动(频率可高达 $10^{12}-10^{13}\,\mathrm{Hz}$)使发光离子处于随时间快速周期变化的晶格场中,结果导致瞬时原子跃迁自发辐射频率的快速无规则调制和相位紊乱并引起谱线加宽。这种加宽虽然在物理上与前述的碰撞加宽全然不同,但其结果却十分相似,并且可以近似用洛仑兹线型函数描写其线型函数。晶体介质中出现的这种热调频加宽亦称为热声子加宽,因为据固体物理学可以将这种加宽理解成,由于晶格热振动发出的声子对发光离子的作用引起自发辐射光子频率的高频调制所致。热声子加宽与晶体中离子的掺杂浓度无直接关系,但强烈地依赖于晶格温度。图 4-2-5 给出了红宝石 $0.6943\mu\mathrm{m}$ 和 Nd:YAG1. $06\mu\mathrm{m}$ 激光跃迁自发辐射线宽随介质温度变化的实验曲线,当温度较高时,线宽随温度近似线性增大。

在晶体的生长和制作过程中难免存在无规则分布的晶格缺陷(例如位错、空位等)。这就使得处于缺陷部位的发光离子受到与正常晶格点阵离子不同的晶格场调制并产生原子能级的位移。缺陷的性质不同,离子所受到的调制和能级位移亦不同,这使得不同缺陷处的离子自发辐射的中心频率各异,结果使得整个介质自发辐射的光谱线被加宽。晶格缺陷的这种无规则随机分布所引起的谱线加宽通常都比较小,仅当离子高浓度掺杂使缺陷较严重,且在低温情况下声子加宽变得很小时才显示出其重要性。例如,在图 4-2-5 中对红宝石激光介质,当温度 $T<100\mathrm{K}$ 时,线宽主要由晶格缺陷所决定并与晶体温度无关。由于晶格随机缺陷通常呈现为高斯几率分布形式,所以可近似用高斯线型来表示这种谱线加宽的

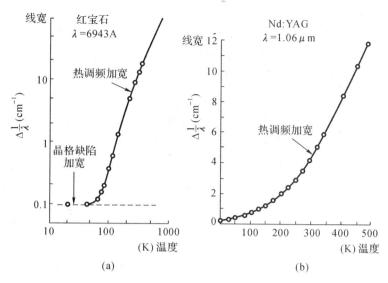

图 4-2-5　晶体介质中的热调频加宽线宽与温度关系的实验曲线

线型函数。从以上的讨论可以看出,由于处于某类晶格缺陷部位的发光离子仅对整个介质线型函数的某一频率有贡献,因此从谱线加宽角度看发光离子是可以相互区分的。这一点与气体介质中的多普勒加宽很类似。

在玻璃为基质的离子掺杂型激光介质(例如钕玻璃)中,工作离子受周围环境的影响和作用的情况与晶体介质有很大的不同。发光离子杂乱无章地分布于玻璃网络体内,不同的离子受到周围配位场的影响不同,从而使其能级受到不同的影响并产生不同的能级位移。由于这种影响的差异既使在室温下都较大,这就使离子的自发辐射谱线具有很大的加宽线宽。可以想象,玻璃基质的这种光谱线加宽的性质与晶格的随机缺陷很类似,即我们可以将介质中的发光离子按其对线型函数的不同频率贡献进行区分,而且其线型函数近似呈高斯线型。

2. 液体激光介质中的谱线加宽机制

在这种情况下,发光物质往往以分子形式溶解于液体中,例如有机染料激光介质,染料分子被溶解于某种有机溶剂,浓度一般为 $10^{-4}-10^{-3}\,\mathrm{mol/m^3}$。由于液体介质的流体性质,工作分子受周围其他分子的影响和作用有些类似于高气压情况下的气体介质。但由于与气体介质相比有高得多的密度,在液体情况下,发光分子遭受两次相继"碰撞"的时间间隔很短,通常约为 $10^{-11}-10^{-13}$ 秒。因此光谱线的这种"碰撞"加宽往往很大,甚至可大于分子光谱中彼此十分靠近的振动—转动谱线间隔。结果使液体有机染料激光介质自发辐射光谱的带状分子光谱变成准连续光谱,其线宽可达数百埃。这种谱线加宽特点是有机染料激光器的输出波长可在数百埃内连续调谐的物理基础。

(四)光谱线的加宽类型;均匀加宽与非均匀加宽

总结前面对自发辐射各种谱线加宽机制的讨论,我们发现,就引起光谱线加宽的物理因素对介质中每个发光粒子在自发辐射跃迁时所发出的光谱线的频率分布及其线宽的影响和贡献而言,大致可将光谱线的加宽分成两大类。一类是引起谱线加宽的物理因素,它对介质中的每个粒子都是相同的,例如自然加宽、寿命加宽、压力加宽及热声子加宽等,通常称为光谱线的均匀加宽;另一类是引起谱线加宽的物理因素,它对每个发光粒子的影响和贡献不相同,例如多普勒加宽、晶格随机缺陷加宽等,通常称为光谱线的非均匀加宽。均匀加宽与非均匀加宽谱线之间有着本质差别,概括起来表现在以下几个方面:

1. 从谱线加宽角度看,均匀加宽谱线介质中各个发光粒子之间是不可区分的,即每个粒子的自发辐射都具有完全相同的线型函数、线宽和中心频率,而对非均匀加宽谱线介质则可以将发光粒子分类,即粒子是可区分的。例如在多普勒加宽介质中,可按发光粒子的不同热运动速度将其分类,具有不同类别的粒子的自发辐射将被探测到不同的中心频率。

2. 对均匀加宽谱线,整个介质的线型和线宽与单个粒子相同,即每个发光粒子都以整个线型发射。非均匀加宽谱线则不然,某类粒子的谱线加宽线型及线宽并不等于大量粒子集合,即整个介质的谱线加宽线型和线宽。

3. 均匀加宽谱线介质中的每个发光粒子对介质整体谱线内的任一频率都有贡献,而且对于某一给定的频率,各个粒子的贡献皆相同,因此,不能把介质线型函数上的某一特定频率与介质中的某类粒子建立联系和对应关系。对非均匀加宽谱线介质,介质中的某类发光粒子仅对光谱线范围内某一特定频率有贡献,对其他频率则无贡献。因此,可以将谱线线型函数上的某一特定频率与介质中的某类粒子建立对应关系。

4. 当某一频率的准单色光与介质相互作用时,对均匀加宽介质,入射光场与介质中的所有粒子发生完全相同的共振相互作用,从而介质中的每个工作粒子都具有完全相同的受激跃迁几率和极化强度。对非均匀加宽介质,入射场仅与介质中表观中心频率与其频率相应的某类粒子发生共振相互作用并引起这类粒子的受激跃迁,介质中各粒子在外场作用下所发生的极化情况也不相同。下面我们以多普勒非均匀加宽为例来说明这一特点。

设频率为 ν 的准单色光与具有多普勒加宽的介质发生共振而相互作用。若不计发光粒子本身的平动热运动,如第一节所述,当入射光频率等于粒子本身跃迁的固有中心频率时,即 $\nu=\nu_0$ 或 $\omega=\omega_0$ 时具有最强的共振相互作用[从(4-1-24)、(4-1-35)两式可知具有最大的增益系数和受激跃迁几率]。然而,考虑到粒子本身的平动热运动,相互作用的情况有了变化。我们可将介质中的粒子视为运动着的光接受器,而入射的光波是从静止的光源发出的。由于光学多普勒效应的存在,以速度分量 v_z 运动的物质粒子所感觉到的光波频率为 ν',按(4-2-14)式及图 4-2-6 应有

$$\nu'=\nu(1-v_z/c)$$

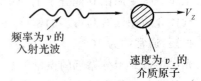

显然,仅当 $\nu'=\nu_0$,即 $\nu(1-v_z/c)=\nu_0$ 时才有最大的共振相互作用。由此可以得出,当 $v_z/c\ll 1$ 时应有

$$\nu\approx\nu_0(1+v_z/c)$$

该式表明,仅当入射光波的频率为 $\nu_0(1+v_z/c)$ 时,光波才能与平动热运动速度分量为 v_z 的粒子发生最大的相互作用,该类粒子所具有表观中心频率变为 $\nu_0(1+v_z/c)$。换

图 4-2-6 光波与运动原子的相互作用示意图

言之,当频率为 ν 的沿 z 方向传播的准单色光与多普勒加宽介质相互作用时,它不是与介质中所有的粒子都发生强的共振相互作用,而是仅与热运动速度分量

$$v_z=\frac{\nu-\nu_0}{\nu_0}c$$

原子发生最强的相互利用,并引起这类原子的受激跃迁。

三、实际激光介质的谱线加宽

前面分别讨论了介质中由单一物理因素所引起的自发辐射光谱线的加宽机制和加宽特性,由此可将介质中跃迁谱线的加宽分成两种具有不同特点的类型,即光谱线的均匀加宽和非均匀加宽。然而,在实际的激光工作物质中,往往同时存在着几种引起光谱线加宽的物理因素。例如,在气体介质中,既存在属于均匀加宽的寿命加宽和压力加宽,又存在属于非均匀加宽的多普勒加宽。因此,仅有对单一因素所造成的谱线加宽的讨论已无法全面地反映实际介质的光谱线加宽特性。本小节的主要目的是,在同时考虑到多种谱线加宽物理因素之后,对实际激光工作物质的自发辐射谱线加宽特性给出一般地讨论,并给出常见激光跃迁线宽的数量级。实际的介质不存在纯粹的光谱线均匀加宽,或非均匀加宽这种理想的极限情况。可以证明,若由各种因素所单独决定的线型函数可解析表示,则介质的总线型函数将由各种过程的线型函数卷积积分形式给出。

（一）气体介质的综合加宽

气体介质中属于均匀加宽机制的主要有自然加宽、寿命加宽和碰撞加宽,其线型函数都可用洛仑兹函数来描述。可以证明（见本章习题）,由两个线宽分别为 $\Delta\nu_L$ 和 $\Delta\nu_c$ 的洛仑兹线型函数的卷积所决定的介质的总均匀加宽线型函数仍为洛仑兹函数,总均匀加宽线宽为 $\Delta\nu_H=\Delta\nu_L+\Delta\nu_c$。因此,可统一地用洛仑兹函数和相应的线宽来描述气体介质总的均匀加宽特性。线型函数可记为

$$g_H(\nu,\nu_0)=\frac{2}{\pi\Delta\nu_H}\frac{1}{1+\left(\dfrac{\nu-\nu_0}{\Delta\nu_{H/2}}\right)^2} \tag{4-2-20}$$

其中 $\Delta\nu_H$ 为线宽,按前所述它可由下式求出

$$\Delta\nu_H^{(i)}=\frac{1}{2\pi\tau}+\sum_j\alpha_{ij}P_j \tag{4-2-21}$$

式中 τ 为工作气体原子（设为第 i 种气体）自发辐射跃迁上能级的平均总寿命,求和是对工作气体及介质中的其他辅助气体的压力加宽进行。

气体介质中的非均匀加宽主要是多普勒加宽,其线型函数和线宽分别由（4-2-19）和（4-2-18）式给出。下面讨论气体介质中均匀加宽与非均匀加宽两种加宽机制同时存在时的综合加宽线型函数。

按几率分布函数及光谱线均匀加宽、非均匀加宽线型函数的物理意义。容易看出,气体介质自发辐射光子频率处在 $\nu-\nu+d\nu$ 的几率应为

$$g(\nu,\nu_0)d\nu=\int_{-\infty}^\infty g_D(\nu'_0,\nu)\cdot g_H(\nu,\nu'_0)d\nu'_0 d\nu$$

即线型函数为

$$g(\nu,\nu_0)d\nu=\int_{-\infty}^\infty g_D(\nu'_0,\nu)\cdot g_H(\nu,\nu'_0)d\nu'_0=g_D(\nu,\nu_0)*g_H(\nu,\nu_0) \tag{4-2-22}$$

可见,气体介质跃迁谱线综合加宽的线型函数为介质多普勒加宽的高斯函数与每个工作粒子发射均匀加宽的洛仑兹函数卷积。数学上,称该卷积积分为佛克脱（Voigt）积分,其数值可从有关的函数表查到。该积分的精确形式强烈地依赖于介质中的 $\Delta\nu_H/\Delta\nu_D$ 值,下面讨论强均匀加宽及强非均匀加宽两种极限情况。

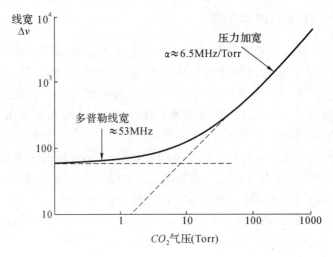

图 4-2-7 典型 CO_2 激光器中光谱线加宽线宽随充气压的变化

1. 强非均匀加宽

此时,应满足 $\Delta\nu_H/\Delta\nu_D \ll 1$。对气体工作物质,由(4-2-18)及(4-2-21)两式可知,这相应于高温、低气压、轻元素介质的短波长自发辐射跃迁。例如,在 He-Ne 激光器中,工作原子 Ne 的 $3S_2-2P_4$ 跃迁波长为 $0.633\mu m$,其自然加宽的线宽约为 10^7 Hz,压力加宽系数 $\alpha \approx 70$MHz/Torr,通常器件的充气压约为 $1-3$Torr,因此总均匀加宽的线宽 $\Delta\nu_H \approx 200$MHz,而在 $T=400$K 下所算得的多普勒加宽线宽 $\Delta\nu_D \approx 1500$MHz,显然,该跃迁谱线属于强非均匀加宽情况。对于强非均匀加宽的介质,均匀加宽的线型函数(指洛仑兹函数)为一弱 δ 函数,在频率 ν 靠近某类原子表观中心频率 ν'_0 的区域内,有 $g_H(\nu_0-\nu'_0) \approx \delta(\nu_0-\nu'_0)$,将其代入(4-2-22)式得到线型子数数近似表示式:

$$g(\nu,\nu_0) \approx g_D(\nu,\nu_0)$$

即佛克脱线型近似为高斯线型。

2. 强均匀加宽情况

此时应满足 $\Delta\nu_H/\Delta\nu_D \gg 1$。它相应于高气压、重元素的长波长跃迁谱线。例如,波长为 $10.6\mu m$ 的 TEA CO_2 激光器在大气压下工作,其分子量 $M=44$,当温度 $T=400$K 时,总的平均压力加宽系数 $\bar{\alpha} \approx 6.5$MHz/Torr,$\Delta\nu_N \approx 10^3-10^4$ Hz,取充气压 $P=760$Torr,算得 $\Delta\nu_H \approx 5$GHz,而 $\Delta\nu_D \approx 60$MHz。显然,此时 CO_2 的该跃迁谱线属于强均匀加宽情况。对于强均匀加宽谱线,高斯型的多普勒加宽线型函数近似为一强 δ 函数,即 $g_D(\nu'_0,\nu_0) \approx \delta(\nu'_0-\nu_0)$,将其代入(4-2-22)式得强均匀加宽的线型函数为

$$g(\nu,\nu_0) \approx g_H(\nu,\nu_0)$$

即佛克脱线型近似为洛仑兹线型。

可见,对于同一种气体介质的同一跃迁谱线,激光介质工作条件,特别是气压的大小对谱线的加宽性质起着很关键的作用。当气体从低到高逐渐提高时,谱线加宽的线型函数从最初的高斯线型逐渐过渡到佛克脱线型,最后到达洛仑兹线型。与之相应,介质光谱线的加宽类型则从强非均匀加宽到综合加宽,最后过渡为强均匀加宽。图 4-2-7 为典型的 CO_2 激光器,波长为 $10.6\mu m$ 跃迁的光谱线线宽和加宽类型随总充气压的变化曲线,激光器内充

有 He：N_2：CO_2 混合气体。应该指出,对于远离介质跃迁中心频率 ν_0 的频率区域,由于高斯函数较洛仑兹函数随频率偏离 ν_0 以更快的速度减少(图 4-2-4),所以即使是很强的非均匀加宽跃迁介质也会呈现出均匀加宽的特点。

（二）固体和液体激光介质的谱线加宽

如前所述,对这两类介质光谱线综合加宽只能给出定性说明,其主要的结论是:

1. 高温下,低离子浓度掺杂的晶体激光介质主要呈现为由热声子加宽所决定的强均匀加宽特性,其线型函数近似可用洛仑兹函数表示。

2. 低温下($T<100$K),高浓度离子掺杂的晶体介质主要呈现为由晶体随机无规则局部缺陷所决定的非均匀加宽特性,其线型函数近似可用高斯函数表示,线宽一般较窄。

3. 离子掺杂玻璃基质的光谱加宽呈现出强非均匀加宽特点,其线宽通常较宽。

4. 液体介质的谱线加宽通常呈现为强均匀加宽特点。

（三）常见激光跃迁光谱线的加宽类型及线宽数量级

表 4-2-2 给出了常见激光跃迁光谱线的加宽类型及线宽数量级以供参考。

表 4-2-2　常见激光跃迁光谱线加宽类型及线宽

主要工作物质	跃迁中心波长	谱线加宽类型	线宽	工作条件
Cr^{3+}：Ruby	$0.6943\mu m$	均匀加宽	300GHz	$T=300$K
Cr^{3+}：Ruby	$0.6943\mu m$	非均匀加宽	1GHz	$T<100$K 高浓度掺杂
Nd^{3+}：YAG	$1.06\mu m$	均匀加宽	180GHz	$T=300$K
Nd^{3+}：Glass	$1.06\mu m$	非均匀加宽	6000GHz	高激励
He-Ne	$0.6328\mu m$	非均匀加宽	1.5GHz	$T=400$K 通常气压
Ar^+	$0.4880\mu m$ $0.5145\mu m$	非均匀加宽	6GHz	大电流、高温
CO_2	$10.6\mu m$	综合加宽 均匀加宽	数拾 MHz $(6.5\times P)$MHz	$P<10$Torr $P\gg10$Torr
He-Cd	$0.4416\mu m$	非均匀加宽	4GHz	天然 Cd
GaAs	$\sim1\mu m$	均匀加宽	1GHz	通常工作条件
R6G	$0.593\mu m$	均匀加宽	$5700-6100\text{Å}$	通常工作条件

四、考虑到光谱线加宽后的介质极化系数和受激跃迁几率

考虑光谱线的加宽后,由于光场与介质中的原子相互作用对于具有不同谱线加宽机制和类型介质具有不同特点,因此,当计算在外场作用下介质的极化系数和原子的受激跃迁几率时,必须按介质谱线加宽的类型进行分别讨论。

（一）介质的极化系数

1. 均匀加宽介质情况

对于均匀加宽介质,由于所有的辐射能量衰减和相位紊乱机制以完全相同的方式和效果作用下介质中的所有原子,因此所有的原子对外光场都具有完全相同的稳态响应及电极化特性。按本章第四节中的(4-1-33)式,介质的共振线性电极化系数应具有以下的形式

$$\chi_H(\omega,\omega_0) = -i\frac{3^*}{4\pi^2}\frac{\Delta n\lambda_0^3\gamma_{\text{rad}}}{\Delta\omega_H}\frac{1}{1+i\left(\dfrac{\omega-\omega_0}{\Delta\omega_{H/2}}\right)} \tag{4-2-23}$$

式中　ω 为入射光场频率；ω_0 为介质原子的给定跃迁的中心频率；λ_0 为给定跃迁的中心波长；γ_{rad} 为原子纯自发辐射跃迁的能量衰减速率，$\Delta\omega_H$ 为给定跃迁谱线的均匀加宽线宽，它代替了原式中的原子线宽 $\Delta\omega_a$。相应地，介质电极化系数可表示为

$$\chi_H = (\omega,\omega_0) = \chi'_H(\omega,\omega_0) + i\chi''_0(\omega,\omega_0)$$

其中极化系数的实部

$$\chi'_H(\omega,\omega_0) = -\chi''_{H0}\left\{\frac{2(\omega-\omega_0)/\Delta\omega_H}{1+[2(\omega-\omega_0)/\Delta\omega_H]^2}\right\} \tag{4-2-24}$$

极化系数的虚部

$$\chi''_H(\omega,\omega_0) = -\chi''_{H0}\left\{\frac{1}{1+[2(\omega-\omega_0)/\Delta\omega_H]^2}\right\} \tag{4-2-25}$$

以上两式中的 χ''_{H0} 为 $\omega=\omega_0$ 时的极化系数，且等于

$$\chi''_{H0} = \frac{3^*}{4\pi^2}\frac{\Delta n\lambda_0^3\gamma_{\text{rad}}}{\Delta\omega_H} \tag{4-2-26}$$

极化系数实部与介质增益系数的关系为

$$\chi'_H(\omega,\omega_0) = \frac{2c(\omega-\omega_0)}{\omega\Delta\omega_H}G_H(\omega) \tag{4-2-27}$$

2. 非均匀加宽介质情况

在具有综合加宽的介质中，除了光谱线的均匀加宽机制外，还存在非均匀加宽机制，因此，在计算外光场与介质中的原子相互作用而引起极化时，需先将介质中的原子按其表观中心频率 ω'_0（或 ν'_0）分类，又因属于同一类原子都具有相同的均匀加宽性质的讯号响应，故需再对所有的不同表观中心频率的各类原子的极化求和。若介质的非均匀加宽线型函数为 $g_I(\omega,\omega_0)$，则表观中心频率处在 $\omega'_0 - \omega'_0 + d\omega'_0$ 内的原子集居数密度差应为 $\Delta n g_I(\omega'_0, \omega_0)d\omega'_0$，介质的总极化系数应为

$$\chi(\omega,\omega_0) = \int_{-\infty}^{\infty}\chi_H(\omega,\omega'_0)g_I(\omega'_0,\omega_0)d\omega'_0$$

若非均匀加宽具有高斯线型，由上式得

$$\chi(\omega,\omega_0) = -i\frac{3^*}{4\pi^2}\sqrt{\frac{4\ln2}{\pi}}\frac{\lambda^3\gamma_{\text{rad}}}{\Delta\omega_H\Delta\omega_D}\cdot\int_{-\infty}^{\infty}\frac{\Delta n}{1+2i(\omega-\omega'_0)/\Delta\omega_H}$$
$$\cdot\exp\left[-(4\ln2)\left(\frac{\omega'_0-\omega_0}{\Delta\omega_D}\right)\right]d\omega'_0 \tag{4-2-28}$$

当介质呈现出强非均匀加宽时，由上式可得到极化系数的实部与增益系数的关系为

$$\chi'(\omega,\omega_0) = \frac{2c(\omega-\omega_0)}{\omega\Delta\omega_D}\cdot2\sqrt{\frac{\ln2}{\pi}}G^{\circ}_D(\omega) \tag{4-2-29}$$

极化系数的虚部近似为

$$\chi''_D(\omega,\omega_0) \approx -\sqrt{\pi\ln2}\frac{3^*}{4\pi^2}\frac{\Delta n\lambda_0^3\gamma_{\text{rad}}}{\Delta\omega_D}\cdot\exp\left[-(4\ln2)\left(\frac{\omega-\omega_0}{\Delta\omega_D}\right)^2\right] \tag{4-2-30}$$

显然，极化系数的虚部，从而介质的增益系数的频率响应为高斯函数。

（二）受激跃迁几率的修正

如前所述,自发辐射的线型函数 $g(\nu,\nu_0)$ 可以被理解为自发辐射跃迁几率按频率的分布函数。若总的自发辐射跃迁几率为 A_{21},其中分配在频率 ν 处单位频率间隔内的自发辐射跃迁几率记作 $A_{21}(\nu)$ 则

$$A_{21}(\nu) = A_{21}g(\nu,\nu_0)$$

又据爱因斯坦 A、B 系数之间的关系应有

$$B_{21} = \frac{v^3}{8\pi h\nu^3}A_{21} = \frac{v^3}{8\pi h\nu^3} \cdot \frac{A_{21}(\nu)}{g(\nu,\nu_0)}$$

该式又可表示成

$$B_{21}g(\nu,\nu_0) = \frac{v^3}{8\pi h\nu^3}A_{21}(\nu)$$

若记 $B_{21}(\nu) = B_{21}g(\nu,\nu_0)$,则当单色能量密度为 ρ_ν 的光场与介质相互作用时,处于激光态 E_2 能级上的原子受激辐射而跃迁到下能级 E_1,其中分配在频率 ν 处单位频率间隔内的受激跃迁几率为

$$W_{21}(\nu) = B_{21}(\nu)\rho_\nu = B_{21}g(\nu,\nu_0)\rho_\nu$$

同样,对于受激吸收亦应有

$$W_{21}(\nu) = B_{12}g(\nu,\nu_0)\rho_\nu$$

又计及到入射场能量所存在的一定频率分布,总的受激辐射和受激吸收几率应为

$$W_{21} = \int_{-\infty}^{\infty} W_{21}(\nu)\mathrm{d}\nu = \int_{-\infty}^{\infty} B_{21}g(\nu,\nu_0)\rho_\nu \mathrm{d}\nu \qquad (4\text{-}2\text{-}31)$$

$$W_{12} = \int_{-\infty}^{\infty} B_{12}g(\nu,\nu_0)\rho_\nu \mathrm{d}\nu \qquad (4\text{-}2\text{-}32)$$

显然,总受激跃迁几率与介质自发辐射跃光谱线的线型函数及入射光场的能量密度的频率分布特性直接有关。

在激光器的工作过程中,通常遇到的是准单色光场与介质的共振相互作用,因此入射光场的能量密度 ρ_ν 分布在一个很小的频率范围内。设入射光场是以频率 ν 为中心频率、线宽为 $\Delta\nu'$ 的准单色光,总能量密度为 ρ,介质的跃迁谱线线宽为 $\Delta\nu$,且 $\Delta\nu' \ll \Delta\nu$,则可将 ρ_ν 表示成 δ 函数,即 $\rho_\nu = \rho\delta(\nu'-\nu)$。将该式代入(4-2-31)(4-2-32)式,得总受激跃迁几率

$$\left.\begin{array}{l} W_{21} = B_{21}g(\nu,\nu_0)\rho \\ W_{12} = B_{12}g(\nu,\nu_0)\rho \end{array}\right\} \qquad (4\text{-}2\text{-}33)$$

该式表示受激跃迁几率存在着由介质谱线加宽线型函数所决定的频率响应特性。换言之,由于介质自发辐射的谱线加宽,入射单色光的频率并不一定要精确等于原子能级间跃迁的中心频率 ν_0 才能产生受激跃迁,而是在 ν_0 附近的一个频率范围内都会发生共振相互作用并引起受激跃迁。只不过当 $\nu=\nu_0$ 时,跃迁几率具有最大值,当 ν 偏离 ν_0 时,受激跃迁几率将按介质谱线加宽的线型函数所给出的关系急剧减小。

特别应该指出的是,尽管(4-2-33)式从形式上看似乎与介质光谱线加宽的类型无直接关系,然而在实质上,由于具有强均匀加宽与强非均匀加宽的介质在与入射光相互作用时将呈现出十分不同的特点,因此对该式应理解具有不同的物理内涵。对于强均匀加宽的介质,入射光场可与介质中所有原子发生相同的相互作用,只不过入射光场的频率偏离 ν_0 的程度不同,相互作用所引起的原子受激跃迁几率亦不同,线型函数决定了这种跃迁几率按

入射光频率的分布。对于强非均匀加宽介质,频率为 ν 入射光场只能与介质中表观中心频率相应的那些原子发生强的相互作用,并引起这部分原子的受激跃迁。发生这种跃迁的几率与介质跃迁谱线的线型函数密切有关,这是因为线型函数实质上给出了介质中原子数按其表观中心频率的几率分布函数。

第三节　光场与物质相互作用的速率方程描述

本节将从爱因斯坦的唯象理论出发,避开光场与原子体系相互作用的细节和力学过程,即简单地认为在光场的感应作用下,原子发生受激跃迁并引起各原子能级上的原子集居数密度发生变化,与此同时,激励光场的光子总数或光子数密度亦发生相应的变化。于是就得到了介质中原子各工作能级上的集居数密度及介质中的光场光子总数随时间的变化率方程组简称速率方程组。通过求解速率方程组便可建立光场与物质相互作用的速率方程理论。据该理论所建立起的激光器速率方程组,对于分析激光系统中的激光泵浦、集居数反转、增益及其饱和、激光器的功率特性及一些重要的动力学过程都具有重要的实际意义。

光场与原子体系相互作用的速率方程组显然与原子的能级结构、能级间的跃迁特性以及激励光场的模式结构密切有关。实际的情况是,激光工作物质的原子往往是复杂的多能级结构,其跃迁特性也不尽相同,原子跃迁的谱线加宽特性又比较复杂并呈现出很不相同的特点,入射光场可能是单模光场亦可能呈现多重频率和振幅分布的多模光场。在本节的讨论中,为使问题简化又对速率方程理论有一个基本的理解,考虑到实际激光介质的特点和规律,将从中归纳出一些共同的主要的物理过程并针对两类简化的、具有代表性的介质模型(即所谓的三能级和四能级介质),讨论其与单模光场(例如单频平面波光场)相互作用的速率方程,并以简单情况—均匀加宽介质为讨论的着重点,对综合加宽及强非均匀加宽情况只给出处理方法上的说明。

（一）四能级系统速率方程

图 4-3-1 示出了四能级系统激光介质原子能级结构简图及主要的跃迁过程。其中参与相互作用过程的能级被简化为四个,即基态 E_1、泵浦带 E_4(泵浦能级)、激光跃迁的上能级 E_3 和下能级 E_2。为简单起见,假设只有一个泵浦带 E_4,对于多于一个泵浦带的实际情况,只要从各泵浦带到激光上能级 E_3 的衰变(弛豫)过程是快速的,以下的讨论仍成立。

图中,W_P 表示单位时间内基态 E_1 上的原子被泵浦抽运到泵浦带 E_4 上的几率;A_{41} 及 S_{41} 分别表示原子从 E_4 能级返回到 E_1 的消激发自发辐射和无辐射跃迁几率;S_{43} 为原子从 E_4 到激光上能级 E_3 的弛豫几率;W_{32}、W_{23} 分

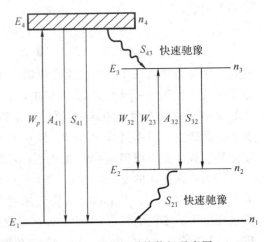

图 4-3-1　四能级系统能级示意图

别为激光上、下能级间在单模光场激励下的受激跃迁几率；S_{32} 及 A_{32} 为 E_3 至 E_2 能级间的无辐射跃迁和自发辐射跃迁几率；S_{21} 为激光下能级 E_2 到基态的弛豫几率亦称下能级的抽空几率（注意，以上忽略了 E_4-E_1 间的受激跃迁以及 $E_4 \rightarrow E_2$ 和 $E_3 \rightarrow E_1$ 间的各可能跃迁）。四能级系统激光工作物质的能级结构和跃迁具有以下特点：$S_{43} \gg S_{41}, A_{41}, W_P$；$A_{32} \gg S_{32}$；$S_{21}$ 很大；$E_2-E_1 \gg KT$，这使得在热平衡时激光下能级 E_2 上的原子集居数可以忽略。设各能级上的原子集居数密度分别为 n_1、n_2、n_3、n_4，介质中总的原子集居数密度为 n，这就可根据爱因斯坦的唯象关系并参照图 4-3-1 得到以下的原子速率方程：

$$\begin{cases} \dfrac{\mathrm{d}n_1}{\mathrm{d}t} = n_2 S_{21} + n_4(S_{41}+A_{41}) - n_1 W_P \\[2mm] \dfrac{\mathrm{d}n_3}{\mathrm{d}t} = n_4 S_{43} + W_{23} n_2 - W_{32} n_3 - n_3(S_{32}+A_{32}) \\[2mm] \dfrac{\mathrm{d}n_4}{\mathrm{d}t} = n_1 W_P - n_4(S_{41}+A_{41}) - n_4 S_{43} \\[2mm] n_1 + n_2 + n_3 + n_4 = n \end{cases} \qquad (4\text{-}3\text{-}1)$$

若介质内单模光场的总光子数为 φ，光场与介质相互作用的有效模体积 V_a，介质跃迁谱线的均匀加宽线型函数 $g_H(\nu, \nu_0)$，则 E_3-E_2 能级间的受激跃迁几率可表示成

$$\begin{cases} W_{32} = B_{32} \dfrac{\varphi}{V_a} h\nu g_H(\nu, \nu_0) \\[3mm] W_{23} = B_{32} \dfrac{g_3}{g_2} \dfrac{\varphi}{V_a} h\nu g_H(\nu, \nu_0) \end{cases} \qquad (4\text{-}3\text{-}2)$$

记 $B_a = B_{32} h\nu g_H(\nu, \nu_0)/V_a$。由(4-3-2)式可知，$B_a$ 表示介质内由每个光子所引起的受激辐射跃迁几率。(4-3-2)式亦可表示成

$$\begin{cases} W_{32} = B_a \varphi \\[2mm] W_{23} = \dfrac{g_3}{g_2} B_a \varphi \end{cases} \qquad (4\text{-}3\text{-}3)$$

据爱因斯坦自发辐射系数 A_{32} 与受激辐射系数 B_{32} 之间的关系

$$\frac{A_{32}}{B_{32}} = n_\nu \cdot h\nu$$

其中，$n_\nu = \dfrac{8\pi\nu^2}{\upsilon^3}$ 表示自发辐射场的单色模密度，υ 为介质中的光速。可以得到

$$\frac{A_{32} g_H(\nu, \nu_0)}{n_\nu \cdot V_a} = \frac{B_{32} h\nu g_H(\nu, \nu_0)}{V_a} = B_a \qquad (4\text{-}3\text{-}4)$$

该式表明，在介质中分配到一个模的平均自发辐射的跃迁几率等于该模中的一个光子所引起的受激辐射跃迁几率 B_a。若忽略介质内的其他可能的光子损耗，且考虑到受激辐射所产生的光子与激励光场属于同一模式，又计及自发辐射对一个模的光子数的贡献，可以得到介质内总光子数 φ 的变化率方程为

$$\frac{\mathrm{d}\varphi}{\mathrm{d}t} = B_a n_3 V_a + B_a \varphi V_a \left(n_3 - \frac{g_3}{g_2} n_2 \right) \qquad (4\text{-}3\text{-}5)$$

若令 $\eta_1 = S_{43}/(S_{43}+A_{41}+S_{41})$，$\eta_2 = A_{32}/(A_{32}+S_{32})$ 分别表示 E_4 能级向激光上能级 E_3 跃迁的量子效率和激光上、下能级间跃迁的荧光效率。结果得到单模光场与均匀中宽四能级激光工作物质相互作用的速度方程组为

$$\begin{cases} n_1+n_2+n_3+n_4=n \\[2mm] \dfrac{\mathrm{d}n_4}{\mathrm{d}t}=n_1W_P-\dfrac{n_4S_{43}}{\eta_1} \\[2mm] \dfrac{\mathrm{d}n_3}{\mathrm{d}t}=n_4S_{43}-B_a\varphi\Delta n-\dfrac{n_3A_{32}}{\eta_2} \\[2mm] \dfrac{\mathrm{d}n_1}{\mathrm{d}t}=n_2S_{21}+n_4S_{43}\left(\dfrac{1}{\eta_1}-1\right)-n_1W_P \\[2mm] \dfrac{\mathrm{d}\varphi}{\mathrm{d}t}=B_an_3V_a+B_a\varphi V_a\Delta n \end{cases} \tag{4-3-6}$$

方程组中，$\Delta n=n_3-\dfrac{g_3}{g_2}n_2$。考虑到四能级系统能级结构特点：$n_2$，$n_4\approx0$、$\dfrac{\mathrm{d}n_4}{\mathrm{d}t}\approx0$、$\Delta n\approx n_3$，可以将该方程组简化为

$$\begin{cases} n_1+n_3=n \\[2mm] \dfrac{\mathrm{d}n_4}{\mathrm{d}t}=n_1W_P-\dfrac{n_4S_{43}}{\eta_1} \\[2mm] \dfrac{\mathrm{d}n_3}{\mathrm{d}t}=n_4S_{43}-B_a\varphi\Delta n-\dfrac{n_3A_{32}}{\eta_2} \\[2mm] \dfrac{\mathrm{d}n_1}{\mathrm{d}t}=n_2S_{21}-n_1W_P \\[2mm] \dfrac{\mathrm{d}\varphi}{\mathrm{d}t}=B_an_3V_a(\varphi+1) \end{cases} \tag{4-3-7}$$

若不计自发辐射对单模光场光子数的贡献，进而可得到四能级系统介质内的原子集居数密度差及光子总数 φ 的速率方程为

$$\begin{cases} \dfrac{\mathrm{d}\Delta n}{\mathrm{d}t}=(n-\Delta n)W_P\eta_1-B_a\varphi\Delta n-\dfrac{\Delta nA_{32}}{\eta_2} \\[2mm] \dfrac{\mathrm{d}\varphi}{\mathrm{d}t}=B_a\varphi V_a\Delta n \end{cases} \tag{4-3-8}$$

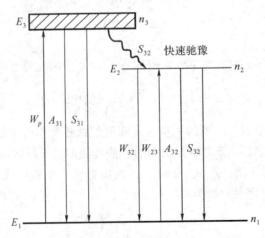

图 4-3-2　三能级系统能级结构及跃迁过程示意图

由于多数的激光介质都属于四能级系统，因此对四能级系统的讨论更具有代表性和实际意义。

（二）三能级系统速率方程组

图 4-3-2 为三能级系统的激光工作物质原子能级及主要跃迁过程示意图。参与相互作用过程的能级数被简化为三个，即泵浦带 E_3、激光跃迁上能级 E_2 和下能级 E_1，其中 E_1 为基态（或很靠近基态）。同样，假设只有一个泵浦带。图中所画出的各跃迁过程的物理意义与四能级类似。三能级系统激光介质的原子能级结构和跃迁过程所具有的特点是 $S_{32} \gg S_{31}$、A_{31}、W_P，$A_{21} \gg S_{21}$。

若介质中各能级上的原子总集居数密度为 n，相应各能级上的原子集居数密度分别为 n_1、n_2、n_3，介质谱线的均匀加宽线型函数为 $g_H(\nu, \nu_0)$，单模光场的总光子数为 φ，参照图 4-3-2 并类似于四能级系统的讨论，忽略介质内光子数的非激活损耗及其他一些次要的跃迁过程，得到如下的三能级系统速率方程组

$$\begin{cases} n_1 + n_2 + n_3 = n \\ \dfrac{\mathrm{d}n_3}{\mathrm{d}t} = n_1 W_P - \dfrac{n_3 S_{32}}{\eta_1} \\ \dfrac{\mathrm{d}n_2}{\mathrm{d}t} = n_3 S_{32} - B_a \varphi \Delta n - \dfrac{n_2 A_{21}}{\eta_2} \\ \dfrac{\mathrm{d}\varphi}{\mathrm{d}t} = B_a n_2 V_a + B_a \varphi V_a \Delta n \end{cases} \quad (4\text{-}3\text{-}9)$$

考虑到三能级系统的特点：n_3、$\dfrac{\mathrm{d}n_3}{\mathrm{d}t} \approx 0$，上面的方程组可进一步简化为

$$\begin{cases} n_1 + n_2 \approx n \\ \dfrac{\mathrm{d}n_2}{\mathrm{d}t} = n_1 W_P \eta_1 - B_a \varphi \Delta n - n_2 A_{21}/\eta_2 \\ \dfrac{\mathrm{d}\varphi}{\mathrm{d}t} = B_a n_2 V_a + B_a \varphi V_a \Delta n \end{cases} \quad (4\text{-}3\text{-}10)$$

若不计自发辐射对介质内单模光场光子数的贡献，介质中原子集居数密度反转及总光子数的速率方程可表示为

$$\begin{cases} \dfrac{\mathrm{d}\Delta n}{\mathrm{d}t} = W_P(n - \Delta n)\eta_1 - \left(1 + \dfrac{g_2}{g_1}\right) B_a \varphi \Delta n - \left(\dfrac{g_2}{g_1} n + \Delta n\right) \dfrac{A_{21}}{\eta_2} \\ \dfrac{\mathrm{d}\varphi}{\mathrm{d}t} = B_a \varphi V_a \Delta n \end{cases} \quad (4\text{-}3\text{-}11)$$

在前面诸方程中，V_a 为单模光场与介质相互作用的有效模体积，$\eta_1 = S_{32}/(S_{32} + S_{31} + A_{31})$，$\eta_2 = A_{21}/(A_{21} + S_{21})$，$B_a = B_{21} h\nu g_H(\nu, \nu_0)/V_a$。各量的物理意义与四能级系统类同。

将 (4-3-8) 与 (4-3-11) 两式比较可以看出，在关于 Δn 的速率方程中，受激跃迁项前三能级系统较四能级系统增加了一个系数 $(1 + g_2/g_1)$，这表示光场与三能级激光介质相互作用发生受激跃迁，若要发射一个光子，即激光上能级集居数减少 1、下能级增加 1 时，集居数密度反转 n 减少了 $(1 + g_2/g_1)$，对四能级系统 Δn 只能减少 1，这是因为在四能级系统中，由于激光下能级 E_2 至能级 E_1 的快速衰变。当受激发射一个光子使上能级 n_3 减少 1 时，n_2 可以近似保持不变（$n_2 \approx 0$）所致。

利用前面所导出的速率方程组 (4-3-6)、(4-3-7)、(4-3-8) 以及 (4-3-9)、(4-3-10)、(4-3-11) 只要已知初始条件，通过求解微分方程组即可得到单模辐射光场与均匀加宽四能级或三能级激光介质相互作用时的稳态、瞬态特性在速率方程近似下的定量描述。将方程组

推广到激光器情况,就可进一步建立激光器的速率方程理论,有关其具体应用将在第五、六两章中详细讨论。

对于单模光场与具有综合加宽或强非均匀加宽跃迁谱线的激光介质相互作用时的速率方程,如同在本章第二节中所讨论的介质极化相类似,应该做如下的考虑:与均匀加宽介质不同,光场在与介质中的原子相互作用时,由于呈现出某种"选择性"原子的表观中心频率不同,频率为 ν 的单模光场可以与某类原子发生强的相互作用从而具有大的受激跃迁几率,与另一类原子则只能发生弱的相互作用从而有较小的受激跃迁几率,对有的表观中心频率远离 ν 的原子甚至无明显的相互作用。介质的非均匀加宽谱线的线型函数实质上给出了这类介质中原子数分类的几率分布函数。对某一特定类型的原子而言,光场与其相互作用的规律应具有均匀加宽介质的特点。因此,当采用速率方程来描述单模光场与介质间的相互作用时,必须根据介质中非均匀加宽的机制和线型函数将介质中处于各工作能级上的原子分类,对其中的某一类原子则按前述的均匀加宽跃迁的规律写出它与该单模光场相互作用时的速率方程。在讨论介质内光场总光子数的变化率时,则需将各类原子对光场光子数变化率的贡献求和。

最后需指出,本节所讨论的速率方程理论由于没有涉及具体的力学过程,所以虽然比较简明,但最终只能给出介质原子各工作能级上的集居数密度和光场总光子数随时间的变化规律,它无法给出诸如介质极化、色散或光场相位、频率等特性的进一步描述,这是该理论的主要缺陷。另外,进一步的理论分析表明[14],当很强或短的光脉冲施加于原子跃迁时,速率方程将不再成立。速率方程理论成立的条件是,光场强度足够弱以使得介质中的受激跃迁几率 W_{21},(或 W_{12})≪介质原子跃迁的线宽 $\Delta\omega$,以及与纯辐射寿命加宽相比原子跃迁谱线具有足够大的线宽,即 $\Delta\omega_N \ll \Delta\omega$,从而保证介质各原子能级上的集居数和集居数差的变化为慢变化。当不满足这些条件,即强或短的光脉冲与具有窄的跃迁谱线线宽的介质相互作用时,将会出现介质的非线性极化和一系列的相干光学瞬态效应,例如受激原子跃迁的拉比频率、与吸收介质作用时的 π 脉冲、2π 脉冲及自感应透明等现象。值得庆幸的是,对于通常的激光系统,即使是在高功率情况下速率方程近似所要求的上述条件都是满足的,因此,速率方程理论仍不失其重要的实际意义。

习　题

4.1　导出极化系数 χ 的实部 χ' 的两个极值点间的频差与线宽 $\Delta\omega_a$ 间的关系。在导数光谱学中通过测量光谱仪样品池中的 $\dfrac{d\chi''}{d\omega}$ 随 ω 的关系来研究不同气压下的气体原子跃迁,试导出该关系。

4.2　已知静止 Ne 原子 $3S_2 \rightarrow 2P_4$ 跃迁谱线的中心波长为 $0.6328\mu m$。若 Ne 原子分别为 $0.1c$、$0.4c$ 和 $0.8c$ 的速度向着光探测器运动,问所探测到的中心波长分别变为多少?

4.3　计算 Ne-He 激光器的三条主要激光跃迁 $3S_2 - 2P_4$,波长为 $0.6328\mu m$;$2S_2 - 2P_4$,波长为 $1.15\mu m$;$3S_2 - 3P_4$,波长为 $3.39\mu m$ 的多普勒线宽。分别以 G_{HZ}、A 和 cm^{-1} 为单位表示所得到的结果。(取气体工作温度 $T = 400K$)。

4.4　对于线宽均为 $\Delta\nu$ 的洛仑兹线型函数和高斯函数,讨论:(1)$|\nu - \nu_0|$ 等于多大时这

两个函数的值相等;(2)在什么频率范围内洛仑兹函数的值大于高斯函数值。

4.5 证明线宽分别为 $\Delta\omega_a$ 和 $\Delta\omega_b$ 的两个洛仑兹线型函数的卷积是线宽为 $\Delta\omega = \Delta\omega_a + \Delta\omega_b$ 的洛仑兹函数。

4.6 估算 CO_2 激光器波长为 $10.6\mu m$ 的激光跃迁在400K下的多普勒线宽,讨论在什么气压范围内该跃迁谱线从非均匀加宽过渡到均匀加宽为主。(取压力加宽系数的平均值为 $6.5M_{HZ}/Torr$)

4.7 若介质中原子数按速度分量 v_z 的分布函数为

$$\frac{dN}{N} = f(v_z)dv_z = \begin{cases} \dfrac{1}{2v_z dv_z} & |v_z| < v_0 \\ 0 & |v_z| > v_0 \end{cases}$$

试求并定性画出综合加宽的线型函数。设原子在静止时的线型是洛仑兹型,其中心频率为 ν_0;洛仑兹线宽为 $\Delta\nu_H$,讨论所得到的结果。

4.8 某种多普勒加宽气体吸收物质被置于由两反射镜构成的光学谐振腔之中。设吸收谱线所对应的能级为 E_2 和 E_1(基态),中心跃迁频率为 ν_0。若光腔中存在频率为 ν 的单模驻波光场,试定性画出下列情况 下基态 E_1 上的粒子数按谐振腔轴向速度分量 v_z 的分布 $n_1(v_z)$:

(1)$\nu > \nu_0$;

(2)$\nu - \nu_0 \approx \Delta\nu_D$,$\Delta\nu_D$ 为多普勒吸收谱线宽度;

(3)$\nu = \nu_0$。

4.9 已知三能级系统红宝石介质能级间的跃迁几率为:$S_{32} \approx 5 \times 10^6 s^{-1}$;$A_{31} \approx 3 \times 10^5 s^{-1}$,$A_{21} \approx 3 \times 10^2 s^{-1}$,$S_{31} \approx S_{21} \approx 0$,能级 E_2 至 E_1 间自发辐射跃迁的中心波长为 $0.6943\mu m$。计算该系统的泵浦量子效率和荧光量子效率。估算当连续泵浦抽运几率 W_P 为多大时,红宝石晶体对波长为 $0.6943\mu m$ 的单色光是透明的?(对红宝石介质的该跃迁、上、下能级的能级简并度 $g_1 = g_2 = 4$,透明的含义是 $n_2 - n_1 = 0$)。

4.10 由四能级系统激光介质速率方程讨论为实现集居数反转分布稳态泵浦几率应满足什么条件? 计算达到稳态分布时的 $\Delta n/n$ 值并讨论所得到的结果。

第五章 激光放大与振荡原理

本章将根据光场与物质相互作用的速率方程理论分析激光系统中的激光泵浦和激活介质的增益放大特性,进而通过对连续激光器的振荡阈值条件、输出功率及振荡频率等工作特性的讨论说明激光振荡的基本原理。

第一节 激光泵浦和集居数密度反转

本节分别就简化的四能级和三能级激光系统模型并利用第四章第三节中导出的速率方程,讨论激光器的稳态及瞬态泵浦与原子集居数密度反转间的关系。由于在激光器的泵浦阶段,激光振荡尚未建立,介质内的受激跃迁过程尚不占主导地位,原子各工作能级上的集居数密度变化率主要依赖于泵浦过程和由各能级的自发辐射跃迁及能量弛豫过程所决定的能级参数,因此,在速率方程中的受激跃迁项可以忽略,从而本节关于泵浦与集居数密度反转的分析讨论与激活介质跃迁谱线的加宽机制无关。

一、稳态激光泵浦与集居数反转

(一)四能级激光系统泵浦分析

考虑到在泵浦阶段受激辐射很弱,介质内的光子总数 $\varphi \approx 0$,忽略受激跃迁对各能级上的集居数密度的影响,四能级系统的速率方程组(4-3-7)可进一步简化为

$$\begin{cases} n_1 + n_3 = n \\ \dfrac{\mathrm{d}n_4}{\mathrm{d}t} = n_1 W_P - \dfrac{n_4 S_{43}}{\eta_1} \\ \dfrac{\mathrm{d}n_3}{\mathrm{d}t} = n_4 S_{43} - \dfrac{n_3 A_{32}}{\eta_2} \\ \dfrac{\mathrm{d}n_1}{\mathrm{d}t} = n_2 S_{21} - n_1 W_P \end{cases}$$

当稳态泵浦时,$\dfrac{\mathrm{d}n_i}{\mathrm{d}t} \equiv 0$,上面的微分方程组变为代数方程组:

$$\begin{cases} n_1 + n_3 = n \\ n_1 W_P - \dfrac{n_4 S_{43}}{\eta_1} = 0 \\ n_4 S_{43} - \dfrac{n_3 A_{32}}{\eta_2} = 0 \\ n_2 S_{21} - n_1 W_P = 0 \end{cases}$$

解此方程组并经适当的代数运算得

$$n_2 = \frac{A_{32}}{S_{21}\eta_1\eta_2}n_3$$

$$n_3 = \frac{n}{1+A_{32}/(\eta_1\eta_2 W_P)}$$

令 $n_2/n_3 = A_{32}/(S_{21}\eta) = \beta$，其中 $\eta = \eta_1\eta_2$ 为激光系统的总量子效率。由以上两式得

$$\frac{\Delta n}{n} = \frac{\eta W_P\left(1-\frac{g_3}{g_2}\beta\right)\tau_{32}}{1+\eta W_P\tau_{32}} \tag{5-1-1}$$

式中 $\tau_{32} = \frac{1}{A_{32}}$ 为激光跃迁上、下能级间的纯自发辐射跃迁寿命。

由该式可知,实现激光跃迁能级间的集居数密度反转分布的关键条件是 $\beta < g_2 g_3$,即 $A_{32}/S_{21}\eta < g_2/g_3$,这表示激光下能级的寿命应短于上能级,最佳的情况是 $\beta \to 0$,即 $A_{32} \ll S_{21}$。当 $\beta = 0$ 时,(5-1-1)式可简化为

$$\frac{\Delta n}{n} = \frac{\eta W_P\tau_{32}}{1+\eta W_P\tau_{32}} \tag{5-1-2}$$

该式亦可直接由方程式(4-3-8)令 $\frac{\mathrm{d}\Delta n}{\mathrm{d}t} = 0$, $\varphi = 0$ 求得。(5-1-2)式表明,理想的四能级激光系统的原子集居数密度反转在低泵浦水平下,即当 $\eta W_P\tau_{32} \ll 1$ 时随泵浦几率 W_P 增大近似呈线性关系增大,但随着泵浦水平的提高,当 $\eta W_P\tau_{32} \gg 1$ 时,由于基态 E_1 上的原子集居数减少而使大部分原子集居在激光上能级 E_3,从而可使 Δn 达到饱和极限值。

(二)三能级激光系统泵浦分析

由三能级激光系统速率方程(4-3-9)式,令 $\frac{\mathrm{d}n_i}{\mathrm{d}t} = 0$, $i = 2,3$, $\varphi = 0$ 求得稳态泵浦时的解为

$$\begin{cases} n_1 = \dfrac{n}{1+\eta W_P\tau_{21}(1+\beta)} \\[3mm] n_2 = \dfrac{n W_P\tau_{21}\eta}{1+\eta W_P\tau_{21}(1+\beta)} \\[3mm] \dfrac{\Delta n}{n} = \dfrac{\eta W_P\tau_{21}-\dfrac{g_2}{g_1}}{1+\eta W_P\tau_{21}(1+\beta)} \end{cases} \tag{5-1-3}$$

式中 $\beta = A_{21}/(S_{32}\eta_2) = n_3/n_2$, $\eta = \eta_1\eta_2$, $\Delta n = n_2-(g_2/g_1)n_1$, $\tau_{21} = 1/A_{21}$。当 $\beta \ll 1$,即 $n_3 \ll n_2$, $S_{32}\eta_2 \gg A_{21}$,同时 $W_P > \left(\dfrac{g_2}{g_1}\right)/\eta\tau_{21}$ 时集居数密度反转分布才会获得。最佳情况出现在 $\beta \to 0$,即 $n_3 \to 0$,也就是泵浦能级 E_3 至激光上能级 E_2 跃迁几率 S_{32} 很大的情况。此时(5-1-3)式可简化为

$$\frac{\Delta n}{n} \approx \frac{\eta W_P\tau_{21}-\dfrac{g_2}{g_1}}{1+\eta W_P\tau_{21}} \tag{5-1-4}$$

该式亦可从方程式(4-3-11)令 $\frac{\mathrm{d}\Delta n}{\mathrm{d}t} = 0$, $\varphi = 0$ 求得。

图 5-1-1 为理想的三能级与四能级激光系统的稳态原子集居数密度反转随归一化泵

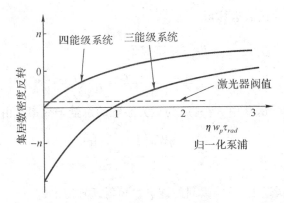

图 5-1-1　理想的三能级与四能级激光系统的稳态泵浦与
原子集居数密度反转的关系(图中设 $g_2 = g_1$)

浦速率 $\eta W_P \tau_{rad}$ 的变化关系曲线。从图中可见,四能级较三能级激光系统有低得多的泵浦阈值。值得指出的是,虽然红宝石 $0.6943 \mu m$ 波长的激光振荡属于三能级系统,但由于红宝石激光介质具有宽且有利于宽带辐射闪光灯泵浦的泵浦吸收带,激光上能级的寿命很长,为 $\tau_{21} \approx 4.3 ms$,泵浦的量子效率又很接近于 1。同时,红宝石人工晶体又具有优良的光学和热学性能,因此红宝石激光系统仍有较低的脉冲泵浦阈值,甚至可能实现连续运转。特别由于红宝石激光器可振荡于可见光波段而利于光电检测,所以红宝石激光系统仍得到较广泛的应用。

二、瞬态激光泵浦特性

分析瞬态激光泵浦特性涉及到求速率方程的瞬态解,这对于实际的激光系统自然是相当复杂和困难的。本节将仅限于讨论简化的激光系统模型下的某些瞬态泵浦特性。

(一)四能级激光系统分析

在 $\varphi \approx 0$ 的激光器泵浦阶段,四能级系统原子集居数密度反转 Δn 的速率方程(4-3-8)式可改写成以下的形式:

$$\frac{\mathrm{d}\Delta n}{\mathrm{d}t} + \left[W_P(t)\eta_1 + \frac{A_{32}}{\eta_2} \right]\Delta n - nW_P(t)\eta_1 = 0 \qquad (5\text{-}1\text{-}5)$$

该方程中泵浦几率 W_P 与稳态时不同随时间而变并以 $W_P(t)$ 表示。为使讨论简化,假定为矩形脉冲泵浦,即

$$W_P(t) = \begin{cases} W_P & 0 < t \leqslant T_P \\ 0 & t > T_P \end{cases}$$

T_P 为泵浦脉冲持续时间,W_P 为常量。将由该式表示的泵浦几率 $W_P(t)$ 代入(5-1-5)式得到

$$\begin{cases} \dfrac{\mathrm{d}\Delta n}{\mathrm{d}t} + \left(W_P\eta_1 + \dfrac{A_{32}}{\eta_2} \right)\Delta n - nW_P\eta_1 = 0 & 0 < t \leqslant T_P \\[3mm] \dfrac{\mathrm{d}\Delta n}{\mathrm{d}t} + \dfrac{A_{32}}{\eta_2}\Delta n = 0 & t > T_P \end{cases} \qquad (5\text{-}1\text{-}6)$$

若取 $t=0$ 时的初始条件 $\Delta n(0)=0$,则微分方程(5-1-6)式的解为

$$\begin{cases} \dfrac{\Delta n(t)}{n} = \dfrac{\eta_1 W_P}{\eta_1 W_P + \dfrac{A_{32}}{\eta_2}}\left[1 - e^{-\left(\eta_1 w_P + \frac{A_{32}}{\eta_2}\right)t}\right] & 0 < t \leqslant T_P \\[4mm] \Delta n(t) = \Delta n(T_P)e^{-\frac{A_{32}}{\eta_2}(t-T_P)} & t > T_P \end{cases} \tag{5-1-7}$$

可见,在泵浦脉冲持续期间,介质中的原子集居数密度反转随时间按指数规律增大,到泵浦脉冲结束,即 $t = T_P$ 时达到最大值,在泵浦脉冲结束之后,即 $t > T_P$ 时,Δn 随时间因自发跃迁而指数减少。

(5-1-7)式亦可表示为

$$\begin{cases} \dfrac{\Delta n(t)}{n} = \dfrac{\eta W_P \tau_{32}}{\eta W_P \tau_{32} + 1}\left[1 - e^{-\left(\frac{\eta W_P \tau_{32}+1}{\tau_3}\right)t}\right] & 0 < t < T_P \\[4mm] \Delta n(t) = \Delta n(T_P)e^{-\frac{1}{\tau_{32}\eta_2}(t-T_P)} & t > T_P \end{cases}$$

由该式可以看出,在泵浦脉冲持续时间内有

1. 当 $\eta W_P \tau_{32} \ll 1$(即低水平泵浦)时

$$\frac{\Delta(t)}{n} \approx \eta W_P \tau_{32}(1 - e^{-t/\tau_3})$$

亦可将上式表示成

$$\Delta n(t) \approx n W_P \eta_1 \tau_3(1 - e^{-t/\tau_3})$$

对四能级系统,$n \approx n_1$,$\Delta n \approx n_3$,可将上式进一步表示成

$$n_3(t) \approx R_P \tau_3(1 - e^{-t/\tau_3})$$

式中,$\tau_3 = 1/(A_{32} + S_{32})$ 为激光上能级的平均寿命,$R_P \approx n_1 W_P \eta_1$,表示单位体积介质中原子由基态泵浦达到激光上能级的速率。若定义激光器的泵浦效率 η_P 为单位体积的介质中,泵浦使激光上能级所能达到的原子集居数最大值与在泵浦脉冲持续期间从基态所抽运的原子数之比。即

$$\eta_P = \frac{n_3(T_P)}{R_P \cdot T_P} = \frac{1 - e^{-T_P/\tau_3}}{T_P/\tau_3} \tag{5-1-8}$$

可见,激光器的泵浦效率仅依赖于泵浦脉宽与激光上能级平均寿命之比 T_P/τ_3。为了提高效率应减 T_P/τ_3 值,由(5-1-8)式可以估算苗,当 $T_P = \tau_3$ 时,$\eta_P \approx 60\%$。为了使泵浦效率达到 90%,则要求 $T_P/\tau_3 \approx 0.2$,即必要要在约为 $\frac{1}{5}$ 激光上能级寿命的时间内将泵浦能量全部释放出来。

2. 当 $\eta W_P \tau_{32} \gg 1$,即高水平泵浦情况下在泵浦脉冲持续期间有

$$\frac{\Delta n(t)}{n} \approx (1 - e^{-\eta_1 W_P t})$$

原子集居数密度反转将随泵浦强度 W_P 及时间 t 指数增大,当泵浦结束时达到的最大值为

$$\Delta n(T_P) \approx n(1 - e^{-\eta_1 W_P T_P})$$

(二)三能级激光系统分析

在 $\varphi \approx 0$ 的激光器泵浦阶段,三能级系统原子集居数密度反转 Δn 的速率方程(4-3-11)式可改写为

$$\frac{d\Delta n}{dt} + \left[W_P(t)\eta_1 + \frac{A_{21}}{\eta_2}\right]\Delta n - \left[W_P(t)\eta_1 - \frac{g_2}{g_1}\frac{A_{21}}{\eta_2}\right]n = 0$$

当采用矩形脉冲泵浦并取 $t = 0$ 时的初始条件 $\Delta n(0) = -n$，该方程的瞬态解为

$$\frac{\Delta n}{n} = \frac{\left(W_P\eta_1 - \frac{g_2}{g_1}\frac{A_{21}}{\eta_2}\right) - \left(2W_P\eta_1 + \frac{A_{21}}{\eta_2} - \frac{g_2}{g_1}\frac{A_{21}}{\eta_2}\right)\exp\left[-\left(W_P\eta_1 + \frac{A_{21}}{\eta_2}t\right)\right]}{W_P\eta_1 + \frac{A_{21}}{\eta_2}}$$

$$0 < t \leq T_P \tag{5-1-9}$$

若记 $\tau_2 = (A_{21}/\eta_2)^{-1}$ 为激光上能级的平均寿命。当 $g_1 = g_2$，$\eta_1 \approx 1$ 时上式可简化为

$$\frac{\Delta n}{n} = \frac{(W_P\tau_2 - 1) - 2W_P\tau_2\exp[-(W_P\tau_2 + 1)t/\tau_2]}{W_P\tau_2 + 1} \qquad 0 < t \leq T_P \tag{5-1-10}$$

由(5-1-10)式可以看出：

1. 若泵浦脉冲持续的时间远小于原子激光上能级的寿命，即 $T_P \ll \tau_2$，当泵浦足够强而使 $W_P\tau_2 \gg 1$ 时，原子集居数密度反转的最大值可近似表示为

$$\frac{\Delta n(T_P)}{n} \approx 1 - 2\mathrm{e}^{-W_P T_P} \tag{5-1-11}$$

在这种情况下，$\Delta n(T_P)$ 仅依赖于 $W_P T_P$（该值决定着泵浦脉冲的总能量），只要泵浦能量足够大，脉冲泵浦几乎能将所有的原子泵浦到激光上能级。

2. 泵浦脉冲需一定的时间或积分泵浦能量才能将足够的原子泵浦到激光上能级，形成原子集居数反转分布。通常称从泵浦开始到形成集居数反转所需的时间为激光振荡的时间延迟，并记为 t_d。对矩形泵浦脉冲，由(5-1-10)式求得

$$t_d = \frac{\tau_2\ln[2W_P\tau_2/(W_P\tau_2 - 1)]}{W_P\tau_2 + 1} \tag{5-1-12}$$

3. 可以证明，仅当 $W_p T_P$ 满足一定条件时，才可能实现脉冲泵浦下的原子集居数密度反转分布。存在 W_P 的极小值，当泵浦小于该值时不可能实现原子集居数的反转分布和激光振荡（留作习题）。

第二节　　激活介质的稳态增益放大

激光工作物质(亦称激活介质)的增益放大特性是进一步分析激光器阈值振荡条件、模竞争及输出功率等工作特性，理解激光器振荡原理的基础。本节的目的在于从速率方程出发讨论激活介质的稳态增益特性。介质对入射光场提供增益放大是入射光场与介质中的工作原子相互作用的结果，它显然与介质原子的能级结构特点以及介质的跃迁谱线加宽类型密切有关，因此本节将分别进行讨论。为了使问题简化，假定与介质相互作用的光场为单色平面波。

一、受激跃迁截面与增益系数

(一)受激跃迁截面的物理意义

受激跃迁截面是度量介质中原子对于外加光讯号响应大小的一个很有用的物理量。下面我们简单地说明它的物理意义。

假设一束光强为 I 的单色平面波照明一小的团体粒子，该粒子可以将入射光完全吸收并具有俘获光的截面积 σ。显然，被该粒子所吸收的净光功率

$$\Delta P_a = \sigma \cdot I = \sigma \frac{P}{A}$$

式中 P 为入射光的总功率，A 为总受光面积。

对于如图 5-2-1 所示的横截面积为 A、厚度为 Δz 的薄层介质，若介质中处于某原子跃迁上、下能级的原子集居数密度分别为 n_2、n_1，处于下能级的每个原子对入射光波吸收功率所具有的有效俘获截面积为 σ_{12}（称之为吸收截面），处于上能级的每个原子由于"负吸收"或受激发射所具有的有效截面积为 σ_{21}（称之为发射截面）。在该薄层介质中，处于下能级的原子

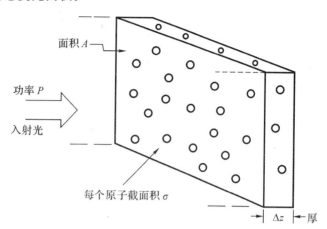

图 5-2-1　说明受激跃迁截面的示意图

所产生的总吸收面积应为 $n_1\sigma_{12}A\Delta z$。（假定薄层足够薄，且原子足够小，从而原子之间的相互遮挡可忽略）。类似地，由处于上能级的诸原子所产生的总有效发射面积应为 $n_2\sigma_{21}A\Delta z$。于是，对于均匀加宽介质薄层中的原子从总功率为 P 的入射波中所吸收的净功率应为

$$\Delta P_a = \frac{P}{A}n_1\sigma_{12}A\Delta z - \frac{P}{A}n_2\sigma_{21}A\Delta z$$

$$= (n_1\sigma_{12} - n_2\sigma_{21})P\Delta z \qquad (5\text{-}2\text{-}1)$$

通常，σ_{12}、σ_{21} 分别称为介质原子 1、2 能级间的受激吸收和受激发射截面。按速率方程理论有

$$\Delta P_a = (W_{12}n_1 - W_{21}n_2)h\nu A\Delta z$$

将 $W_{21} = \left(\dfrac{g_1}{g_2}\right)W_{12}$ 代入上式得

$$\Delta P_a = \left(n_1 - \frac{g_1}{g_2}n_2\right)W_{12}h\nu A\Delta z$$

此式与(5-2-1)式比较得

$$\sigma_{21} \equiv \frac{g_1}{g_2}\sigma_{12} \qquad (5\text{-}2\text{-}2)$$

$$W_{21} \equiv \frac{\sigma_{21}I}{h\nu} \qquad (5\text{-}2\text{-}3)$$

以上两式给出了介质原子给定跃迁的受激发射截面与吸收截面间、跃迁截面与受激发射几率和光强间的关系。这是两个很有用的普遍关系式。容易看出，跃迁截面的量纲是米²/每个原子或厘米²/每个原子。

(2) 增益系数与跃迁截面

在激光工程中，通常用增益系数 G 来描写和度量激活介质对入射光场的放大特性。频率为 ν 的准单色平面波沿 Z 方向通过长度为 l、受光截面积为 A 的激活介质，由于受激辐射，入射光在传播过程中被不断放大。若光场行进至 z 处的光强为 $I(z)$，在 $z + \mathrm{d}z$ 处的光强变为

$I(z) + \mathrm{d}I(z)$，则介质中 z 处的增益系数被定义为

$$G = \frac{1}{I(z)} \frac{\mathrm{d}I(z)}{\mathrm{d}z} \tag{5-2-4}$$

显然,增益系数表示光波在激活介质中传播单位距离后光强的增加率。实验和理论均表明,介质的增益系数既与入射光的频率有关又与光强 $I(z)$ 有关。通常,由于介质中不同位置(z 处)的光强不同,相应不同位置的介质增益系数亦具有不同的数值。

设在介质中 z 处的光波总功率为 P,介质的受光截面积为 A,由(5-2-4)及(5-2-1)式可得到介质的增益系数与发射截面间有如下的关系:

$$\begin{aligned}
G &= \frac{1}{I} \frac{\mathrm{d}I}{\mathrm{d}z} = \frac{-1}{P/A} \lim_{\Delta z \to 0} \left[\frac{\Delta(P_a/A)}{\Delta z} \right] \\
&= n_2 \sigma_{21} - n_1 \sigma_{12} \\
&= \Delta n \sigma_{21}
\end{aligned}$$

类似地,介质的吸收系数与吸收截面间的关系为

$$\alpha = -\frac{1}{I} \frac{\mathrm{d}I}{\mathrm{d}z} = n_1 \sigma_{12} - n_2 \sigma_{21} = \left(n_1 - \frac{g_1}{g_2} n_2 \right) \sigma_{12} \tag{5-2-6}$$

介质对入射光所呈现出的增益(或吸收)起因入射光场与介质中的原子相互作用而引起的受激跃迁。因此从速率方程出发,通过分析激活介质中由于光传播而引起的光子数目变化,就很容易对增益系数给出微观描述。下面我们以均匀加宽四能级系统激活介质为例做出说明。若介质中的光子数密度为 N_ν,光速为 v,则光子总数 $\varphi = N_\nu V_a$,光强 $I_\nu = N_\nu h\nu v$,按关于 φ 的速率方程(4-3-8)式得到介质中光强的变化率方程

$$\frac{\mathrm{d}I_\nu}{\mathrm{d}t} = (B_a V_a \Delta n) I_\nu \tag{5-2-7}$$

光在激活介质中传播时光强随时间的变化在空间上等效于随传播距离 z 的变化,并有以下关系:

$$\frac{\mathrm{d}I_\nu}{\mathrm{d}t} = v \cdot \frac{\mathrm{d}I_\nu}{\mathrm{d}z}$$

将该关系式代入(5-2-7)式并根据(5-2-4)式得到

$$G = \frac{V_a B_a}{v} \Delta n \tag{5-2-8}$$

又据(4-3-4)式对四能级系统介质上式又可表示成

$$G = \frac{B_{32} h\nu g_H(\nu, \nu_0)}{v} \cdot \Delta n \tag{5-2-9}$$

或

$$\begin{aligned}
G &= \frac{v^2}{8\pi v^2} A_{32} g_H(\nu, \nu_0) \Delta n \\
&= \frac{\lambda^2}{8\pi} A_{32} g_H(\nu, \nu_0) \Delta n \\
&\approx \frac{\lambda_0^2}{8\pi} A_{32} g_H(\nu, \nu_0) \Delta n
\end{aligned} \tag{5-2-10}$$

式中,λ_0 为介质中给定跃迁的中心波长。将(5-2-5)式与(5-2-8)、(5-2-9)、(5-2-10)三式比较,得

$$\sigma_{32} = \frac{B_{32} h\nu g_H(\nu, \nu_0)}{v} = \frac{V_a B_a}{v}$$

$$\approx \frac{\lambda_0^2}{8\pi} A_{32} g_H(\nu,\nu_0) \tag{5-2-11}$$

可见,受激跃迁的发射截面与介质给定跃迁的谱线线型函数有关,对应跃迁中心频率 ν_0 具有最大值。对于具有洛化兹线型函数的均匀加宽跃迁可求得

$$\sigma_{32}(\nu) \approx \sigma_{32}(\nu_0) \frac{1}{1 + \dfrac{\left(\dfrac{\nu - \nu_0}{\Delta \nu_H}\right)}{2}} \tag{5-2-12}$$

其中峰值发射截面

$$\sigma_{32}(\nu_0) = \frac{\upsilon^2 A_{32}}{4\pi \nu_0^2 \Delta \nu_H} \tag{5-2-13}$$

发射截面决定于介质激光跃迁本身的性质,其数值可以在有关的激光手册中查阅到,通常是指其峰值。表 5-2-1 给出了几种常见激光跃迁的发射截面的典型数值,以供参考。

表 5-2-1　常见激光跃迁的跃迁截面典型数值

激光跃迁	发射截面(厘米^2/每个原子)
可见及近红外气体激光跃迁	$10^{-11} - 10^{-13}$
低气压 CO_2 10.6μm 跃进	3×10^{-18}
R_{6G} 染料激光跃迁	$1 - 2 \times 10^{-16}$
$Nd^{3+}:YAG$ 1.06μm 跃迁	4.6×10^{-19}
$Nd^{3+}:Glass$ 1.06μm 跃迁	3×10^{-20}
$Gr^{3+}:Ruby$ 0.6943μm 跃迁	2×10^{-20}

二、稳态增益及增益饱和

具有不同谱线加宽类型的激活介质在光场与其工作原子相互作用时会呈现不同的特点,显然,与之密切有关的激活介质的增益特性亦存在显著的不同。本节将从速率方程的稳态解出发分别就具有谱线均匀加宽和非均匀加宽的激活介质的增益特性做出讨论。

（一）均匀加宽介质的稳态增益

如前所述,均匀加宽激活介质的增益系数 G 与原子激光跃迁上、下能级间的集居数密度反转 Δn 及受激跃迁的发射截面 σ 间的关系为

$$G(\nu) = \Delta n \sigma$$

为进一步讨论介质的稳态增益特性,需据速率方程的稳态解计算出 Δn。考虑到速率方程与原子的能级结构特点有关,我们将分别就四能级、三能级激光系统做出讨论并以四能级为主。

1. 四能级激活介质的稳态增益

在四能级系统关于原子集居数密度反转 Δn 的速率方程(4-3-8)中,令 $\dfrac{\mathrm{d}(\Delta n)}{\mathrm{d}t} = 0$,并考虑到稳态工作时泵浦几率 W_P 为常数,以及较低泵浦水平下四能级系统满足 $\Delta n \ll n$,可得到原子集居数密度反转的稳态解近似为

$$\Delta n \approx \frac{W_P \eta_{32}}{1 + \varphi_\nu B_a \eta_2 \tau_{32}} n$$

若记 $\Delta n^0 = W_P \eta_{32} n$，表示 $\varphi_\nu \approx 0$，即小讯号光场情况下的集居数密度反转，考虑到 $B_a = \sigma_{32} \upsilon / V_a$ 及 $\varphi_\nu = (I_\nu / h\nu\upsilon) V_a$，故上式可表示成

$$\Delta n = \frac{\Delta n^0}{1 + \dfrac{I_\nu}{I_s}} \tag{5-2-14}$$

式中

$$I_S \equiv \frac{h\nu A_{32}}{\sigma_{32} \eta_2} = \frac{h\nu}{\sigma_{32} \tau_3} \tag{5-2-15}$$

I_S 称为激活介质给定跃迁的饱和参量，其量纲为瓦／平方米。由于它具有光强的量纲，故亦称饱和光强，饱和参量与发射截面 σ_{32} 及跃迁上能级的平均寿命 τ_3 成反比。由于 σ_{32} 与跃迁谱线的线型函数有关，对应 $\nu = \nu_0$ 时 σ_{32} 具有最大值，因此相应地 I_S 取极小值。饱和参量在决定激光放大器、振荡器及可饱和和吸收介质的增益放大（或吸收）特性时是一个十分重要的物理量。其典型数值是：对于可见气体激光跃迁，$h\nu \approx 10^{-19}$ 焦耳，$\sigma \approx 10^{-13}$ 平方厘米，$\tau_3 \approx 10^{-6} - 10^{-8}$ 秒，按 (5-2-15) 式算得 $I_S \approx 1 - 100$ 瓦／平方厘米；对典型固体激光跃迁，$\sigma \approx 10^{-19}$ 平方厘米，$\tau_3 \approx 10^{-3}$ 秒，则算得 $I_S \approx 1$ 千瓦／平方厘米；对液体染料激光跃迁 $\sigma \approx 10^{-16}$ 平方厘米，$\tau_3 \approx 10^{-9}$ 秒，$I_S \approx 1$ 兆瓦／平方厘米。四能级系统介质的饱和参量与外泵浦强度无关。

(5-2-14) 式表明，随着介质中光强的增大，Δn 减小，这就是所谓的原子集居数密度反转的饱和效应。饱和参量 I_S 越小，意味着在同样大小的光强 I_ν 下，Δn 减小越大，即饱和越强。可见，在 $\nu = \nu_0$ 时对应最强的饱和。入射光的频率远离跃迁中心频率 ν_0，I_S 增大，饱和程度减弱，换言之，对于偏离中心频率的讯号，必须要有更大的讯号光强才能产生与中心频率相同的饱和。当均匀加宽介质的跃迁谱线具有洛仑兹线型时可以得到

$$I_S(\nu) = I_{SO} \frac{\left(\dfrac{\Delta\nu_H}{2}\right)^2 + (\nu - \nu_0)^2}{\left(\dfrac{\Delta\nu_H}{2}\right)^2} \tag{5-2-16}$$

式中对应中心频率时的饱和参量为

$$I_{SO} = \frac{4\pi^2 h\nu_0^3 \Delta\nu_H}{\upsilon^2 \eta_2} \tag{5-2-17}$$

将 (5-2-16) 式代入 (5-2-14) 式得到洛仑兹线型均匀加宽介质中的稳态集居数密度反转，可表示为

$$\Delta n(\nu, I_\nu) = \frac{(\nu - \nu_0)^2 + \left(\dfrac{\Delta\nu_H}{2}\right)^2}{(\upsilon - \upsilon_0)^2 + \left(\dfrac{\Delta\nu H}{2}\right)\left(1 + \dfrac{I_\nu}{I_{SO}}\right)} \Delta n^0 \tag{5-2-18}$$

由 (5-2-14) 式得到均匀加宽四能级激活介质的稳态增益系数为

$$G_H(\nu, I) = \frac{\Delta n^0}{1 + \dfrac{I_\nu}{I_S(\nu)}} \sigma_{32}(\nu) = \frac{G_H^0(\nu)}{1 + \dfrac{I_\nu}{I_S(\nu)}} \tag{5-2-19}$$

式中 $G_H^0(\nu) = \Delta n^0 \sigma_{32}(\nu) = \Delta n^0 \dfrac{\lambda^2}{8\pi} A_{32} g H(\nu, \upsilon_0)$，代表小信号光场情况下介质的稳态增益系

数,亦称为未饱和增益系数。具有洛仑兹线型的均匀加宽激活介质的小信号增益系数为

$$G_H^0(\nu) = G_H^0(\nu_0) \frac{1}{1 + \dfrac{\left(\dfrac{\nu - \nu_0}{\Delta\nu_H}\right)}{2}} \qquad (5\text{-}2\text{-}20)$$

其中,对应中心频率 ν_0 的最大小信号增益系数为

$$G_H^0(\nu_0) = \Delta n^0 \frac{v^2 A^{32}}{4\pi^2 \nu_0^2 \Delta\nu_H} \qquad (5\text{-}2\text{-}21)$$

相应地,大信号增益系数为

$$G_H(\nu, I) = G_H^0(\nu_0) \frac{\left(\dfrac{\Delta\nu_H}{2}\right)^2}{(\nu - \nu_0)^2 + \left(\dfrac{\Delta\nu_H}{2}\right)^2 \left(1 + \dfrac{I_\nu}{I_{SO}}\right)} \qquad (5\text{-}2\text{-}22)$$

根据前面所得结果,我们可以对均匀加宽四能级系统激活介质的稳态增益特性进一步分析如下:

(1)增益系数正比于集居数密度反转 Δn 和受激发射截面 $\sigma_{32}(\nu)$。由于 Δn 存在着随光强增大而减小并与入射光频率有关的饱和效应,$\sigma_{32}(\nu)$ 亦有一定的频率响应,激活介质的增益系数与入射光场的光强和频率便皆有关,且存在随光强增大而减少的所谓增益饱和效应。饱和参量 I_s 是描述介质增益饱和特性的一个很重要的参数。当 $I_\nu \ll I_S$ 时,介质的增益呈现出未饱和特性,相应的增益系数称为未饱和增益系数。未饱和增益系数正比于小信号情况下,由泵浦所决定的原子集居数密度反转,它与入射光光强无关,其频率响应特性由介质跃迁谱线的线型函数决定。当光强 I_ν 可与 I_S 相比拟时,对于一定的泵浦强度(对应一定的 Δn^0),介质的增益呈现明显的饱和效应。

(2)激活介质小售号增益曲线的形状完全取决于相应跃迁谱线的线型函数 $g_H(\nu, \nu_0)$。因此,激光上、下能级间跃迁的自发辐射线型函数给出了介质未饱和增益的频率响应,其线宽则决定了未饱和增益曲线的线宽,它大致给出了在激光器开始振荡时($\varphi \approx 0$)激活介质所能提供足够大增益并形成激光振荡的频率范围。四能级系统介质的最大未饱和增益系数正比于泵浦几率 W_P、跃迁中心波长 λ_0^2,反比于谱线宽度 $\Delta\nu_H$ 激光上能级的辐射寿命 τ_{32} 愈长,可能获得越大的集居数密度反转从而可有较大的增益。

(3)增益饱和程度与入射光的频率有关。当入射光强相同时,光信号频率愈靠近激光跃迁的中心频率 ν_0,增益饱和就愈强。事实上,可以用增益系数在强光信号下减少的相对值来度量增益饱和的强弱。好定义物理量 S 为

$$S = \frac{G^0(\nu) - G(\nu, I_\nu)}{G^0(\nu)} = 1 - \frac{G(\nu, I_\nu)}{G^0(\nu)} \qquad (5\text{-}2\text{-}23)$$

S 值越大,则饱和越强,反之则饱和越弱。据(5-2-19)式得

$$S = \frac{I_\nu}{I_\nu + I_S(\nu)} \qquad (5\text{-}2\text{-}24)$$

由于饱和参数 $I_S(\nu)$ 在 $\nu = \nu_0$ 时最小值,远离 ν_0 则 $I_S(\nu)$ 值增大,因而 $\nu = \nu_0$ 时对应有最强的饱和,光信号频率远离 ν_0 饱和程度减弱。对于具有洛仑兹线型函数的介质,将(5-2-16)式代入(5-2-24)式容易看出,当 $\nu = \nu_0$,$S = \dfrac{I_\nu}{I_\nu + I_{SO}}$;而当 $|\nu - \nu_0| = \dfrac{\Delta\nu_H}{2}\sqrt{1 + \dfrac{I_\nu}{I_{SO}}}$ 时,$S = \dfrac{1}{2}$

$\dfrac{I_\nu}{I_\nu + I_{so}}$，其饱和程度为前者之半。因此一般认为仅当光信号频率处在中心频率 ν_0 附近频率范围

$$\delta\nu = \Delta\nu_H \sqrt{1 + \frac{I_\nu}{I_{so}}} \tag{5-2-25}$$

之内时，均匀加宽介质的增益才呈现明显的饱和效应。

（4）整个增益曲线的均匀饱和是均匀加宽介质增益饱和的重要特点。当某一频率的强光信号（称为饱和信号）入射到均匀加宽激活介质中时，由于介质中的每个工作原子都与入射光发生完全相同的相互作用并对谱线不同频率处的增益都有贡献，因此，强信号所引起的强受激辐射使介质中总的原子集居数密度反转 Δn 出现饱和，结果导致介质的小信号增益曲线整个地均匀饱和下降。换言之，在强光（饱和信号）作用下，介质的小信号增益饱和在频率上是均匀的。例如，当频率为 ν_1、光强为 $I_{\nu 1}$ 的饱和信号入射到具有洛仑兹线型的均匀加宽介质中时，频率为 ν 的小讯号（亦称探测信号）的增益系数变化为

$$G(\nu, \nu_1, I_{\nu 1}) = \Delta n(\nu_1, I_{\nu 1})\sigma_{32}(\nu)$$

据(5-2-18)式

$$\Delta n(\nu_1, I_{\nu 1}) = \Delta n^0 \frac{(\nu_1 - \nu_0)^2 + \left(\dfrac{(\Delta\nu_H)^2}{2}\right)}{(\nu_1 - \nu_0)^2 + \left(\dfrac{\Delta\nu_H}{2}\right)\left(1 + \dfrac{I_{\nu 1}}{I_{so}}\right)}$$

于是

$$G(\nu, \nu_1, I_{\nu 1}) = G_H^0(\nu) \frac{(\nu_1 - \nu_0)^2 + \dfrac{(\Delta\nu_H)^2}{2}}{(\nu_1 - \nu_0)^2 + \left(\dfrac{\Delta\nu_H}{2}\right)\left(1 + \dfrac{I_{\nu 1}}{I_{so}}\right)}$$

显然，与原来的小信号增益曲线相比均匀地减小了一个由饱和信号的频率 ν_1 和光强 $I_{\nu 1}$ 所决定的因子

$$\frac{(\nu_1 - \nu_0)^2 + \left(\dfrac{(\Delta\nu_H)^2}{2}\right)}{(\nu_1 - \nu_0)^2 + \left(\dfrac{\Delta\nu_H}{2}\right)\left(1 + \dfrac{I_{\nu 1}}{I_{so}}\right)}$$

该因子与探测信号的频率 ν 无关。图 5-2-2 为均匀加宽谱线的介质小信号增益曲线在饱和信号作用下均匀饱和的示意图。

增益曲线均匀下降，但频率响应特性和增益线宽不变。图中可见：饱和信号光强增大，均匀饱和越强，整个增益曲线下降得越厉害；饱和信号的频率越靠近中心频率 ν_0，均匀饱和亦越强，这是因为当饱和信号的光强增大、频率更靠近 ν_0 时

$$\frac{(\nu_1 - \nu_0)^2 + \left(\dfrac{\Delta\nu_H}{2}\right)^2}{(\nu_1 - \nu_0)^2 + \left(\dfrac{\Delta\nu_H}{2}\right)^2\left(1 + \dfrac{I_{\nu 1}}{I_{so}}\right)}$$ 因子具有更小的

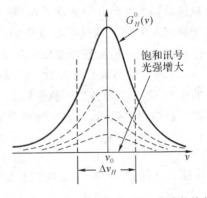

图5-2-2　均匀加宽介质增益曲线的均匀饱和

值,然而对不同的饱和信号光强下的各增益曲线线宽皆等于 $\Delta\nu_H$。

(5) 均匀加宽介质大信号增益曲线的饱和加宽。按(5-2-22)式,还可将具有洛仑兹线型的均匀加宽介质的大信号增益系数改写成

$$G_H(\nu, I) = \frac{G_H^0(\nu_0)}{1 + \dfrac{I}{I_{SO}}} \cdot \frac{\left(\dfrac{\delta\nu}{2}\right)^2}{(\nu - \nu_0)^2 + \left(\dfrac{\delta\nu}{2}\right)^2} \qquad (5\text{-}2\text{-}26)$$

式中 $\delta\nu \equiv \Delta\nu_H \sqrt{1 + \dfrac{I_\nu}{I_{SO}}}$ 为介质大信号增益曲线的饱和加宽线宽。上式表明,当入射到介质中的光信号光强足够大时,由于增益饱和效应,若保持光强不变时测量介质的增益系数随讯号频率的变化便得到介质的大信号增益曲线,其线宽 $\delta\nu$ 要大于小信号时的增益线宽 $\Delta\nu_H$。与小信号时的增益特性相比,这种由饱和效应所引起的大信号增益线宽加宽称为饱和加宽。光功率(光强)愈大则 $\delta\nu$ 愈大,因此亦称为功率加宽。图 5-2-3 画出了功率加宽示意图。可以看出,随着信号光强的增大,大信号增益线宽 $\delta\nu$ 亦增宽。

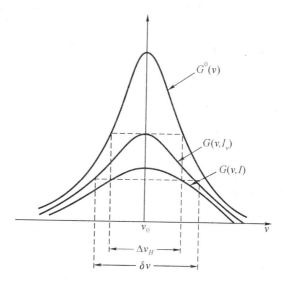

图 5-2-3　均匀加宽介质大讯号增益曲线的饱和加宽

2. 三能级激活介质的稳态增益

可以采用与四能级系统完全类似的方法和步骤来讨论三能级激活介质的稳态增益特性。同样,介质的大信号增益系数可表示成

$$G_H(\nu, I_\nu) = \Delta n \sigma_{21}(\nu)$$

$$\Delta n \frac{\lambda^2}{8\pi} A_{32} g_H(\nu, \nu_0) \qquad (5\text{-}2\text{-}27)$$

式中 Δn 可以通过求三能级系统的速率方程(4-3-11)式的稳态解得到:

$$\Delta n = \frac{\Delta n^0}{1 + \dfrac{\left(1 + \dfrac{g_2}{g_1}\right) B_a}{W_P \eta + A_{21}} \varphi_2}$$

其中

$$\Delta n^0 = \frac{n\left(W_P \eta - \dfrac{g_2}{g_1} A_{21}\right)}{W_P \eta + A_{21}}$$

为 $\varphi_\nu \approx 0$ 时的小信号原子集居数密度反转。根据 $\varphi_\nu = \dfrac{I_\nu}{\nu h\nu} V_a$ 以及 $B_a = \dfrac{\upsilon \sigma_{21}}{V_a}$,可将大信号下原子集居数密度反转表示成

$$\Delta n = \frac{\Delta n^0}{1 + \dfrac{I_\nu}{I_s}} \qquad (5\text{-}2\text{-}28)$$

式中
$$I_S = \frac{(W_P\eta + A_{21})h\nu}{\left(1+\dfrac{g_1}{g_2}\right)\sigma_{21}} \qquad (5\text{-}2\text{-}29)$$

与四能级系统的(5-2-14)、(5-2-15)式比较可以看出:三能级系统同样存在着原子集居数密度反转 Δn 随信号光强 I 的增大而减小的饱和效应。所不同的是,饱和光强的表达式中,分母增加了一个 $\left(1+\dfrac{g_2}{g_1}\right)$ 因子,而且饱和光强与激励泵浦几率 W_P 的强弱有关。通常,能级结构及特点不同,I_S 的形式也不同,具体表达式需由求解速率方程来确定。至于三能级系统激光工作介质的稳态增益和增益饱和特性,读者可以完全仿照前述四能级系统自行讨论。可以想像,由于同属于均匀加宽的介质,诸如增益饱和程度与光信号频率有关、增益的均匀饱和及功率加宽等特性都是共同的。

（二）综合加宽及非均匀加宽激活介质的稳态增益

对于具有综合加宽机制的激活介质,一方面考虑到所存在的跃迁谱线的非均匀加宽因素,在单色平面波入射到介质中时它只能与介质中某类特定的原子发生强的共振相互作用并引起该类原子的受激跃迁。也就是说,只有这类特定的原子对入射光场提供增益;另一方面考虑到所存在的均匀加宽因素,各类不同的原子都对入射场有贡献,就某类原子而言在对光场提供增益时应遵从均匀加宽情况下的规律,整个介质对入射光场所提供的增益应将各类原子群的贡献求和。下面以四能级系统激活介质为例计算综合加宽,以及在极限情况下强非均匀加宽激活介质的稳态增益系数并分析其增益特性。

1. 稳态增益系数

若介质的非均匀加宽线型函数用 $g_I(\nu,\nu_0)$ 表示,均匀加宽的线型函数为 $g_H(\nu,\nu_0)$,介质中原子的小信号总集居数密度反转为 Δn^0。显然,原子表观中心频率处在 $\nu'_0 - \nu'_0 + \mathrm{d}\nu'_0$ 范围内的小信号集居数密度反转应为
$$\Delta n^0(\nu'_0)\mathrm{d}\nu'_0 = \Delta n^0 g_I(\nu'_0,\nu_0)\mathrm{d}\nu'_0$$

这部分反转原子对频率为 ν、光强为 I_ν 的入射光所提供的增益据均匀加宽情况下的(5-2-19)式应为
$$\mathrm{d}G = \frac{\Delta n^0 g_I(\nu'_0,\nu_0)\sigma_{32}(\nu,\nu'_0)}{1+\dfrac{I_\nu}{I_S}}\mathrm{d}\nu'_0$$
$$= \frac{G^0_H(\nu'_0)g_I(\nu'_0,\nu_0)}{1+\dfrac{I_\nu}{I_S}}\mathrm{d}\nu'_0$$

式中
$$G^0_H(\nu,\nu'_0) = \Delta n^0 \cdot \frac{\lambda^2}{8\pi}A_{32}g_H(\nu,\nu'_0)$$
$$I_S = \frac{h\nu A_{32}}{\eta_2\sigma_{32}(\nu,\nu'_0)}$$

整个介质对入射光所提供的增益应是具有各种表现中心频率的全部原子集居数密度反转对增益贡献的总和。因此增益系数为
$$G(\nu,I) = \int\mathrm{d}G = \int_{-\infty}^{\infty}\frac{G^0_H(\nu,\nu'_0)}{1+\dfrac{I_\nu}{I_S}}g_I(\nu'_0,\nu_0)\mathrm{d}\nu'_0 \qquad (5\text{-}2\text{-}30)$$

特别对具有佛克脱型综合加宽的介质，上式可表示成

$$G(\nu, I) \approx \int_{-\infty}^{\infty} \Delta n^0 g_D(\nu'_0, \nu_0) \frac{\lambda_0^2}{8\pi} A_{32} \frac{2}{\pi \Delta \nu_H} \cdot \frac{\left(\dfrac{\Delta \nu_H}{2}\right)^2}{(\nu - \nu'_0)^2 + \left(\dfrac{\Delta \nu_H}{2}\right)^2 \left(1 + \dfrac{I_\nu}{I'_{so}}\right)} \cdot d\nu'_0$$

(5-2-31)

式中 $I'_{so} = \dfrac{4\pi^2 h \nu'^3_0 \Delta \nu_H}{v^2 \eta_2} \approx \dfrac{4\pi^2 h \nu_0^3 \Delta \nu_H}{v^2 \eta_2} = I_{so}$

（1）未饱和增益系数

当小信号光场入射，即 $I_\nu \ll I_{so}$ 时，由（5-2-31）式得到综合加宽介质的稳态未饱和增益系数为

$$G^0(\nu) \approx \Delta n^0 \frac{\lambda_0^2}{8\pi} A_{32} g(\nu, \nu_0)$$

(5-2-32)

其中　　　$g(\nu, \nu_0) = \int_{-\infty}^{\infty} g_D(\nu'_0, \nu_0) g_H(\nu - \nu'_0) d\nu'_0 = g_D(\nu, \nu_0) * g_H(\nu, \nu_0)$

由（4-2-22）式可知，$g(\nu, \nu_0)$ 为佛克脱加宽的线型函数。它具有误差函数的形式。（5-2-32）式是一个普适关系式，它与介质谱线加宽的类型无关，即激活介质的未饱和增益频率响应完全决定于介质自发辐射跃迁的线型函数。

（2）强非均匀加宽激活介质的稳态增益

对于强非均匀加宽介质，$\Delta \nu_D \gg \Delta \nu_H$。如图 5-2-4 所示，（5-2-31）式中的被积函数在 $| \nu - \nu'_0 | \gg \Delta \nu_H / 2$ 时趋于零，且仅在 $\Delta \nu_H$ 的范围内有显著值，有 $g_D(\nu'_0, \nu_1) \approx g_D(\nu, \nu_0)$。在此近似下，对（5-2-31）式进行积分得到强非均匀加宽（高斯型）介质的稳态大信号增益系数（亦称饱和增益系数）

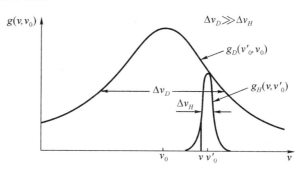

图 5-2-4　强非均匀加宽谱线示意图

$$G_D(\nu, I) = \frac{G_D^0(\nu)}{\sqrt{1 + \dfrac{I_\nu}{I_{so}}}}$$

$$= \frac{G_D^0(\nu)}{\sqrt{1 + \dfrac{I_\nu}{I_{so}}}} \exp\left[-(4\ln 2) \cdot \left(\frac{\nu - \nu_0}{\Delta \nu_D}\right)^2\right]$$

(5-2-33)

式中　　　$G_D^0(\nu_0) = \Delta n^0 \dfrac{v^2 A_{32}}{4\pi \nu_0^2 \Delta \nu_D} (\pi \ln 2)^{1/2}$

(5-2-34)

为跃迁中心频率 ν_0 处的未饱和增益系数。

（3）综合加宽介质的稳态饱和增益

将高斯线型函数 $g_D(\nu'_0, \nu_0)$ 代入（5-2-31）式并进行如下的变数代换

$$\begin{cases} \xi = \dfrac{\nu - \nu_0}{\Delta\nu_D/2\sqrt{\ln 2}} \\[3mm] \eta = \dfrac{\Delta\nu_H}{\Delta\nu_D}\sqrt{\ln 2}\cdot\sqrt{1+\dfrac{I_\nu}{I_{SO}}} \\[3mm] t = \dfrac{\nu'_0 - \nu_0}{\Delta\nu_D/2\sqrt{\ln 2}}, \end{cases} \qquad (5\text{-}2\text{-}35)$$

所得佛克脱加宽介质的稳态饱和增益系数为

$$G(\nu, I_\nu) = \frac{G_D^0(\nu_0)}{\sqrt{1+\dfrac{I_\nu}{I_{SO}}}} W_R(\xi + i\eta) \qquad (5\text{-}2\text{-}36)$$

式中 $W_R(\xi + i\eta)$ 是以复数 $(\xi + i\eta)$ 为自变量的误差函数实部,其定义为

$$\begin{aligned} W_R(\xi + i\eta) &= R_e[W(\xi + i\eta)] \\ &= R_e\left[\frac{i}{\pi}\int_{-\infty}^{\infty}\frac{\mathrm{e}^{-t^2}}{\xi + i\eta - t}\mathrm{d}t\right] \\ &= \frac{1}{\pi}\int_{-\infty}^{\infty}\frac{\eta\mathrm{e}^{-t^2}}{(\xi - t)^2 + \eta^2}\mathrm{d}t \end{aligned} \qquad (5\text{-}2\text{-}37)$$

该函数的数值可以从有关的数学手册中查出。

已知介质参数 $\Delta\nu_H$、$\Delta\nu_D$、I_{SO}、ν_0,对于给定的入射光频率 ν 和光强 I_ν,据 (5-2-35) 式可以计算出相应的 (ξ, η) 值,从复变量误差函数表可查得对应的 $W_R(\xi + i\eta)$ 值,将该值代入 (5-2-36) 式即可求出介质的饱和增益系数。图 5-2-5 给出了 η 取不同值(相应于不同的 $\dfrac{\Delta\nu_H}{\Delta\nu_D}$ 值或不同的光强 I_ν 值)时的 $W_R(\xi + i\eta) \sim \xi$ 曲线的数值计算结果。从图中可以看出,当光强增大时介质的增益系数减小,即存在增益饱和效应,当 η 由 0 增大时,相应的增益曲线逐渐由高斯线型变为洛仑兹线型。

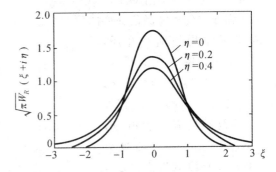

图 5-2-5　不同 η 值下的 $W_R(\xi + i\eta) \sim \xi$ 曲线

2.强非均匀加宽介质增益饱和特性的讨论

由于强非均匀加宽激活介质内光场与原子相互作用时,表现出与均匀加宽情况显著不同的特点,因此其增益饱和特性亦与均匀加宽介质不同,它们主要表现在以下几个方面:

(1) 增益曲线的局部饱和或增益曲线"烧孔"　为了说明这一特性,仍假设频率为 ν_1、光强为 $I_{\nu 1}$ 的饱和光束入射到介质中。由

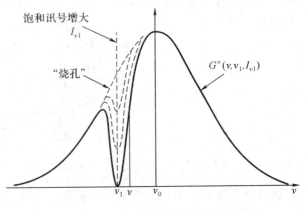

图 5-2-6　非均匀加宽介质的增益曲线"烧孔"效应

于介质的强非均匀加宽跃迁特点,入射光场只能与介质中表观中心频率 $\nu'_0 = \nu_1$ 的那类原子产生强的共振相互作用,从而使这部分原子发生受激跃迁,结果使介质中的原子集居数密度反转按表观中心频率的分布在与饱和光束频率 ν_1 相应处产生局部的饱和。与此对应,与总原子集居数密度反转成正比的介质,其小信号增益曲线在 ν_1 处亦产生局部的饱和,于是整个介质的小信号增益曲线在饱和光束 $I_{\nu1}$ 的作用下便呈现出如图 5-2-6 所示的"烧孔"效应。从图中可见,由于介质中不可避免地存在着均匀加宽机制,故"烧孔"有一定的宽度。饱和信号的光强 $I_{\nu1}$ 愈强,烧孔愈深且愈宽。

通过对介质中的集居数密度反转按原子的表观中心频率分类,对其中的每类反转原子按前述均匀加宽介质在饱和光束作用下的均匀饱和规律计算它们对未饱和增益系数的贡献,最后对介质中所有的不同表观中心频率的反转原子求和,即可对非均匀加宽介质的小信号增益曲线的烧孔特性给出解析描述。特别在强非均匀加宽极限下,得到频率为 ν 的小信号(即探测讯号)增益系数的减小量为

$$G_D^0(\nu,\nu_0) - G(\nu,\nu_1,I_{\nu1}) = G_D^0\left[1 - \frac{1}{\sqrt{1 + \dfrac{I_{\nu1}}{I_{SO}}}}\right] \cdot \frac{\left(\dfrac{\Delta\nu_{BH}}{2}\right)^2}{(\nu - \nu_1)^2 + \left(\dfrac{\Delta\nu_{BH}}{2}\right)^2} \qquad (5\text{-}2\text{-}38)$$

式中

$$\Delta\nu_{BH} \equiv \left(1 + \sqrt{1 + \frac{I_{\nu1}}{I_{SO}}}\right)\Delta\nu_H \qquad (5\text{-}2\text{-}39)$$

当探测信号的频率 ν 恰等于饱和信号频率 ν_1 时,由(5-2-38)式得到介质的小信号增益曲线被饱和信号局部饱和所形成的烧孔孔深为

$$G_D^0(\nu_1 - \nu_0) - G(\nu_1,I_{\nu1}) = G_D^0(\nu_1,\nu_1)\left[1 - \frac{1}{\sqrt{1 + \dfrac{I_{\nu1}}{I_{SO}}}}\right] \qquad (5\text{-}2\text{-}40)$$

烧孔宽度则为 $\Delta\nu_{BH}$,它由(5-2-39)式给出。(5-2-40)式亦可表示成

$$G(\nu_1,I_{\nu1}) = \frac{G_D^0(\nu_1,\nu_0)}{\sqrt{1 + \dfrac{I_{\nu1}}{I_{SO}}}}$$

该式即(5-2-33)式所给出的强非均匀加宽饱和增益的表达式。由(5-2-39)、(5-2-40)两式可以看出,增益曲线烧孔的孔宽和孔深随饱和信号光强的增大而变宽、变深。在弱讯号弱饱和情况下(即 $I_{\nu1} \ll I_{SO}$),烧孔宽 $\Delta\nu_{BH} \approx 2\Delta\nu_H$;在强讯号强饱和情况下($I_{\nu1} \gg I_{SO}$),烧孔宽近似随 $\sqrt{\dfrac{I_{\nu1}}{I_{SO}}}$ 增大。

(2)增益饱和程度与入射光的频率无关

将(5-2-33)式代入(5-2-23)式得到具有高斯线型的强非均匀加宽大信号增益系数的饱和程度:

$$S = 1 - \frac{1}{\sqrt{1 + \dfrac{I_\nu}{I_{SO}}}} = \begin{cases} \dfrac{1}{2}\left(\dfrac{I_\nu}{I_{SO}}\right) & I_\nu \ll I_{SO} \\ 1 & I_\nu \gg I_{SO} \end{cases}$$

显然,S 仅决定于入射光强 I_ν 而与入射光的频率无关。

（3）非均匀加宽介质的增益饱和速度较慢

随着入射光光强的增大，非均匀加宽介质的增益系数饱和的速度要较均匀加宽介质慢些。例如，当 $\nu = \nu_0$ 时，对非均匀加宽介质据（5-2-33）式有

$$\frac{G_D(\nu_0, I)}{G_D^0(\nu_0)} = \frac{1}{1 + \dfrac{I}{I_{SO}}}$$

对均匀加宽介质，据（5-2-19）式有

$$\frac{G_H(\nu_0, I)}{G_H^0(\nu_0)} = \frac{1}{1 + \dfrac{I}{I_{SO}}}$$

将以上两式比较可知，均匀加宽介质增益系数随光强的增大以更快的速度饱和。图5-2-7画出了两种情况下介质的饱和增益系数随归一化光强 I/I_{SO} 的增大而减小的关系曲线。

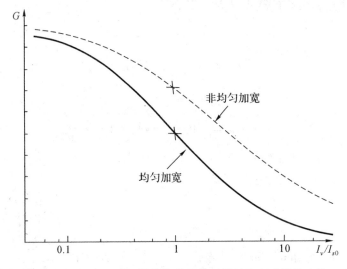

图 5-2-7　非均匀加宽与均匀加宽介质增益饱和速度的比较

第三节　　激光器振荡原理

典型激光振荡器由激光工作物质、光学谐振腔和泵浦激励能源三个主要部分组成。激光器的振荡和工作特性直接与构成激光器的各个部分有关。基于本课程的要求，本节将不涉及激光器的具体结构特点，仅从典型激光器速率方程出发，在前两节对激光泵浦和激活介质增益放大分析的基础上，通过对激光器稳态振荡的阈值条件、耦合输出功率、频率等工作特性的讨论说明激光振荡的基本概念和原理。本节的讨论以均匀加宽跃迁激光器为主并分别对四能级、三能级系统给出分析，对非均匀加宽跃迁激光器重点说明其不同的特点。

一、激光器速率方程

与上节讨论激活介质不同，在激光器中由于光学谐振腔的存在，在讨论激光器速率方程时还必须要考虑光腔损耗对腔振荡模光子数的影响。同时，又要计及由于腔模体积一般

并不总是等于腔内的振荡模与激活介质相互作用的有效模体积这一因素给速率方程所带来的修正。本节限于讨论均匀加宽介质单模激光器速率方程,对于更复杂的非均匀加宽、多模工作情况仅作处理方法上的相应说明。

(一)单模均匀加宽跃迁激光器速率方程

考虑到速率方程与激光工作物质中原子的能级结构特点密切有关,下面对四能级和三能级典型激光系统分别作出讨论。

1.四能级激光器速率方程组

设激光器谐振腔振荡模的总单程指数损耗因子为 δ,由谐振腔的损耗理论可知,振荡模的平均驻腔寿命 τ_R 与 δ 占的关系是

$$\tau_R = \frac{L}{\delta_v} = \frac{L'}{\delta_c} \tag{5-3-1}$$

式中 L、L' 分别为光学谐振腔的几何腔长和光学腔长;c 及 v 分别为真空中的光速及介质中的光速。显然,由于振荡模光子在腔内的有限平均寿命,由腔损耗所致的腔内振荡模光子总数 φ 的变化速率应为 $-\varphi/\tau_R$。另外,若腔模体积为 V_R,则在激光腔内由振荡模中一个光子所引起的受激辐射跃迁几率应为

$$B_R = \frac{B_{32} h\nu g_H(\nu,\nu_0)}{V_R} \tag{5-3-2}$$

B_R 与激光跃迁发射截面的关系为 $\sigma_{32} = V_R B_R/v$,而且有 $B_R/B_a = V_a/V_R = \eta_c$,$\eta_c$ 称为激光腔的填充系数。参照四能级激活介质速率方程组(4-3-7)、(4-3-8)式,得到单模振荡理想四能级均匀加宽激光速率率方程组为

$$\begin{cases} n_1 + n_3 \approx n \\ \dfrac{\mathrm{d}n_4}{\mathrm{d}t} = n_1 W_P - \dfrac{n_4 S_{43}}{\eta_1} \\ \dfrac{\mathrm{d}n_3}{\mathrm{d}t} = n_4 S_{43} - B_R \varphi \Delta n - \dfrac{n_3 A_{32}}{\eta_2} \\ \dfrac{\mathrm{d}n_1}{\mathrm{d}t} = n_2 S_{21} - n_1 W_P \\ \dfrac{\mathrm{d}\varphi}{\mathrm{d}t} = B_R V_a n_3 (\varphi + 1) - \dfrac{\varphi}{\tau_R} \end{cases} \tag{5-3-3}$$

忽略自发辐射对腔内光子总数 φ 的贡献,考虑到四能级系统 $\Delta n \approx n_3$,$\dfrac{\mathrm{d}n_4}{\mathrm{d}t} \approx 0$,得到原子集居数密度反转及腔内总光子数的速率方程组为

$$\begin{cases} \dfrac{\mathrm{d}\Delta n}{\mathrm{d}t} = (n - \Delta n) W_P \eta_1 - B_R \varphi \Delta n - \dfrac{\Delta n A_{32}}{\eta_2} \\ \dfrac{\mathrm{d}\varphi}{\mathrm{d}t} = \left(V_a B_R \Delta n - \dfrac{1}{\tau_R} \right) \varphi \end{cases} \tag{5-3-4}$$

2.三能级激光器速率方程组

与四能级激光器类似,参照方程组(4-3-10)、(4-3-11)式得到三能级激光器速率方程组为

$$\begin{cases} n_1 + n_2 \approx n \\ \dfrac{dn_2}{dt} \approx n_1 W_P \eta_1 - B_R \varphi \Delta n - n_2 A_{21}/\eta_2 \\ \dfrac{d\varphi}{dt} = B_R n_2 V_a + B_R V_a \varphi \Delta n - \dfrac{\varphi}{\tau_R} \end{cases} \quad (5\text{-}3\text{-}5)$$

忽略自发辐射对振荡模光子总数的贡献,得到集居数密度反转及光子总数的速率方程组:

$$\begin{cases} \dfrac{d\Delta n}{dt} = W_P(n - \Delta n)\eta_1 - \left(1 + \dfrac{g_2}{g_1}\right) B_R \varphi \Delta n - \left(\dfrac{g_2}{g_1} n + \Delta n\right) \dfrac{A_{21}}{\eta_2} \\ \dfrac{d\varphi}{dt} = \left(B_R V_a \Delta n - \dfrac{1}{\tau_R}\right)\varphi \end{cases} \quad (5\text{-}3\text{-}6)$$

(5-3-3)及(5-3-5)式表明在激光器中影响振荡模光子总数变化速率的因素包括三项,第一基是自发辐射的贡献,第二项为受激跃迁的贡献,最后一项是光腔损耗的影响。

(二)多模运转均匀加宽跃迁激光器的简化速率方程

一般地讲,根据速率方程理论来讨论多模工作的激光腔内多模光场与激活介质间的相互作用以及激光器的工作特性是十分复杂和困难的。这是因为不同的振荡模可具有不同的频率和横向光场分布,因而可有不同的腔损耗和模体积,当它们与介质中的工作原子相互作用时会有不同的受激跃迁几率,且各模之间存在耦合。因此必须写出各个振荡模各自光子数的速率方程,以及在诸模的共同作用下介质各工作能级上的原子集居数密度和集居数密度反转的速率方程组,然后再求解。所以,在利用速率方程理论讨论多模激光器的工作特性时,只能在一定的条件或近似模型下进行简化处理和定性讨论。

若假设:

1. 虽然各振荡模的频率和横向光场分布可能不同,但皆有近似相同的腔损耗 δ,从而具有近似相同的驻腔寿命 τ_R。

2. 各模虽然频率和横体积可能不同,但不同模中的每个光子所引起的受激跃迁几率 B_R 近似相等。

在以上近似下,显然可以将单模情况下的四能级及三能级激光器速率方程组推广到多模激光器。不过,此时的 φ 应表示各振荡模的腔内光子总数之和。

对于非均匀加宽跃迁激光器,由于振荡模与激活介质内原子相互作用的不同特点,我们只能先将介质中原子各工作能级上的原子集居数密度(或其反转)分类,然后对每类原子按均匀加宽激光器情况写出其速率方程,在讨论腔内振荡模总光子数的变化率时,需将各类粒子对振荡模总光子数变化率的贡献求和。

二、激光器振荡的阈值条件及阈值特性

在激光器中,如果谐振腔内工作物质原子的某对激光能级间处于集居数密度的反转分布状态,激光腔内由该对能级间自发辐射所提供的少量自发辐射光子数目就会因工作物质中的受激辐射所产生的放大而增多。同时,谐振腔内存在的各种损耗又使光子数不断减少。因此,在激光器中能否建立起某个振荡模的振荡就取决于该模所获得的增益与遭受腔损耗间的关系。本节将从激光器速率方程出发导出激光器产生振荡的阈值条件,进而讨论阈值特性。

（一）振荡阈值条件

忽略自发辐射对振荡模光子总数的贡献，由速率方程(5-3-4)或(5-3-6)式可以看出，为了实现激光振荡须满足

$$\frac{\mathrm{d}\varphi}{\mathrm{d}t} \geqslant 0$$

条件。由于在激光振荡建立的最初阶段 $\varphi \approx 0$，上式意味着由泵浦所产生激活介质中的小信号原子集居数密度反转须满足

$$\Delta n^0 V_a B_R \geqslant \frac{1}{\tau_R}$$

将受激发射截面 σ 与 B_R 间的关系式 $\sigma = \frac{V_R B_R}{v}$ 及(5-3-1)式代入上式，得到激光器振荡条件为

$$\Delta n^0 \geqslant \frac{\delta}{\sigma l} \tag{5-3-7}$$

其中假定 $V_R/V_a \approx L/l$，L、l 分别表示激光器谐振腔的几何腔长及腔内激活介质的长度。等号代表集居数密度反转的阈值并记作 Δn_t^0，即

$$\Delta n_t^0 \equiv \frac{\delta}{\sigma l} \tag{5-3-8}$$

由于介质小信号增益系数与发射截面间的关系式为 $G^0(\nu) = \Delta n^0 \sigma$，故激光器振荡的阈值条件又可以表示成

$$G^0(\nu) \geqslant G_t(\nu) = \frac{\delta}{l} \tag{5-3-9}$$

式中 $G_t(\nu)$ 表示频率为 ν 的激光器振荡模的阈值增益系数，δ 则为该模的单程腔损耗。

（二）稳态激光器的阈值泵浦功率密度

在实际稳态激光系统中，讨论为实现激活介质中的阈值集居数密度反转分布所必须的介质中激励泵浦功率密度，是更具有意义的。下面分别就四能级和三能级稳态激光系统的这一阈值特性作出说明。

1. 四能级激光器

对于四能级激光系统，按(5-1-2)式，当达到振荡阈值时应有

$$\frac{\Delta n_t}{n} = \frac{\eta W_{pt}\tau_{32}}{1 + \eta W_{pt}\tau_{32}}$$

该式意味着为实现激光振荡所必需的阈值泵浦几率

$$W_{pt} = \frac{\Delta n_t A_{32}}{\eta(n - \Delta n_t)} \approx \left(\frac{\Delta n_t}{n}\right)\frac{A_{32}}{\eta} \tag{5-3-10}$$

由于四能级系统有 $\Delta n_t \approx n_{3t}$，上式亦可表示成

$$W_{pt}\eta(n - n_{3t}) \approx n_{3t}A_{32}$$

或 　　　　$W_{pt}\eta_1 n_1 \approx n_{3t}(A_{32} + S_{32})$

这表示：激光器阈值泵浦几率相应于达到激光上能级泵浦跃迁的总有效速率 $W_{pt}\eta n_1$ 与由激光上能级下能级的自发辐射跃迁速率 $n_{3t}A_{32}$ 相等的情况。

设"泵浦频率"为 ν_P，不管泵浦方式如何，ν_P 决定地泵浦能级与基态的能级差，即 $E_4 - E_1 = h\nu_P$（对于光泵浦则表示真正的光子频率）。若介质中泵浦源的功率被用于实现激光器

泵浦跃迁功率的总效率为 $\eta_P{}^*$，激光器阈值泵浦功率为 P_{pt}，则介质中的阈值泵浦功率密度应为

$$\frac{P_{pt}}{V_a} = \frac{W_{pt} n_1 h\nu_P}{\eta_p}$$

将(5-3-10)式代入上式，考虑到四能级系统 $n \gg \Delta n_t, n \approx n_1$，则得

$$S \qquad \frac{P_{pt}}{V_a} \approx \frac{h\nu_P A_{32} \Delta n_t}{\eta_P \eta_1 \eta_2} = \frac{h\nu_P A_{32}\delta}{\eta_P \eta_1 \eta_2 \sigma_{32} l} \qquad (5\text{-}3\text{-}11)$$

由于当振荡模频率 $\nu = \nu_0$ 时，发射截面 σ_{32} 具有最大值，因此相应的阈值泵浦功率密度具有最小值。对于洛仑兹线型介质，将峰值发射截面表达式(5-2-13)代入上式，得到为实现激光振荡介质中所必需的最小阈值泵浦功率密度为

$$\frac{P_{pt}}{V_a} \approx \frac{1}{\eta_P} \cdot \frac{1}{\eta_1} \cdot \frac{1}{\eta_2} \cdot \frac{\nu_P}{\nu_0} \cdot \frac{4\pi^2 h \Delta\nu_H}{\lambda^3} \cdot \frac{\upsilon\delta}{l} \qquad (5\text{-}3\text{-}12)$$

2. 三能级激光器

对于三能级系统激光器，根据(5-1-4)式，当达到阈值时应有

$$\frac{\Delta n_t}{n} = \frac{\eta W_{pt}\tau_{21} - \frac{g_2}{g_1}}{\eta W_{pt}\tau_{21} + 1}$$

由该式可求得激光器的阈值泵浦几率

$$W_{pt} = \frac{\left(\frac{g_2}{g_1}n + \Delta n_t\right)A_{21}}{(n - \Delta n_t)}\eta \qquad (5\text{-}3\text{-}13)$$

若泵浦频率 $\nu_P = (E_3 - E_1)/h$，泵浦效率为 η_P，阈值泵浦功率为 p_{pt}，则阈值泵浦功率密度

$$\frac{P_{pt}}{V_a} = \frac{W_{pt} n_1 h\nu_p}{\eta_P}$$

对三能级系统，$n_1 = (n - \Delta n_t)/(1 + g_2/g_1)$，将(5-3-13)式代入上式得到阈值泵浦功率密度为

$$\frac{P_{pt}}{V_a} = \frac{h\nu_p \left(\frac{g_2}{g_1}n + \Delta n_t\right)A_{21}}{\eta_1 \eta_2 \eta_P \left(1 + \frac{g_2}{g_1}\right)} \qquad (5\text{-}3\text{-}14)$$

当 $\Delta n_t \ll n$ 时，上式可简化为

$$\frac{P_{pt}}{V_a} \approx \frac{1}{\eta_P} \cdot \frac{1}{\eta_1} \cdot \frac{(g_2/g_1)n}{1 + g_2/g_1} \cdot \frac{h\nu_P}{\tau_2} \qquad (5\text{-}3\text{-}15)$$

注意，上式中利用了关系式 $1/\tau_2 = A_{21}/\eta_2$。

(5-3-12)和(5-3-15)式是估算四能级及三能级稳态激光器阈值工作特性的两个重要公式。应该指出，结果虽是从均匀加宽跃迁激光器速率方程导出的，但由于对阈值特性而言，介质内的光子数 $\varphi \approx 0$ 而不涉及受激跃迁，所以以上的讨论亦适用于非均匀加宽跃迁激光器，不过要在(5-3-12)及(5-3-15)两式等号的右边加上常数因子 $1/\sqrt{\pi\ln 2}$。据以上的讨论可以看出：

(1)在同等条件下(例如相同或相近的激光上能级寿命、泵浦频率、泵浦效率、总原子集

---

* 此处的 η_P 与本章第一节的 η_P 有不同含义。

居数密度等),四能级激光器较三能级激光器有低得多的阈值。这是因为,当 $\Delta n_t \ll n$ 时,对四能级激光器 $W_{pt} \approx (\Delta n_t / n) \cdot A_{32} / \eta$,而三能级激光器 $W_{pt} \approx g_2 / g_1 \cdot A_{21} / \eta$,两者间相差一个 $\Delta n_t / n \ll 1$ 因子。

(2)四能级激光器阈值泵浦功率密度正比于腔损耗因子 δ,而三能级激光器则几乎与 δ 无关。这是因为对四能级激光器 $n_{3t} \approx \Delta n_t$,即为达到阈值必须将 $n_{3t} \infty \delta$ 个原子从基态泵浦到激光上能级。对三能级激光器则需把

$$n_{2t} = \frac{\dfrac{g_2}{g_1} n + \Delta n_t}{1 + \dfrac{g_2}{g_1}} \approx \frac{\dfrac{g_2}{g_1}}{1 + \dfrac{g_2}{g_1}} n$$

个原子激励泵浦到上激光能级,它与腔损耗几乎无关。

(3)四能级激光器的发射截面明显影响到阈值。由于介质的发射截面与跃迁谱线的线宽成反比,因此具有较宽荧光线宽的跃迁对应着高的阈值。例如,钕玻璃激光器较 $Nd:YAG$ 激光器的同一跃迁有高得多的阈值。对比之下,三能级激光器的介质发射截面对阈值无明显影响。

(4)四能级激光器的振荡阈值随振荡波长的变短而迅速提高。若保持其他条件不变,则 $P_{pt} / V_a \infty 1/\lambda^3$。对于具有多普勒加宽为主的气体激光器,由于线宽 $\Delta \nu_D \infty \dfrac{1}{\lambda}$ 而符合 $P_{pt} / V_a \infty \dfrac{1}{\lambda^4}$ 的关系式。振荡阈值与波长的这一关系是短波长的四能级 x 射线激光器难以实现激光振荡的原因之一。相比之下,三能级激光器的阈值对波长的变化并不敏感。

(5)为降低激光器的振荡阈值,尽量设法提高泵浦功率的利用效率 η_P 是十分重要的,η_P 与泵浦方式及泵浦系统的性能有关。此外,还应选取具有高的量子效率 η 的激光介质和跃迁。

三、激光器输出功率特性

输出功率是激光器的重要工作参数之一。在实际激光器中,影响激光器输出功率的因素往往比较复杂,因此理论上难以准确计算。在这一小节中,我们将直接从激光器速率方程出发,通过求激光腔内光子总数的稳态解,考虑到激光器的输出耦合来讨论激光器的稳态输出功率特性。本节所得到的结果对于分析影响激光器输出功率的因素、找出提高输出功率的技术途径是具有一定的指导意义的,所讨论的主要模型是单模均匀加宽跃迁激光器,对非均匀加宽跃迁激光器只能给出半定量的说明。

(一)单模均匀加宽激光器的输出功率

在激光器中,当泵浦强度超过阈值时,腔内振荡模光子数变化率 $\dfrac{d\varphi}{dt} > 0$,光子总数 φ 将由自发辐射所决定的初始值开始迅速增大。在稳态泵浦下达到稳态振荡时,腔内光子总数及介质中各能级上的原子集居数密度最终达到某个稳态值,并满足 $\dfrac{d\varphi}{dt} = 0, \dfrac{d\Delta n}{dt} = 0$。若腔内振荡模的稳态光子总数记为 φ_s,激光器由输出耦合率所决定的光子寿命为 τ_t,振荡频率为 ν,则激光器的稳态输出功率

$$P_{\text{out}} = \frac{h\nu\varphi_s}{\tau_t} \tag{5-3-16}$$

由于 φ_s 值与激活介质的能级结构密切有关,下面就四能级、三能级激光器分别作出讨论。

1. 四能级激光器

在四能级激光器速率方程组(5-3-4)式中,令 $\dfrac{\mathrm{d}\varphi}{\mathrm{d}t} = 0$、$\dfrac{\mathrm{d}\Delta n}{\mathrm{d}t} = 0$,得到激光器稳态原子集居数密度反转和腔内光子总数分别为

$$\Delta n_s = \Delta n_t = \frac{1}{V_a B_R \tau_R} = \frac{\delta}{\sigma_{32} l} \tag{5-3-17}$$

$$\begin{aligned}
\varphi_s &= \frac{W_P(n - \Delta n_t)\eta_1 - \Delta n_t A_{32}/\eta_2}{B_R \Delta n_t} \\
&= [W_P(n - \Delta n_t)\eta_1 - \Delta n_t A_{32}/\eta_2]V_a \tau_R
\end{aligned} \tag{5-3-18}$$

据(5-3-10)式可将上式改写成更有益的形式:

$$\varphi_s = \frac{\Delta n_t A_{32}}{\eta_2} V_a \tau_R \left(\frac{W_P}{W_{Pt}} - 1 \right) \tag{5-3-19}$$

若定义 $r = W_P/W_{Pt}$ 表示激光器的泵浦超阈度,利用(5-3-17)式可将(5-3-19)式改写成

$$\varphi_s = \frac{\delta}{\sigma_{32} l} \cdot \frac{A_{32}}{\eta_2} V_a \tau_R (r - 1) \tag{5-3-20}$$

将该式代入(5-3-16)式,得激光器的输出功率

$$P_{\mathrm{out}} = \frac{h\nu A_{32} V_a \tau_R}{\sigma_{32} l \eta_2} \frac{\tau_R}{\tau_t} \delta(r - 1)$$

又据 $\tau_R/\tau_t = \delta_t/\delta$ 代入上式,则得

$$P_{\mathrm{out}} = \frac{h\nu A_{32} V_a}{\sigma_{32} l \eta_2} \delta_t (r - 1) \tag{5-3-21}$$

式中 δ_t 表示激光器中仅由输出耦合率所决定的谐振腔的单程指数损耗因子。又据(5-3-11)式,(5-3-21)式又可改写为

$$P_{\mathrm{out}} = \frac{\nu}{\nu_P} \cdot \eta_P \eta_1 \eta_R P_{pt} (r - 1) \tag{5-3-22}$$

式中 $\eta_R = \delta_t/\delta$ 称为谐振腔效率,表示激光谐振腔有用腔损耗与总腔损耗的比。若激光介质中振荡模所占有空间的平均有效横截面积为 A,则 $V_a \approx Al$,又据四能级系统饱和参量 I_s 的表达式(5-2-15),代入(5-3-21)式可得输出功率

$$P_{\mathrm{out}} = A I_s \delta_t (r - 1) \tag{5-3-23}$$

式中,$r = W_P/W_{pt} = P_{in}/P_{pt}$,$P_{in}$ 为激光器泵浦输入功率,I_s 为激活介质的饱和参量。

2. 三能级系统激光器

据三能级系统激光器速率方程组(5-3-6)式,可求得集居数密度反转和腔内振荡光子总数的稳态解,分别为

$$\begin{cases} \Delta n_s = \Delta n_t = \dfrac{1}{B_R V_a \tau_R} = \dfrac{\delta}{\sigma_{21} l} \\[2mm] \varphi_s = \dfrac{W_P(n - \Delta n_t)\eta_1 - \left(\dfrac{g_2}{g_1}n + \Delta n_t\right)A_{21}/\eta_2}{\left(1 + \dfrac{g_2}{g_1}\right)B_R \Delta n_t} \end{cases} \tag{5-3-24}$$

将第一式代入第二式并利用(5-3-13)式得

$$\varphi_s = \frac{1}{1+\dfrac{g_2}{g_1}} \cdot \frac{V_a \tau_R A_{21}}{\eta_2} \left(\frac{g_2}{g_1}n + \Delta n_t\right)(r-1) \qquad (5-3-25)$$

将该式代入(5-3-16)式,得三能级激光器的输出功率

$$P_{\text{out}} = \frac{h\nu}{1+\dfrac{g_2}{g_1}} \cdot \frac{V_a A_{21}}{\eta_2} \cdot \frac{\delta_t}{\delta} \left(\frac{g_2}{g_1}n + \Delta n_t\right)(r-1)$$

利用(5-3-14)式并考虑到 $\Delta n_t \ll n$,可将上式近似表示成

$$P_{\text{out}} \approx \frac{\nu}{\nu_P} \eta_P \eta_1 \eta_R P_{pt}(r-1) \qquad (5-3-26)$$

将上式与(5-3-22)式比较可知,三能级激光器的输出功率表达式近似与四能级激光器具有相同的形式。

根据以上的分析结果,我们可对均匀加宽跃迁单模(或在前述近似简化模型下的多模)激光器(以四能级激光器为例)的输出功率特性作出进一步的讨论。

(1)当泵浦跃迁几率 $W_P > W_{Pt}$ 时,不管 W_P 如何取值,稳态激光器中恒有 $\Delta n_s = \Delta n_t = \delta/\sigma l$,$\varphi_s$ 随泵浦强度的增大而线性增大。图5-3-1给出了稳态激光器介质中的原子集居数密度反转 Δn 和腔内振荡模的总光子数 φ 随泵浦跃迁几率 W_P 变化的理论曲线示意图。

(2)当泵浦输入功率 $P_{in} > P_{pt}$ 时,激光器的输出功率随 P_{in} 的增大而线性增大。图5-3-2给出了稳态激光器输出功率 P_{out} 随激光器泵浦输入功率 P_{in} 变化的理论曲线示意图。图5-3-3为几种常见激光器的输出功率随泵浦功率变化的实验曲线。实验结果与理论分析结果相当一致。

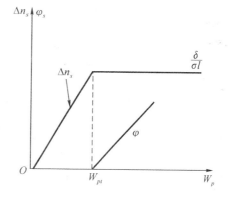

图5-3-1 稳态激光器中的 Δn、φ 随泵浦跃迁几率 W_P 的关系曲线示意图

通常定义激光器的斜率效率为

$$\eta_s = \frac{\mathrm{d}P_{\text{out}}}{\mathrm{d}P_{in}} \qquad (5-3-27)$$

据(5-3-23)式可得到激光器斜率效率的理论计算公式:

$$\eta_s = \frac{AI_s\delta_t}{p_{pt}} \qquad (5-3-28)$$

(3)当泵浦一定时,激光器存在最佳输出耦合率对应着最大的输出功率。

在物理上,激光器最佳输出耦合率的存在,这是由于当输出耦合率增大时

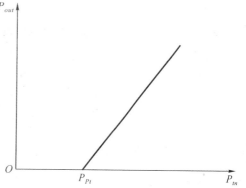

图5-3-2 激光器输出功率随泵浦输入功率变化曲线

有两个相反的情况出现:(Ⅰ)从激光腔内耦合输出的功率增大;(Ⅱ)腔损耗增大致使腔内振荡模光子总数 φ 减少,从而输出功率降低。同时存在两个使输出功率相反变化的物理过

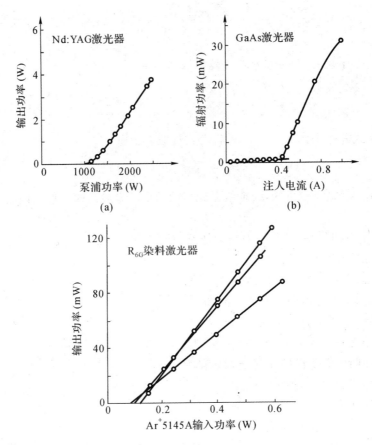

图 5-3-3　几种常见激光器输出功率随泵浦功率变化的实验曲线
(a)Nd:YAG 激光器　　(b)GaAs 二极管激光器
(c)Ar^+ 激光泵浦的 R_{6G} 染料激光器

程,这意味着对于给定的泵浦强度必然存在一个最佳输出耦合率,它对应着使激光器的输出功率最大。

从数学上看,求最佳输出耦合率就是计算与输出功率 P_{out} 的极大值所对应的输出耦合率。由本章第二节知,介质中的小信号集居数密度反转 $\Delta n^0 \approx W_p \eta \tau_{32} n$,又据(5-3-10)式有 $W_{Pt} \approx \Delta n_t A_{32}/(\eta n)$,于是,激光器的泵浦超阈度 r 可表示成以下的不同形式:

$$r = \frac{W_P}{W_{Pt}} = \frac{\Delta n^0}{\Delta n_t} = \frac{\Delta n^0}{\dfrac{\delta}{\sigma_{32} l}} = \frac{\Delta n^0 \sigma_{32} l}{\delta} = \frac{G^0(\nu) l}{\delta} \qquad (5-3-29)$$

式中 $G^0(\nu) = \Delta n^0 \sigma_{32}$ 为激光介质的小信号增益系数。若将激光器腔总损耗 δ 分成两部分,一部分称为有用输出损耗 δ_t,其余部分为无用损耗 $\dfrac{\alpha}{2}$(α 表示往返无用损耗),则 $\delta = \delta_t + \dfrac{\alpha}{2}$。为计算方便,记 $\overline{S} = \delta_t / \dfrac{\alpha}{2}$,表示激光器中有用损耗与无用损耗之比。由式(5-3-23)式可将激光器输出功率表示成

$$P_{out} = \frac{1}{2} A I_s \alpha \overline{S} \left(\frac{r_{min}}{\overline{S}+1} - 1 \right) \qquad (5-3-30)$$

式中 $r_{min} = 2G^0(\nu)l/\alpha$，表示当无输出（即 $\delta_t = 0$）时的激光器泵浦超阈度。令 $\mathrm{d}P_{out}/\mathrm{d}\overline{S} = 0$，求得与输出功率极大值相应的 $\overline{S}$ 最佳值为

$$\overline{S}_{opt} = (r_{min})^{1/2} - 1 \tag{5-3-31}$$

输出功率最大值

$$P_m = \frac{1}{2}AI_s\alpha\left[(r_{min})^{1/2} - 1\right]^2 \tag{5-3-32}$$

当激光器在低增益、小耦合输出率情况下工作时，若激光器采用单端透射耦合输出，输出镜的透过率为 T，则 $\delta_t \approx T/2, \overline{S} \approx T/\alpha, \delta \approx (T+\alpha)/2$，激光器输出功率及最佳输出透过率的诸公式则分别为

$$P_{out} = \frac{1}{2}AI_sT\left(\frac{2G^0l}{T+\alpha} - 1\right) \tag{5-3-33}$$

$$T_{opt} = \sqrt{2G^0l\alpha} - \alpha \tag{5-3-34}$$

$$P_m = \frac{1}{2}AI_s(\sqrt{2G^0l} - \sqrt{\alpha})^2 \tag{5-3-35}$$

图 5-3-4 给出了典型激光器在最大增益一定时，对于不同的无用损耗 α 输出功率随输出透过率 T 变化的理论曲线。从 (5-3-33)、(5-3-34)、(5-3-35) 三式及图 5-3-4 可以看出：

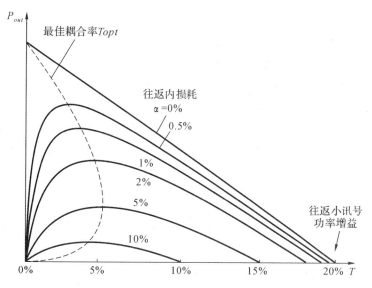

图 5-3-4　典型激光器输出功率随输出镜透过率变化的理论曲线

（Ⅰ）对于给定的激光器激活介质的小信号往返增益 $2G^0l$、输出镜的最佳透过率 T_{opt} 随无用往返损耗 α 而变，其变化规律如图中虚线所示。

（Ⅱ）当 $2G^0l$ 一定时，激光器无用往返损耗 α 的变化明显影响到激光器的最大输出功率 P_m，α 愈大则 P_m 愈小。

（Ⅲ）当激光器工作在阈值附近，即 $2G^0l \approx \alpha$ 时，非最佳耦合输出的工作条件对输出功率的影响特别明显；但当 $2G^0l \gg \alpha$（即 $r_{min} \gg 1$）时，输出功率对透过率 T 的变化会变得相当不敏感。

（Ⅳ）随着 $2G^0l$ 增大，对应有更大的最佳输出透过率 T_{opt} 和输出功率 P_m。

最后值得指出的是，以上的分析讨论是以低增益、弱耦合输出近似为基础的。对于高增

益、大输出耦合率的激光器,进一步的理论分析表明(例如 *rigrod* 的分析,见文献[14]),在一个相当大输出率范围内激光器的输出功率可以认为是不变的,也就是说最佳耦合输出率已不再是一个关键参数,但激光器的无用损耗 α 仍明显影响到输出功率的大小,为获得大的输出功率而应减小 α 并适当选取较小的输出耦合率。

(4)利用本章第二节中对于介质稳态增益特性的讨论结果及激光器稳态振荡条件,我们可通过另一途径获得激光器输出功率的描述。据(5-2-19)式,激光器稳态振荡时应满足

$$G(\nu, I) = \frac{G_H^0(\nu)}{1 + \dfrac{I}{I_s}} = G_t = \frac{\delta}{l} \tag{5-3-36}$$

式中 I 为腔内振荡模的平均稳态光强。对于驻波腔激光器,对应同一个振荡模腔内同时存在着沿腔轴方向传播的光波 I^+ 和反方向传播的光波 I^-。在低增益、弱耦合输出情况下,两光波的光强近似相等($I^+ \approx I^-$)。由于均匀加宽跃迁激光的特点,I^+ 与 I^- 两者同时与介质中所有的工作原子作用并参与饱和,因此应有 $I^+ + I^- \approx 2I^+ \approx I$。将该关系式代入(5-3-36)式得

$$I^+ = \frac{1}{2} I_s \left[\frac{G_H^0(\nu) l}{\delta} - 1 \right]$$

当激光器单端透射耦合输出时,若输出反射镜的透过率为 T,则激光器的输出功率应为

$$P_{\text{out}} = I^+ A T$$
$$= \frac{1}{2} A I_s T \left[\frac{G_H^0(\nu) l}{\delta} - 1 \right]$$

该式与前面得到的结果(5-3-33)式完全相同。

(二)单模非均匀加宽激光器的输出功率

在速率方程理论的范畴内,计算非均匀加宽激光器的输出功率是一个相当复杂的问题。下面仅就具有高斯线型的多普勒加宽四能级单模驻波腔气体激光器的情况作出近似分析。

与均匀加宽激光器不同,在多普勒加宽的单模气体激光器中,构成驻波模的沿腔轴正、反两方向行进的两列行波(I^+ 与 I^-),当振荡模的频率 $\nu_q = \nu_0$ 时,I^+ 和 I^- 将同时与激活介质中轴向热运动速度分量 $v_z = 0$(即表现中心频率 $\nu'_0 = \nu_0$ 的反转原子)相互作用并使介质的小信号增益在 ν_0 附近产生局部的饱和,增益曲线在相应位置出现一个"烧孔";而当 $\nu_q \neq \nu_0$ 时,如本章第二节所述,I^+ 和 I^- 将分别与介质中热运动速率分量 $v_z = \pm c(\nu_q - \nu_0)/\nu_0$ 的原子相互作用并在增益曲线上产生两个关于中心频率 ν_0 对称的烧孔,图 5-3-5 示出了这种情况的示意图。

据(5-2-33)式及稳态振荡条件,应有

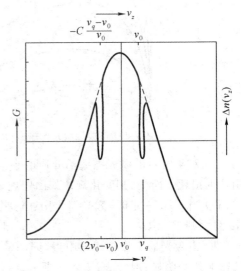

图 5-3-5 多普勒加宽单模气体激光器介质增益曲线的双烧孔效应

$$G(\nu_q, I) = \frac{G_D^0(\nu_q)}{\sqrt{1 + \dfrac{I}{I_{SO}}}} = \frac{\delta}{l} \qquad (5\text{-}3\text{-}37)$$

式中,介质的稳态光强在低增益、弱耦合输出下应有以下的关系:

$$I \approx \begin{cases} I^+ + I^- \approx 2I^+ & \nu_q = \nu_0 \\ I^+ \approx I^- & \nu_q \neq \nu_0 \end{cases}$$

令 $y = 2(\nu_q - \nu_0)/\Delta\nu_H$ 表示振荡模频率的无量纲偏离量,$\kappa = \frac{1}{4}\ln2 \cdot (\Delta\nu_H/\Delta\nu_D)$ 表示激光介质中均匀加宽与非均匀加宽线宽之比。对强非均匀加宽跃迁,$\kappa \ll 1$。当 $y \gg 1$ 时,介质小信号增益曲线上将烧出两具分开的孔;当 $y \ll 1$ 或在极端情况下 $y = 0$ 时,增益曲线上只烧出一个孔。若引进函数

$$f(y) = \frac{2 + y^2}{1 + y^2} \qquad (5\text{-}3\text{-}38)$$

该函数显然满足

$$f(y) \approx \begin{cases} 2 & y \ll 1 \\ 1 & y \gg 1 \end{cases}$$

根据以上讨论,我们又可将(5-3-37)式表示成

$$\frac{G_D^0(\nu_0)\,\mathrm{e}^{-4\kappa y^2}}{\sqrt{1 + f(y)\dfrac{I^+}{I_{SO}}}} = \frac{\delta}{l}$$

求解上式得到

$$I^+ = \frac{r_m^2\exp(-8\kappa y^2) - 1}{f(y)} I_{SO}$$

$$(5\text{-}3\text{-}39)$$

其中 $r_m = G^0(\nu_0)l/\delta$ 为激光器最大泵浦超阈度。激光器的输出功率为

$$\begin{aligned} P_{\text{out}} &= I^+ AT \\ &= I_{SO}AT\frac{[r_m^2\exp(-8\kappa y^2)-1]}{f(y)} \end{aligned}$$

$$(5\text{-}3\text{-}40)$$

图 5-3-6 表示出在不同的激励水平 r_m 下,按(5-3-40)式所得到的激光器输出功率随振荡模频率偏值的变化。从图中可以清楚看出,当激光器振荡模的频率被调谐至介质跃迁中心频率 ν_0 时,输出功率呈现出某种程度的降低。由于该现象首先由拉姆($W\cdot E\cdot Lamb$)所预言,所以通常称为拉姆下陷。激光器的泵浦超阈度越大,下陷越深、越窄。对拉姆

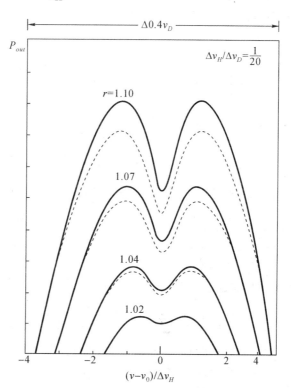

图 5-3-6　多普勒加宽单模激光器输出功率随频率的变化

下陷现象更精确的近似分析可参考文献[14]，激光器输出功率可进一步表示为以下形式

$$P_{\text{out}} = I_{SO}AT \frac{2}{f(y)} \cdot \frac{r_m \exp(-4\kappa y^2) - 1}{r_m \exp(-4\kappa y^2)} \tag{5-3-41}$$

据上式所得到的理论结果在图 5-3-6 中以虚线表示，该结果与实验符合得更好。

　　拉姆下陷现象很容易从实验中观测到。将多普勒加宽单模气体激光器的一块腔反射 镜固定于一块压电陶瓷上，施加一适当幅度及频率的斜坡电压于压电陶瓷，使谐振腔腔长从而激光器振荡频率在介质多普勒线宽范围内扫描，利用一台示波器观测激光器的输出功率信号即可获得理想的实验结果。图 5-3-7 为一台典型的单频 He-Ne 激光器的实验结果。

　　由于拉姆下陷精确出现在介质跃迁谱线的中心频率处，在激光稳频技术中利用下陷点可作频率参考。依据拉姆下陷的激光稳频技术，目前已获得广泛的实际应用。此外，因为下隐的宽度大致等于介质中均匀加宽的线宽，因而拉姆下陷的宽度和开状提供了测量原子跃迁均匀加宽线宽的一种方法。最后需要特别指出的是，拉姆 下陷现象的出现有一定的条件。激光器出现多模振荡，激光器放电管内激活介质存在多种同位素频移效应或其他的谱线分裂现象，(如蔡曼效应等)，高的充气压使介质的均匀加宽线宽变宽，介质的多普勒非均匀加宽优势降低，泵浦超阈度变低等因素都会使下陷变形甚至消失。在稳频激光器中，为提高稳频的鉴频能力，要求下陷深且窄，因此

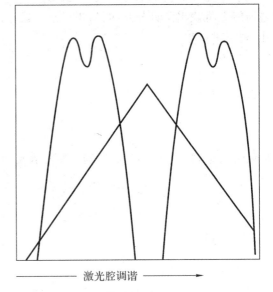

图 5-3-7　典型单频率 He-Ne 激光器拉姆下陷的实验结果

通常都需使激光器在单一同位素并在低气压下工作。有关稳频激光器工作的原理及具体的技术问题读者可查阅激光稳频技术的有关资料。

四、激光器的振荡频率和频率牵引

　　在本小节，我们将根据速率方程理论及光与激活介质相互作用的经典理论分析和讨论激光器的振荡频率特性。内容主要包括：均匀加宽跃迁激光器中的模竞争和单模振荡；非均匀加宽跃迁激光器的多模振荡；激活介质中的空间烧孔效应及其对激光器频率特性的影响；激光器精确的振荡频率与频率牵引；激光线宽极限等。

(一)模竞争与多模振荡

　　在实际的激光器中，当泵浦激励较强时，能满足阈值条件的振荡模往往不是唯一的。特别对于具有较宽的跃迁谱线荧光线宽和较长腔长的激光器，能够起振的振荡模数目会达数十个甚至数百个。在激光器中，这些同时起振的振荡模是否都能形成并维持稳态振荡呢？下面我们就这个问题作简单的讨论。

1. 激光器起振纵模数目的估计

为使讨论简化,设激光器以 TEM_{00} 单横模振荡,各个可能振荡的纵模都具有相同的腔损耗 δ。如图 5-3-8 所示,激光器按振荡阈值条件所决定的小信号增益大于腔损耗的频率范围(亦称激光器的出光带宽或振荡频率范围)为 $\Delta\nu_{os}$,由腔长所决定的纵模频差为 $\Delta\nu_q$。那么,激光器可能起振的纵模数 N 可由下式估计:

$$N = \left(\frac{\Delta\nu_{os}}{\Delta\nu_q}\right) + 1 \quad (5\text{-}3\text{-}42)$$

该式中的括号表示取其商的整数部分。对于具有洛仑兹线型函数的均匀加宽跃迁激光器,由阈值条件

$$G_H^0 \frac{\left(\frac{\Delta\nu_H}{2}\right)^2}{(\nu-\nu_0)^2 + \left(\frac{\Delta\nu_H}{2}\right)^2} = \frac{\delta}{l}$$

求得

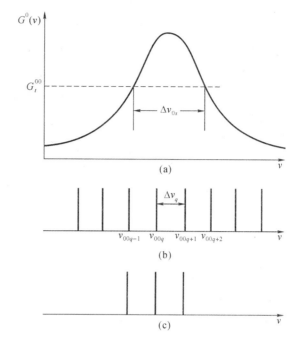

图 5-3-8　激光器起振模谱

(a) 介质的小讯号增益曲线及 $\Delta\nu_{os}$

(b) 谐振腔的纵模频率　(c) 起振的纵模频谱

$$\Delta\nu_{os} = \Delta\nu_H \sqrt{\frac{G_H^2(\nu_0)l}{\delta} - 1} = \Delta\nu_H \sqrt{r_{m-1}} \quad (5\text{-}3\text{-}43)$$

式中,r_m 为泵浦最大超阈度。对于具有高斯线型函数的非均匀加宽跃迁激光器则有

$$\Delta\nu^{os} = \Delta\nu_D \sqrt{\frac{\ln r_m}{\ln 2}} \quad (5\text{-}3\text{-}44)$$

由(5-3-43)、(5-3-44)两式可以看出,仅当 $r_m = 2$,即 $G_{max}^0 = 2G_t$ 时,才有 $\Delta\nu_{os} = \Delta\nu_H$(或 $\Delta\nu_D$),即激光器的振荡频率范围等于激活介质激光能级间自发辐射的荧光线宽。随着 r_m 的增大(例如由泵浦的增强或腔损耗的减小所引起),激光器可起振纵模数目会增多。

2. 均匀加宽激光器的模竞争和单模振荡

在理想的均匀加宽跃迁激光器中,某个满足阈值条件的振荡模起振后,按本章第二节所述,它可与激光介质中所有工作原子相互作用,通过受激辐射使介质增益均匀饱和,小信号增益曲线均匀下降。在增益饱和的同时,振荡模本身的光强得到放大。显然,当数个模同时起振时必然存在诸模竞争反转原子的效应。这种模竞争的结果使在稳态振荡时,激光器最后仅以一个优势模(即首先达到阈值、其频率更靠近跃迁中心频率 ν_0 的那个模)振荡,介质的增益饱和应满足该优势模的增益等于腔损耗的稳态条件。提高激光器的泵浦强度,只能使优势模的振荡变强,但不能增大它的饱和增益,亦不会有新的模振荡,激光器最终将以单模方式工作。

图 5-3-9 定性说明了理想的稳态均匀加宽跃迁激光器中的模竞争和单模振荡的形成过程。如图所示,开始时,例如有三个纵模因皆满足阈值条件而起振,其光强都因受激辐射而

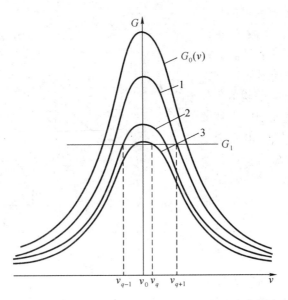

图 5-3-9 均匀加宽跃迁激光器中的介质增益均匀饱和与模竞争示意图

增大。在这三个模的共同作用下,激活介质的增益曲线均匀下降。当增益曲线饱和到曲线 1 时,ν_{q+1} 模的增益与腔损耗相等,因而该模的光强 I_{q+1} 不再增大。但此时 ν_{q-1}、ν_q 模的增益仍大于损耗,相应的光强 I_{q-1}、I_q 将继续增大,增益曲线继续饱和下降,当 ν_{q+1} 模的增益小于损耗时停止振荡。曲线 2 为 ν_{q-1} 模的增益与损耗相等,此时 I_{q-1} 不再增大,但靠近中心频率(ν_0)的 ν_q 模的光强 I_q 继续增大并使增益曲线继续下降,ν_{q-1} 模因增益已小于损耗亦停止振荡。直到曲线 3,ν_q 模的增益等于损耗,I_q 达到稳态值。可见,虽然三个模都能起振,但在建立稳态振荡的过程中,由于模竞争和增益曲线均匀饱和的结果,最终只有靠近跃迁谱线中心频率 ν_0 的优势模 ν_q 能维持稳态振荡,激光器将以单模方式工作。

图 5-3-10 是一台具有均匀加宽的注入式二极管半导体激光器随着激励电流的增大(即泵浦增强),从多模放大噪声到单模振荡的实验光谱。从中可以很好地说明均匀加宽激光器的上述频率特性。

3. 非均匀加宽激光器的多模振荡

对于强非均匀加宽激光器,只要满足阈值条件而起振的各振荡模间的频差足够大,各个振荡模就将独立地与介质中的反转原子相互作用,并从中获得增益放大而形成各自的稳态振荡。在这种情况下,正如本章第二节所述,激活介质的局部增益饱和使介质小信号增益曲线上呈现多烧孔。与均匀加宽跃迁激光器不同,仅仅由激活介质增益的非均匀饱和就使非均匀加宽激光器呈现为彼此几乎独立的多模振荡。容易看出,当出现烧孔重叠,或在多普勒加宽激光器中振荡模的频率关于谱线中心频率 ν_0 对称分布,使得一个振荡模在增益曲线上所烧出的两个孔与对称模所烧出的两个孔重叠时,非均匀加宽激光器中才会出现明显的模竞争现象。图 5-3-11 为具有强非均匀加宽的 He-Ne 激光器的介质增益曲线烧孔和多纵模同时振荡的情况(注意,图中因纵模频率恰好关于中心频率 ν_0 对称分布,故未画出增益曲线的双烧孔现象)。

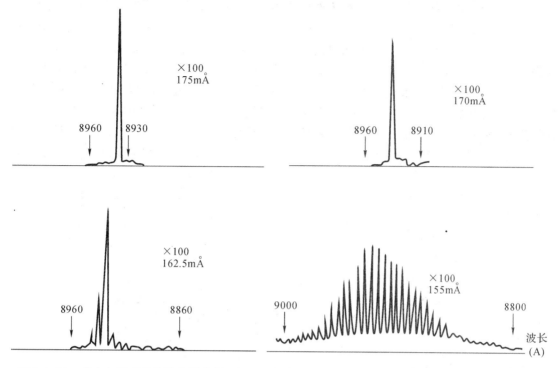

图 5-3-10 均匀加宽半导体激光器随注入电流增大单模振荡的形成。图中激光发电流 155mA 为略低于
阈值时，162.5mA 为略高于阈值时（注意纵坐标光强标尺在诸图中的变化）

4. 空间烧孔及多模振荡

在实际的驻波腔激光器，特别是强激励下的均匀加宽稳态固体激光器中，尽管从模竞争角度预言激光器应以单个模或少数几个优势模振荡，然而实验表明激光器往往呈现为多模同时振荡，理论分析和实验表明，在这种情况下导致多模振荡的最主要原因是激活介质增益的空间非均匀性和由驻波模所造成的空间烧孔效应。

事实上，在驻波腔激光器中，腔内振荡模形成的驻波场使在激活介质各处的光强沿谐振腔轴向有一个周期性的分布，在驻波波腹处光强最大，波节处光强最小。因此，如前所述在达到稳态振荡时，激光器某个优势模在腔内的平均增益系数（它决定

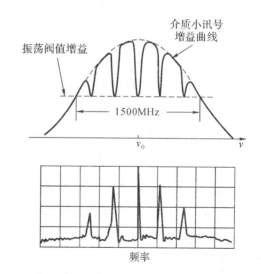

图 5-3-11 非均匀加宽激光器中的增益曲线烧孔及
多纵模振荡

于该模的腔内平均光强）应等于 G_t，但实际上由于腔内振荡模的驻波场分布，使介质中沿腔轴向各点的反转集居数密度和增益系数亦出现一个周期性分布，与驻波波腹对应处的增益饱和最强，从而增益系数（或原子集居数密度反转）最小并达到 G_t，波节处增益饱和弱而增益系数最大。驻波腔中所出现的激活介质增益特性的这种周期性变化通常称之为增益的空

间烧孔效应.在激光器中,不同的纵模在腔内波腹、波节的位置各异,至少在谐振腔的中心会出现相邻纵模(例如,优势模 q 模与相邻的 $q+1$ 模)一个是波峰,一个波谷的现象.图 5-3-12 画出了激活介质中空间烧孔的示意图.在谐振腔中心附近,非优势模($q+1$ 模)的光强最大点正好处在未被优势模(q 模)饱和处,从而使 $q+1$ 模能获得足够大的增益并维持振荡.可见,上述空间烧孔效应的存在大大减小了相邻模之间的模竞争,结果使相邻的两模能同时形成稳态振荡.对于其他的纵模亦可能在介质的其他部位上产生类似的情况而形成较弱的振荡.上述分析表明,由于驻波腔激光器激活介质内增益轴向空间烧孔效应的存在,不同的纵模可能消耗激活介质中空间不同部位的反转激活原子,从而可建立起多纵模的稳态振荡.

在环形激光器中,由于谐振腔内放置了光单向器而实现了仅沿一个方向(例如顺时针或逆时针方向)行进的行波场振荡,这是消除激活介质内空间烧孔现象的一种有效方法.另外,在靠近谐振腔的端反射镜处放置一段短的激活介质,可在一定程度上减少空间烧孔效应的影响.实验表明,采用这两种方法会使均匀加宽的

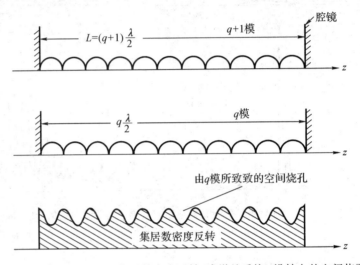

图 5-3-12　驻波腔中的集居数密度反转(或增益系统)沿轴向的空间烧孔

激光器实现单模或少数几个模的稳态振荡.值得指出的是,对于高气压的均匀加宽气体激光器,激活介质中工作原子(分子)的迅速无规则热运动所造成的空间转移会消除或减少空间烧孔的影响,因而依靠竞争对可能获得单模振荡,对固体和液体的激光器,由于激发态的空间转移时间很长,通常必须采取有效措施以减小空间烧孔效应,并运用严格的模型选择技术才能可靠地实现单模稳态振荡.

此外,在驻波腔激光器中,除了上述沿腔轴向的增益空间烧孔外,对于能够起振的不同的横模,由于在横截面内光强分布的不均匀性和节点位置的差别有可能存在横向的空间烧孔.与轴向的空间烧孔不同,横向空间烧孔的距离较大(决定于横模沿横向的节线位置间距而不是半波长),因此,即使气体介质中激活原子空间经过转移,也往往难以消除横向烧孔.激活介质中横向烧孔的存在使均匀加宽激光器会形成多个横模的稳态振荡,这不仅影响到激光器输出光束的横向场分布和方向性,亦会影响频谱分布.

(二)激光器的精确振荡频率和频率牵引

理论和实验都表明,通常激光器振荡模的精确谐振频率总是偏离无源腔相应模的频率,并且较后者更靠近激活介质原子跃迁的中心频率 ν_0,这种现象称为频率牵引效应.激光器振荡模频率与无源腔模频率间的这种差异起因于激光振荡模与激活介质原子相互作用所引起的介质极化.介质极化引起介质折射率的变化,进而又导致振荡模在腔内传播的相速度和相应的改变,这些变化直接影响到振荡模的谐振频率.下面我们利用第四章第一、第

二节中关于介质极化的结果来讨论激光器振荡模的精确振荡频率和频率牵引问题。由于介质的极化与振荡模的频率、光强以及介质中的饱和效应、原子跃迁的谱线加宽类型等因素皆有关系，而且情况也比较复杂，因此只能给出初步的分析。对激光器振荡频率的更精确描述需借助于半经典理论，这个问题将在第六章第五节作出简要说明。

在含有激活介质的激光腔内，若激活介质长为 l，谐振腔的几何腔长为 L，则频率为 ν 的振荡模的往返总相移 $\Delta\Phi(\nu)$ 须满足谐振条件

$$\Delta\Phi(\nu) \equiv \frac{2\pi\nu}{c}2L + \delta\Phi(\nu)2l$$
$$= q \cdot 2\pi \tag{5-3-45}$$

式中，第一项代表振荡模通过无源腔的往返相移，第二项代表由介质极化所产生的相移（简称原子相移）。按(4-1-20)、(4-1-22)式，原子相移与介质电极化系数实部的关系是

$$\delta\Phi = \frac{2\pi\nu}{2c}\chi'(\nu) \tag{5-3-46}$$

于是，激光器振荡模的频率谐振条件应为

$$\frac{2\pi\nu_q}{c}2L\left[1 + \frac{l}{2L}\chi'(\nu_q)\right] = q \cdot 2\pi$$

由于 $\chi'(\nu_q) \ll 1$、$1 < L$，由上式所求得的激光器第 q 个纵模的振荡频率为

$$\nu_q = \frac{q\frac{c}{2L}}{1 + \frac{l}{2L}\chi'(\nu_q)} \approx \left(q \cdot \frac{c}{2L}\right)\left[1 - \frac{l}{L}\frac{\chi'(\nu_q)}{2}\right]$$

即 $\quad \nu_q \approx \nu_q^0 + \delta\nu_q \tag{5-3-47}$

式中 $\nu_q^0 = q \cdot (c/2L$ 为无源腔相应纵模的谐振频率，$\delta\nu_q$ 为由介质原子相移所引起的无源腔纵模频率变化，亦称为无源腔纵模频率牵引量)，其值为

$$\delta\nu_q = \nu_q - \nu_q^0 \approx -\frac{l}{2L}\nu_q^0\chi'(\nu_q) \approx -\frac{\delta\Phi(\nu_q)l}{L/c} \cdot \frac{1}{2\pi} \tag{5-3-48}$$

据无源腔纵模频率间隔 $\Delta\nu_q^0 = c/2L$，由(5-3-48)式得到

$$\frac{\delta\nu_q}{\Delta\nu_q^0} \equiv \frac{无源腔纵模频率牵引量}{无源腔纵模间隔} \approx -\frac{\delta\Phi \cdot 2l}{2\pi} \tag{5-3-49}$$

通常，原子往返相移 $\delta\Phi 2l \ll 2\pi$，因此每个振荡模的频率牵引量总是远小于纵模频率间隔。图(5-3-13)为激光器振荡模总相移与频率牵引示意图。从图中可以看出，振荡纵模越远离中心频率 ν_0，频率牵引量越大。激光器纵模的频率总是较无源腔相应纵模的频率更靠近 ν_0。在介质中心频率 ν_0 附近存在一个线性色散区，在该频率范围内，原子相移随振荡模频率偏离 ν_0 而线性增大，因此，在该区域内激光器纵模的频率间隔基本上保持不变，而远离 ν_0 就将呈现出非线性的特点，纵模间隔发生变化。

由于介质的极化与原子跃迁的谱线加宽类型密切有关，在计算频率牵引时的分别进行。

1. 均匀加宽跃迁激光器的频率牵引

对于具有洛仑兹线型的均匀加宽跃迁激光器，由(4-2-27)及(5-3-46)、(5-3-49)式得

$$\frac{\delta\nu_q}{\Delta\nu_q^0} \approx -\frac{2G(\nu_q)l}{2\pi} \cdot \frac{\nu_q - \nu_0}{\Delta\nu_H} \tag{5-3-50}$$

由该式可以看出：

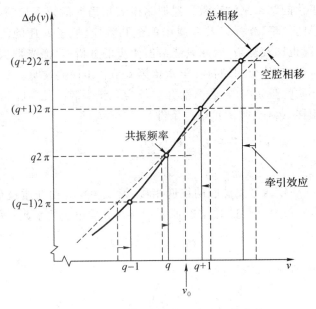

图 5-3-13　振荡模的总相移及频率牵引

（1）对于 $G(\nu_q) > 0$（即增益介质），若 $\nu_q > \nu_0$，则 $\delta\nu_q < 0$；若 $\nu_q < \nu_0$，则 $\delta\nu_q > 0$，$\nu_q > \nu_q^0$，皆出现频率牵引现象；若 $\nu_q = \nu_0$，$\delta\nu = 0$，不存在频率牵引。相反，对于吸收介质则呈现频率的推斥效应。

（2）激光器振荡模的频率牵引与激活介质的增益及其饱和，跃迁谱线的线宽、振荡模频率偏离 ν_0 的程度皆有关。亦可以引进频率牵引参量来描述频率牵引的大小。它定义为

$$\sigma_H = -\frac{\delta\nu_q}{\nu_q - \nu_0} = -\frac{\nu_q - \nu_q^0}{\nu_q - \nu_0} \tag{5-3-51}$$

对于稳态振荡的激光器，若振荡模的总腔单程损耗因子为 δ，应有 $G(\nu_q)l = \delta$，将（5-3-50）式代入（5-3-51）式，得均匀加宽激光器的频率牵引参量应为

$$\sigma_H \approx \frac{\Delta\nu_R}{\Delta\nu_H} \tag{5-3-52}$$

式中 $\Delta\nu_R = \delta c/(2\pi L)$ 为无源腔振荡模的本征线宽。

2. 强非均匀加宽跃迁谱线激光器的频率牵引

对于具有高斯线型的非均匀加宽跃迁激光器，由（5-3-46）、（5-3-49）及（4-2-29）式得到频率牵引参量为

$$\sigma_D \approx 2\sqrt{\frac{\ln 2}{\pi}}\frac{\Delta\nu_R}{\Delta\nu_D}\sqrt{1 + \frac{I_q}{I_{s0}}} \tag{5-3-53}$$

与均匀加宽情况比较可知，除了相差一常数因子 $2\sqrt{\ln 2/\pi}$ 之外，非均匀加宽的频率牵引参量还与振荡模的归一化光强 I_q/I_{s0} 有关。

在激光器中，由于通常 $\Delta\nu_R/\Delta\nu_H$ 或 $\Delta\nu_R/\Delta\nu_D$ 都很小，激光频率的频率牵引量均很小，因此激光器振荡模的频率与无源腔相应模的频率可认为相等。然而，对于高增益、窄线宽的激光振荡，频率牵引量可以相当大而不能忽略。例如，在 He-Ne 激光器中，波长为 $0.6328\mu m$ 的激光振荡 $\sigma_D \approx 10^{-3}$，而波长为 $3.39\mu m$ 的激光振荡 σ_D 显著增大，其激光振荡频率明显异于

无源腔模频率的预期值。激光振荡频率的精确测量相当困难,因而其频率牵引量的绝对测量亦极为困难。但是,通过观测两个不同激光信号的频差或拍频来进行频率的相对测量并不难做到。在实验中,通过观测一台激光器两个相邻纵模间的差拍信号能很好地观测到频率牵引的存在。例如,对一台腔长为 $300mm$ 的中心振荡波长为 $0.6328\mu m$ 的 He-Ne 激光器利用快响应光电接收器和一台射频频谱分析仪进行差频实验,发现相邻纵模的频差较无源腔理论的预期值 $500MHz$ 偏离了约几百千赫兹,这一数值与前面关于频率牵引的理论分析结果基本一致。

(三)单模激光器的线宽极限

对于实际的单模(即单频)激光器,由于种种的不稳定因素(例如机械的、热的、环境的、电的不稳定性)的存在,输出激光的频率往往在一定的范围内漂移。为提高激光的频率稳定性,在激光工程中虽采取了多种的稳频技术和措施,但实践证明人们无法获得绝对理想的单频光,单模激光的频率单色性受到激光器激活介质中无法排队的自发辐射噪声的最终限制。下面我们将利用速率方程理论的结果对激光线宽极限问题做出近似分析,对该问题的严格讨论必须建立在量子电动力学的基础上。

对于单模激光器,若激光器的单程总损耗为 δ,由于受激跃迁激活介质对振荡模所提供的单程增益为 $G(\nu,I)l$,则激光器振荡模所遭受到的单程净损耗

$$\delta_n = \delta - G(\nu,I)l \qquad (5\text{-}3\text{-}54)$$

与无源腔模的本征线宽关系式(2-3-17)相类同,在激光器中,由净损耗 δ_n 所决定的振荡模的线宽应为

$$\Delta\nu_{激} = \frac{\delta_n v}{2\pi L} = \frac{c\delta_n}{2\pi L} \qquad (5\text{-}3\text{-}55)$$

在以前分析激活介质的增益特性和激光器的功率特性时,考虑到激光介质中的自发辐射对一个振荡模功率(或光子数)的贡献远小于受激过程,故在速率方程中我们曾忽略自发辐射的影响并得到稳态激光器激活介质的增益等于腔损耗的重要结论。实际上,当我们分析激光器的频率特性时,激活介质中所必然存在的自发辐射非相干噪声就成为决定激光线宽极限的关键而不能忽略。在以下的分析中,我们假设(5-3-55)式中的激光器净损耗是由自发辐射噪声所引起的。这样做,尽管从理论上是相当勉强的,但是我们可以利用大家所熟悉的激光器速率方程理论及其结果,比较简单地得到与量子理论相同的结论。为简化起见,假设激光器谐振腔的腔长 L,激活介质长度 l,激光器为单模四能级系统。

当计及自发辐射的贡献时,四能级单模激光器腔内光子总数的变化率方程为

$$\frac{d\varphi}{dt} = V_a B_R n_3 + (V_a B_R \Delta n)\varphi - \frac{\varphi}{\tau_R}$$

该方程右边的三项分别代表自发辐射、受激跃迁及谐振腔损耗对光子总数变化率的贡献。当激光器稳态振荡时,令 $\frac{d\varphi}{dt}=0$,方程两边再同乘以 $L/(v\varphi)$ 可得

$$\frac{n_3 B_R V_a L}{v\varphi} + \frac{V_a B_R \Delta n L}{v} - \frac{L}{\tau_R v} = 0$$

由 $B_R = B_a \dfrac{l}{L}$,上式即为

$$\frac{n_3 B_R V_a L}{v\varphi} + G(\nu,I)l - \delta = 0$$

将该式与(5-3-54)式比较,得到激光器的净损耗

$$\delta_n = \frac{n_3 B_R V_a L}{v \varphi_s} \tag{5-3-56}$$

为使物理意义更清楚,下面进一步分析上式中的 B_R 和 φ_s,并用激光器的某些宏观可测量表示它们。考虑到自发辐射的贡献,激光器的输出功率应表示为

$$P_{\text{out}} = P_{sp} + P_{st}$$

其中 P_{sp}、P_{st} 分别代表自发辐射功率和受激辐射功率对振荡模输出功率的贡献。由于在激光器中 $P_{sp} \ll P_{st}$,故有

$$P_{\text{out}} \approx P_{st} = \left(\frac{\mathrm{d}\varphi}{\mathrm{d}t}\right)_{st} h\nu = (V_a B_R \Delta n)\varphi_s h\nu \tag{5-3-57}$$

另一方面,按(5-3-16)式激光器的输出功率可表示为

$$P_{\text{out}} = \frac{\varphi_s h\nu}{\tau_t}$$

若激光器的输出耦合率 T 较小,而且腔损耗主要由 T 所决定,则该式中的 $\tau_t = L/v\delta_t \approx L/v(T/2)$,将其代入则得

$$P_{\text{out}} \approx \frac{\varphi_s h\nu}{L/\left(v\frac{T}{2}\right)} = \frac{1}{2}\varphi_s h\nu v T/L \approx 2\pi\varphi_s h\nu \Delta\nu_R \tag{5-3-58}$$

其中,利用了近似关系无源腔模的本征线宽 $\Delta\nu_R \approx vT/(4\pi L)$。由(5-3-58)式得到稳态光子总数

$$\varphi_s \approx \frac{P_{\text{out}}}{2\pi h\nu \Delta\nu_R} \tag{5-3-59}$$

又据(5-3-57)、(5-3-58)两式得

$$2\pi\varphi_s h\nu \Delta\nu_R \approx (V_a B_R \Delta n)\varphi_s h\nu$$

解得

$$B_R \approx \frac{2\pi\Delta\nu_R}{\Delta n V_a} \tag{5-3-60}$$

将(5-3-59)、(5-3-60)两式代入(5-3-56)式,然后将所得 δ_n 代入(5-3-55)式,最后得到由自发辐射噪声所决定的单模激光线宽为

$$\Delta\nu_{\text{激}} \approx \frac{n_3}{\Delta n} \frac{2\pi h\nu (\Delta\nu_R)^2}{P_{\text{out}}} \tag{5-3-61}$$

从该式可以清楚地看出,激光线宽 $\Delta\nu_{\text{激}}$ 与无源腔模的本征线宽平方成正比(从而与腔损耗平方成正比),与激光器输出功率成反比,四能级系统式中的激光器系数 $n_3/\Delta n \approx 1$。(5-3-61)式与严格的量子噪声理论所得到的结论一致。

实际上,按(5-3-61)式所估算的单模激光器输出的线宽较实验中所观测到的激光线宽通常要小几个数量级。这是因为实际激光器中,所存在的各种不稳定因素(例如,谐振腔腔长的机械、热不稳定性,激光介质跃迁中心频率的变化等)所造成的激光振荡频率在观测时间内的漂移都远大于由自发辐射噪声所决定的线宽,因此,通常称由(5-3-61)式所决定的线宽为严格排除各种可能的不稳定因素时激光线宽极限。通过采取严格的激光稳频技术可使实际激光频宽接近于该理论预期值。例如,一台普通的可见光单频 He-Ne 激光器按(5-3-61)式所估算的激光频宽约为 $10^{-2} - 10^{-3}$ Hz,而目前稳频 He-Ne 激光器的激光频率已

达到 $10^{-1}-10^{-2}Hz$ 的水平。采用拉姆下隐稳频的 He-Ne 激光器频宽约为数兆赫。

习　　题

5.1　如图 5-1 所示的激光系统,已知各能级统计权重 $g_1=g_2=g_3=1$,由基态 E_1 向上的泵浦速率分别为 R_2、R_3。若 R_2、R_3 的大小可变但其比值 R_2/R_3 保持不变,求集居数密度差 n_2-n_3 随泵浦强度的变化。设能级间的各跃迁几率已知,总的粒子数密度为 n。

5.2　将如图 5-2 所示的三能级激光系统的激光能级 E_3 与 E_2 间的集居数密度反转 Δn —W_P 曲线与由(5-1-4)式所给出的典型三能级系统的结果进行比较。该系统的特点是激光下能级的寿命 τ_{21} 很短,上能级 E_3 为亚稳态,即 τ_3 足够长。

5.3　如图 5-3 所示的级联泵浦四能级激光系统。若级联泵浦几率分别为 W_A 及 W_B,讨论激光能级 E_4 与 E_2 能级间实现集居数密度反转的条件及 Δn 与 W_A、W_B 的关系。设各能级原子向下跃迁或弛豫几率皆已知,总集居数密度为 n。

5.4　根据对三能级激光系统瞬态泵浦特性的分析证明,当泵浦跃迁几率 W_P 与泵浦持续时间 T_P 之乘积 $W_P T_P$ 小于某一数值时不可能实现集居数密度的反转分布。

5.5　已知红宝石的密度为 $3.98g/cm^3$,其中含工作铬离子的 cr_2O_3 所占的重量比为 0.05%,若在热平衡情况下,介质中工作离子 cr^{3+} 能级 E_1、E_2 上的集居数密度服从玻尔兹曼分布,已知在中心波长 $0.6943\mu m$ 处的峰值吸收系数为 $0.4cm^{-1}$,求其峰值吸收截面,设介质温度为 $300K$。若在光泵激励下所获得的集居数密度的反转为 $5\times00^{17}cm^{-3}$,计算相应的中心波长小信号增益。

5.6　短波长(真空紫外、软 X 射线)跃迁谱线的主要加宽机制是自然加宽。试证明其峰值吸收截面 $\sigma=\lambda_0^2/(2\pi)$,其中 λ_0 为跃迁中心波长。

5.7　若气体工作物质具有 E_2、E_1 二能级,其粒子数密度分别为 $n_2\approx 0$,$n_1=10^{18}cm^{-3}$,E_2

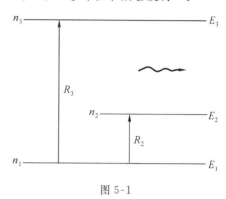

图 5-1

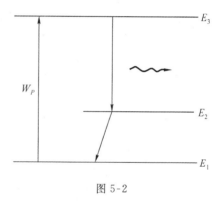

图 5-2

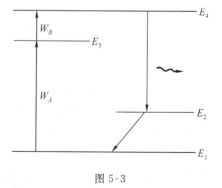

图 5-3

能级的自发辐射寿命为 $10^{-4}s$,若吸收曲线呈现为高斯型,其线宽 $\Delta\nu_D=400cm^{-1}$,中心频率 $\nu_0=3\times10^{14}Hz$,试求(1)介质的峰值吸收系数;(2)当频率为 ν_0 的光束穿过厚为 1cm 的上述气体介质时,光强衰减了多少 dB?

5.8 已知 $Nd:YAG$ 激光系统激光跃迁中心波长为 $1.06\mu m$,峰值发射截面为 $\sigma_{32}=3.5\times 10^{-19}\,cm^2$,激光上能级寿命为 $0.23ms$,求其饱和光强 I_s。

5.9 考虑如图 5-4 所示的激光系统能级图,求集居数密度差 $\Delta n=n_2-n_1$ 的稳态解.讨论它与泵浦速率 R_1、R_2 的关系并计算饱和光强,实现集居数密度反转分布的条件.已知 E_2、E_1 能级的平均寿命分别为 τ_2、τ_1,E_2-E_1 间跃迁的自发辐射平均寿命为 τ_{21},为均匀加宽跃迁谱线,两能级的统计权重相等,受激跃迁几率为 $W(\nu)$。

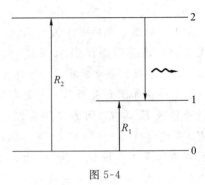

图 5-4

5.10 如图 5-5 所示的三能级激光系统,E_1 到 E_2 能级间的光泵浦使下能级 E_2 的集居数密度增大从而导致了 E_2-E_3 间的跃迁所引起的吸收(即所谓光泵浦激光吸收系统).计算 E_2、E_3 能级间的集居数密度差 Δn_{23} 随 W_P、W_{32} 及各能级跃迁几率的变化,讨论当 W_P 一定时,Δn_{23} 的饱和行为。

5.11 导出在强非均匀加宽介质极限情况下当频率为 ν_1、光强为 I_{ν_1} 的强光入射时,频率为 ν 的弱光的增益系数表达式并导出(5-2-38)式.为使烧孔宽度为介质均匀加宽线宽的 3 倍,对入射光强 I_{ν_1} 有何要求?

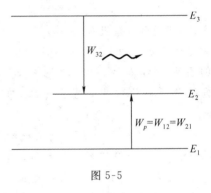

图 5-5

5.12 连续四能级激光系统,$S_{43}\gg W_P$。求证:

(1)$\tau_2\ll\tau_3$ 时

$$W_{pt}=\frac{\Delta n_t}{(n-\Delta n_t)\tau_3}$$

(2)τ_2 可与 τ_3 相比拟时

$$W_{pt}=\frac{\Delta n_t}{n(\tau-\tau_2)}$$

以上两式中,n 为总集居数密度,W_{pt} 为阈值泵浦跃迁几率,Δn_t 为阈值集居数密度反转值,τ_3、τ_2 分别为激光跃迁上、下能级的平均寿命。

5.13 一台连续 $Nd:YAG$ 激光器,激光波长为 $1.06\mu m$,已知谐振腔腔长为 $20cm$,YAG 棒长为 $10cm$,泵浦平均波长 $750nm$,激光上能级自发辐射平均寿命为 $0.23\times 10^{-3}s$,系统的总量子效率 $\eta\approx 1$,荧光线宽为 $6cm^{-1}$,光泵浦的总效率为 1%,激光器的单程损耗为 0.08,介质折射率为 1.82.计算该激光器的阈值集居数密度反转和阈值泵浦功率密度。

5.14 如图 5-6 所示,有一台氪灯激励的连续工作 $Nd:YAG$ 激光器。

由实验所测出的氪灯输入电功率的阈值 P_{pt} 为 $2.2kW$,斜率效率为 0.024.已知晶体棒的内损耗系数为 $0.005cm^{-1}$.试求,(1)泵浦输入功率 P_P 为 $10kW$ 时激光器的输出功率;(2)

将球面反射镜更换成平面反射镜时的斜率效率(设激光器以 TEM_{00} 模振荡,改变腔型对腔损耗的影响可忽略不计);(3)若输出镜的透过率改为 0.1,计算此时激光器的斜率效率,当 $P_P = 10\text{kW}$ 时,输出功率为多大?

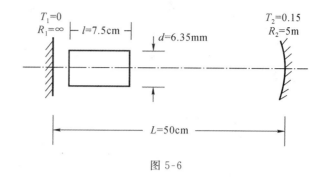

图 5-6

5.15　设一台单向环形激光器与驻波腔激光器具有相同的腔长、增益和内损耗,试比较其输出功率和最佳耦合输出率。

5.16　一台均匀加宽驻波腔单模气体激光器,激光介质长 80cm,最大的未饱和增益系数为 0.001cm^{-1},饱和光强为 30W/cm^2,均匀加宽线宽为 2GH,一端反向镜透过率为 0.01,另一端镜透过率可调,腔长为 $1m$,不计其他腔损耗,求(1)输出光强与输出镜透过率的函数关系;(2)假设光斑面积为 1mm^2,求最佳输出透过率及相应的最大输出功率。

5.17　导出单模均匀加宽激光器的输出功率—频率调谐曲线的关系式,说明在均匀加宽的内腔气体激光器刚点燃时可观测到输出激光功率的起伏变化,输出激光频率在中心频率 ν_0 附近 $\pm c/4L$ 范围内起伏变化的原因。

5.18　已知波长为 $0.6328\mu m$ 的 He-Ne 激光器的激光上、下能级的平均寿命近似为 $2 \times 10^{-8}s$,设激光管内充气压为 $266Pa$,饱和光强 I_{SO} 为 15W/cm^2,试问当腔内平均光强分别为(1)接近 0;(2)10W/cm^2 时谐振腔腔长为多少长可使烧孔重叠?

5.19　波长为 $0.6328\mu m$ 的全内腔 He-Ne 气体激光器的多普勒线宽为 1500MHz,放电毛细管直径为 1.2mm,两端反射镜的反射率分别为 100% 及 97%,其他腔损耗可忽略不计,为使该激光器工作于(1)1—2 个纵模,但不能为 3 个纵模;(2)单个纵模,估算腔长的允许范围。(该激光器的最大小信号增益系数可按下式估算,即 $G_m = 3 \times 10^{-4}/d$,其中 d 以 mm 为单位的放电毛比细管直径)

5.20　如图 5-7 所示的环形 He-Ne 气体激光器,设沿顺时针、逆时针行进的模的谐振频率皆为 ν_A,输出光强分别 I^+ 及 I^-。

(1)若该激光管中充以单一氖同位素气体,试画出 $\nu_A \neq \nu_0$ 及 $\nu_A = \nu_0$ 时的增益曲线和集居数密度反转的轴向速率分布曲线;(2)当 $\nu_A \neq \nu_0$ 时,激光器可输出两束稳定的光 I^+ 和 I^-,而当 $\nu_A = \nu_0$ 时会出现一束光变强,一束光熄灭的现象,试解释其原因;(3)当激光管中充以适当比例的 Ne^{20} 及 Ne^{22} 混合气体时,可消除上述的一束光变强,另一束光变弱的现象,试以

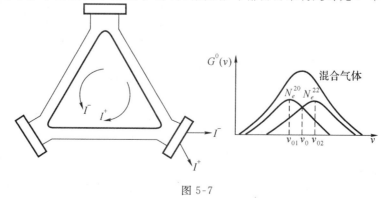

图 5-7

$\nu_A = \nu_0$ 的情况为例说明原因；(4) 为使混合气体的增益曲线基本对称，在充混合气体时，哪种同位素应多一些。

5.21 计算由于频率牵引所致的两个相邻纵模间的拍频与无源腔频差间的差别。(1) 对多普勒加宽气体激光器；(2) 对均匀加宽激光器。

第六章   激光过程动力学

实际上,在激光器中激光的产生是一个非稳态过程。由于种种原因,例如非稳态泵浦、谐振腔参数及激活介质参数的可控或不可控的非稳定性、激光器本身的多模运转等都可能导致激光器运转呈现为非稳态。因此,严格地说,激光器的稳态运转只不过是一种理想化的状态而已,稳态理论只能在某种近似下描述特殊的激光系统,必须分析激光器的动力学过程,才能对激光振荡的基本原理有更深入和精确地描述。本章将根据激光器速率方程理论分析激光器中激光振荡的建立,激光尖峰及弛豫振荡、调 Q 及锁模等动力学过程。为简单起见并考虑到实际的大多数情况,我们仅讨论具有均匀加宽跃迁的激光器。激光器的半经经典理论可以对激光器的某些特性和动力学过程给出更深入和本质地描述,本章最后还将对这一理论分析方法做简要介绍。

第一节   激光振荡的建立

本节主要分析将一台激光器泵浦接通并使激活介质中的集居数密度反转瞬时达到足够大的数值时,激光器从自发辐射噪声到建立稳态的相干激光振荡所需的时间,以及在激光振荡建立的阈值区域从自发辐射荧光到激光的突变过程。

一、激光稳态振荡的建立

设在 $t = 0$ 时刻,激光泵浦使激活介质增益瞬时达到未饱和初始值,以下讨论建立激光器稳态振荡所需的时间。按四能级或三能级均匀加宽单模激光器速率方程(5-3-4)或(5-3-6)式,激光腔内光子总数的变化率方程为

$$\frac{\mathrm{d}\varphi}{\mathrm{d}t} = \left(V_a B_R \Delta n - \frac{1}{\tau_R} \right) \varphi$$

令 $\gamma_m(t) = V_a B_R \Delta n$, $\gamma_R = \dfrac{1}{\tau_R}$ 分别表示激光器工作物质中受激跃迁所引起的振荡模光子数 φ 的瞬时相对增长速率及腔损耗所导致的 φ 的相对衰减速率,于是可将上式表示成更简明的形式:

$$\frac{\mathrm{d}\varphi}{\mathrm{d}t} = [\gamma_m(t) - \gamma_R] \varphi$$

由于腔内光强正比于 φ,由上式得到振荡模光强的变化速率方程为

$$\frac{\mathrm{d}I}{\mathrm{d}t} = [\gamma_m(t) - \gamma_R] I(t) \tag{6-1-1}$$

求解该方程,即可得到腔内光强随时间的变化规律。通常称腔内光强从最初($t = 0$)的噪声

信号 I_0 至达到稳态振荡值 I_{ss} 所需的时间为稳态激光振荡建立所需的时间,并记为 T_B。激光稳态振荡的建立过程显然与 $\gamma_m(t)$ 的饱和程度密切有关。

1. 不计饱和效应的分析

若激光器介质中的光强较弱,不计介质中的原子集居数密度反转或增益的饱和效应,腔内光强的增长速率 γ_m 近似为常数,并记为 γ_m^0。方程(6-1-1)式的解可表示成

$$I(t) = I_0 \exp\big[(\gamma_m^0 - \gamma_R)t\big]$$

激光器的泵浦超阈度为 $r = \gamma_m^0/\gamma_R$,上式亦可改写成

$$I(t) = I_0 \exp\Big(\frac{r-1}{\tau_R}t\Big) \tag{6-1-2}$$

式中,I_0 为激光器在 $t=0$ 时刻的自发辐射噪声光强。由该式可知,在稳态激光器中,由最初的腔内噪声信号光强 I_0 至最终达到稳态振荡光强 I_{ss} 所需的时间 T_B 可由下式近似求出

$$I_{ss} \approx I_0 \exp\Big(\frac{r-1}{\tau_R}T_B\Big)$$

即
$$T_B \approx \frac{\tau_R}{r-1}\ln\Big(\frac{I_{ss}}{I_0}\Big) \tag{6-1-3}$$

式中 I_{ss}/I_0 值随激光器的类型而异,一般值为 $10^8 - 10^{12}$。T_B 值通常为无源腔模寿命 τ_R 的 10 —30 倍。T_B 值与激光器的泵浦超阈度 r 有关,例如 ,一台低损耗的 $1m$ He-Ne 激光器,当往返损耗为 3%,r 为 1.1 时,算得 $T_B \approx 50\mu s$。而一台高增益的腔长为 30cm 的 Nd:YAG 激光器,腔模的往返损耗为 0.5,r 为 3,振荡模在腔内往返一次所需的时间为 2ns,算得 $T_B \approx 50ns$。图 6-1-1 为激光器建立稳态振荡的过程示意图。图中虚线所示的激光光强可能出现的随时间准周期脉动现象的原因将在本章第二节中作专门的讨论。

2. 考虑到饱和效应的更精确分析

若计及激活介质中的增益饱和效应,对于均匀加宽跃迁激光器,由于腔内振荡模光强的增长速率 $\gamma_m(t) = \big(\frac{V_a}{V_R} \cdot v\big)G(t)$,即正比于增益系数 $G(t)$,据第五章第二节所述,可以得到

$$\gamma_m(t) = \frac{\gamma_m^0}{1+\dfrac{I(t)}{I_s}} \approx \gamma_m^0\Big[1 - \frac{I(t)}{I_s} \cdot \Big]$$

式中 I_s 为介质的饱和光强。将上式代入(6-1-1)式,得到激光器腔内光强的速率方程为

$$\frac{\mathrm{d}I}{\mathrm{d}t} = \gamma I - \beta I^2 \tag{6-1-4}$$

式中 $\gamma = \gamma_m^0 - \gamma_R$ 为激光器振荡模光强的未饱和净增长速率,$\beta = \gamma_m^0/I_s$ 为饱和系数。该方程的解为

$$I(t) = \frac{I_0 I_{ss} e^{\gamma t}}{I_{ss} + I_0(e^{\gamma t} - 1)} \tag{6-1-5}$$

式中
$$I_{ss} = \frac{\gamma}{\beta} = I_s\Big(1 - \frac{\gamma_R}{\gamma_m^0}\Big)$$

为振荡模的稳态腔内光强,它可由(6-1-4)式令 $\frac{\mathrm{d}I}{\mathrm{d}t}=0$ 得到。若取 $\frac{I(t)}{I_{ss}} = K$,由(6-1-5)式求

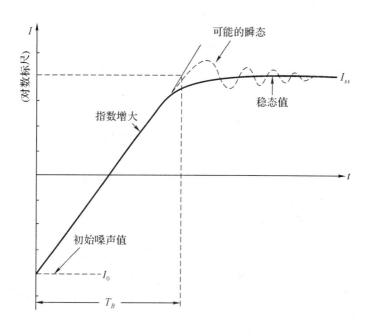

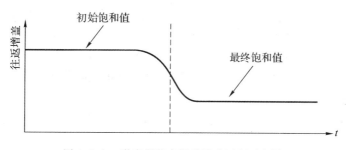

图 6-1-1　激光器稳态振荡形成过程示意图

得腔内光强达到稳态值 K 倍（$K < 1$）所需的时间为

$$T_{BK} = \frac{1}{\gamma}\ln\left(\frac{K}{K-1}\frac{I_{ss}-I_0}{I_0}\right) \tag{6-1-6}$$

由上式可以看出，当 $K \to 1$，即 $I(t) \to I_{ss}$ 时，$T_{BK} \to \infty$。这就意味着，由于饱和效应的存在腔内光强要经过很长的时间才能达到其稳态值。若将 $I(t) = \frac{1}{2}I_{ss}$ 值所需的时间视为建立激光振荡所需的时间，则

$$T_B = \frac{1}{\gamma}\ln\left(\frac{I_{ss}-I_0}{I_0}\right) \approx \frac{\tau_R}{r-1}\ln\left(\frac{I_{ss}}{I_0}\right)\quad(I_{ss} \gg I_0) \tag{6-1-7}$$

图 6-1-2 为典型的 He-Ne 激光器激光稳态振荡建立过程的实验曲线。实验方法是用一只紫外脉冲强氙灯照射正在振荡的 He-Ne 激光器。由于紫外辐射有效地将处于低亚稳态 $1s^5$ 的 Ne 原子泵浦到激光下能级而使激光淬灭（对激光腔及激光管的放电特性无影响）。继而，由于这些原子驰豫离开下能级而使增益迅速复原，激光振荡又重新建立起来。图中实验曲线对应不同的稳态光强，实验所得到的 T_B 值与理论估算符合，即约为 50 微秒。

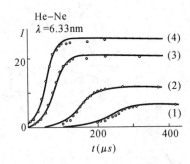

图 6-1-2   He-Ne 激光器稳态振荡建立过程的实验曲线

二、激光器阈值区域特性

在第五章第三节中,我们曾在忽略自发辐射的情况下由激光器速率方程讨论了激光器的阈值振荡条件等阈值特性.下面将对考虑到自发辐射后激光器阈值区域的特性作进一步的分析.通过激光器振荡模腔内光子数随泵浦速率的变化说明激光器在阈值区激光形成时从自发辐射荧光到激光的突变过程。

为简化并考虑到多数激光器的实际情况,采用如下的激光系统模型:单模均匀加宽激光器,振荡模腔内光子总数为 $\varphi(t)$,仅涉及激光跃迁上、下两能级,上能级的原子总集居数为 $N_2(t)$,该能级的平均寿命为 τ_2,能级衰减速率 $\gamma_2 = 1/\tau_2$,并具有稳定可调的泵浦速率 R_P,原子离开下能级的弛豫速率很快,使得该能级的总原子集居数 $N_1(t) \approx 0$,介质中的集居数反转应有 $\Delta(N)(t) \approx N_2(t)$,谐振腔损耗所致 $\varphi(t)$ 的衰减速率为 γ_R.于是,该系统的速率方程可简单地表示成

$$\begin{cases} \dfrac{\mathrm{d}\varphi}{\mathrm{d}t} = B_R \Delta N(\varphi + 1) - \gamma_R \varphi \\ \dfrac{\mathrm{d}\Delta N}{\mathrm{d}t} = R_P - B_R \Delta N \varphi - \gamma_2 \Delta N \end{cases} \tag{6-1-8}$$

方程组中 $B_R \equiv A_{21}/P \equiv \gamma_{rad}/P$,$P$ 为激光腔体和跃迁线宽内的自发辐射总模数.令 $\dfrac{\mathrm{d}\varphi}{\mathrm{d}t} = 0$,$\dfrac{\mathrm{d}\Delta N}{\mathrm{d}t} = 0$ 可求得速率方程的稳态解.为了便于讨论,我们将该解分别表示成不同的形式:

1. 低于阈值时的稳态解

由于方程组第一式得到光子总数的稳态解为

$$\varphi_s = \dfrac{\Delta N_s}{\dfrac{\gamma_R}{B_R} - \Delta N} \approx \dfrac{\Delta N_s}{\Delta N_t - \Delta N_s} = \dfrac{1}{\dfrac{\Delta N_t}{\Delta N_s} - 1} \tag{6-1-9}$$

式中 $\Delta N_t \equiv \gamma_R/B_R = (\gamma_R/\gamma_{rad})P$,表示不计自发辐射贡献时激光器的阈值集居数反转.由方程组第二式得到集居数反转的稳态解为

$$\Delta N_s = \dfrac{R_P}{\gamma_2 + B_R \varphi_s} = R_P \tau_2 + \dfrac{1}{1 + \dfrac{r_{rad}\varphi_s}{\gamma_2 P}} \tag{6-1-10}$$

从(6-1-9)、(6-1-10)两式可以看出:

(1)当低于阈值,即 $\Delta N_s < \Delta N_t$ 时,φ_s 值通常都很小,即 $\varphi_s \approx 0$(直到将 ΔN_s 提高到接近

阈值 ΔN_t 时才能观测到 φ_s 值)。

(2) 当低于阈值时,只要 $\varphi_s \ll P$,(6-1-10) 式中的饱和项可忽略,ΔN_s 就正比于泵浦速率 R_P,即 $N_s \approx R_P \tau_2$。ΔN_s 达到阈值时,阈值泵浦速率为

$$R_{Pt} \approx \gamma_2 \Delta N_t = \frac{\gamma_2 \gamma_R}{\gamma_{rad}} P$$

于是,激光器的泵浦超阈度 $r \equiv \dfrac{R_P}{R_{Pt}} = \dfrac{\gamma_{rad}}{\gamma_2 \gamma_R P} \cdot R_P$。在低于阈值的范围内($r <$),我们得到以下的近似结果;

$$\begin{cases} \varphi_s \approx \dfrac{r}{1-r} \\ \Delta N_s \approx r \Delta N_t \end{cases}$$

2. 高于阈值时的稳态解

方程组(6-1-8)的稳态解亦可改写成另外的形式,由第一式得到

$$\Delta N_s = \frac{\gamma_R}{B_R} \cdot \frac{\varphi_s}{\varphi_s + 1} = \frac{\varphi_s}{\varphi_s + 1} \Delta N_t \tag{6-1-11}$$

由第二式得到

$$\varphi_s = \frac{R_P - \gamma_2 \Delta N_s}{B_R \Delta N_s} = \frac{\gamma_{rad}}{\gamma_2} P \left(\frac{\Delta N_t}{\Delta N_s} - 1 \right) \tag{6-1-12}$$

由以上两式可知:

(1) 高于阈值,即 $\varphi_s \gg 1$ 时,$\Delta N_s \approx \Delta N_t$(或精确地说是略低于 ΔN_t)。

(2) 高于阈值,即 $r > 1$ 且 $\Delta N_s \approx \Delta N_t$ 时,腔内稳态总光子数

$$\varphi_s \approx \left(\frac{\gamma_{rad}}{\gamma_2} \right) P(r-1)$$

可见,φ_s 值随高于阈值的泵浦速率线性增大,并且与腔内总的自发辐射模数 P 具有同一数量级,即约为 $10^8 \sim 10^{10}$ 量级。

3. 阈值区域的精确结果

在方程组(6-1-18)的稳态方程中,如果消去 ΔN 并解出 $\varphi_s(r)$,就可求得对于任意泵浦超阈度 r 值都成立的解。为简化计而假设 $\gamma_2 = \gamma_{rad}$,其结果为

$$\varphi_s = \left[(r+1) + \sqrt{(r-1)^2 + \frac{4r}{P}} \right] \frac{P}{2} \tag{6-1-13}$$

图 6-1-3 为按上式得到的 $\varphi_s - r$ 理论曲线。显然,腔内光子数 φ_s 几乎是不连续地从低于阈值 ($r < 1$) 跳跃到高于阈值区($r > 1$)。与之相应的 φ_s 值从几个光子突变到与自发辐射的总模数 P 同一数量级。由于阈值处的陡度和低于阈值时信号很弱,故要从实验中得到阈值区域的特性变得相当困难。然而,由于注入式半导体二极管激光器具有小的模体积使 P 值较小 ($P \approx 10^5 - 10^6$),而且又采用电流直接泵浦,所以相比之下,这种激光器的阈值特性比较"软"而易于进行阈值实验。

图 6-1-4 给出了注入式半导体激光器阈值特性的实验曲线。可以看出,在阈值附近,即 $(g/g_{th}) - 1 = 0$ 处,输入电流变化很小,激光器的输出功率(正比于 φ_s)却发生很大的变化,这与前述的理论结果一致。

总结前面的讨论可以看出,单模激光器在阈值区具有以下特点:

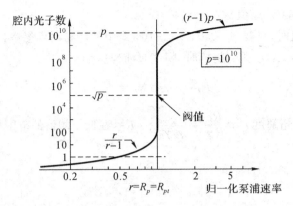

图 6-1-3　阈值区 $\varphi_s\text{-}r$ 曲线的精确理论结果

（1）振荡模的腔内光子数突然大幅度提高并达到自发辐射总模数数量级。

（2）激活介质内激光跃迁上、下能级间的原子集居数先随泵浦强度线性增大，直至被"箝位"于阈值水平。

（3）光谱迅速变窄，使输出信号的频宽突然从宽带的自发辐射频宽压缩到一个（或几个）激光模的单色辐射。

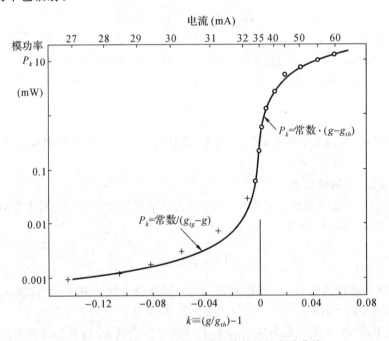

图 6-1-4　注入半导体激光器阈值特性的实验曲线

（4）输出光束的空间方向性突然改善。

（5）输出光束统计特性的变化：从基本上是高斯无规则噪声到相干振幅稳定的振荡。

总之，在泵浦的阈值区域，激光器腔内（从而输出）光场经历了从自发辐射荧光到相干激光振荡的急剧变化。

第二节　激光尖峰和驰豫振荡

本节将讨论通常所谓的自由振荡激光器,即激光器谐振腔内仅含有一个激活介质而无任何其他的非线性元件(或在激光信号作用下会改变其性质的元件)、激光振荡期间不存在任何特殊的控制和外部光照射的激光器中所发生的重要动力学过程－激光尖峰和驰豫振荡,并给出定性和近似解析分析,指出出现这一动力学现象的条件。

使用快速响应的光电检测器和脉冲示波器,仔细观测典型的脉冲红宝石激光器的输出脉冲发现,自由振荡激光器的输出是由一系列无规则尖峰组成的,每个尖峰的持续时间约为 0.1-1 微秒,相邻尖峰之间的时间隔约为几个微秒。对四能级系统的 Nd:YAG 脉冲激光器亦存在类似的尖峰开启特性,当该激光器连续运转时则呈现为准正弦阻尼振荡或无阻尼的脉动。通常称激光器开启时所发生的不连续的,尖锐的、大振幅脉冲为"尖峰",激光器连续运转时发生在稳态振荡附近的小振幅、准正弦阻尼振荡为"驰豫振荡"。图 6-2-1 画出了曲型固体激光器中所观测到的三种不同类型的输出波形。

尖峰和驰豫振荡是大多数固体激光器、半导体激光器以及激光上能级寿命远大于腔模驻腔寿命的其他激光系统的共同特点,大多数气体激光器不满足此条件,因而一般观测不到。尽管尖峰现象早在 1960 年第一台红宝石激光器输出光脉冲中就已观测到,但其本质至今仍是激光物理研究的课题之一。特别是无阻尼脉动的本质在很大程度上至今尚不清楚,一般认为它与谐振腔的机械和热不稳定性及激光介质的非均匀变热等技术上的原因有关,亦可能与激光器的多模运转有关。利用单模激光器的速率方程理论可以对激光尖峰和阻尼振荡的驰豫现象作出相当精确地描述。

一、"尖峰"现象的初步描述

利用图 6-2-2 可以定性说明激光尖峰形成的物理过程,为了简明起见,我们将整个过程分成几个阶段。

1. $t_1 - t_2$ 阶段

泵浦激励使激活介质中的原子集居数反转 ΔN 随时间增大。当 $\Delta N(t) < \Delta N_t$,即 $t < t_1$ 时,腔内光子总数 $\varphi(t) \approx 0$,当 $t = t_1$ 时,$\Delta N(t_1) = \Delta N_t$,集居数反转达到阈值,开始形成激光。当 $t > t_1$ 时,$\Delta N(t) > \Delta N_t$,$\varphi(t)$ 将按指数规则迅速增大,按(6-1-2)式应有

$$\varphi(t) \approx \varphi_0 \exp[(r-1)\gamma_R(t-t_1)]$$

即腔内振荡模的光子总数的指数增长速率为 $(r-1)\gamma_R$。随着 r 的增大,增大速率亦增大,使 $\varphi(t)$ 增至 e 倍 φ_0 所需的时间大约为 $1/\gamma_R = \tau_R$ 数量级,对典型的激光器约为几十毫微秒。可见,腔内振荡模光子数从最初的噪声水平增长到通常可观测的输出水平,即腔内达到约 10^8 — 10^{10} 个光子所需的时间约为几百毫微秒或几个微秒。在这一阶段,由于 $\varphi(t)$ 还不太大,因此由受激跃迁所引起的集居数反转值 $\Delta N(t)$ 减少(饱和)的速率小于由泵浦所产生的使 $\Delta N(t)$ 的增长速率,$\Delta N(t)$ 呈上升阶段。

2. $t_2 - t_3$ 阶段

随着 $\varphi(t)$ 的迅速增大,当 $\varphi(t) > \varphi_s$ 时,腔内光信号已足够强,由受激辐射使 $\varphi(t)$ 增长,

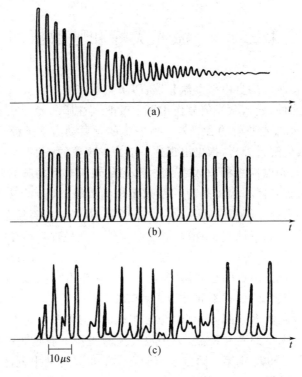

图 6-2-1 典型固体激光器中所观测到的三种输出波形
(a) 规则的准正弦阻尼振荡　(b) 规则的无阻尼振荡　(c) 无规则的尖峰振荡

从而使 $\Delta N(t)$ 减少的速率远大于由泵浦过程所产生的 $\Delta N(t)$ 的增长速率(通常可差两个数量级)。因此，在 t_2 时刻两相反过程的速率相等而使 $\Delta N(t)$ 达到极大值后，当 $t > t_2$ 时，$\Delta N(t)$ 便开始减小，但由于 $\Delta N(t) > \Delta N_t$，故 $\varphi(t)$ 仍继续增大，直至 $t = t_3$，即 $\Delta N(t_3) = \Delta N_t$ 时，$\varphi(t)$ 达到极大值而不再增大。

3. $t_3 - t_4$ 阶段

在此阶段，由于光子总数 $\varphi(t)$ 值很大，而 $\Delta N(t)$ 仍大于 0，因此受激辐射继续使 $\Delta N(t)$ 减小。当达到 $t > t_3$ 时，$\Delta N(t) < \Delta N_t$，此时激活介质对振荡所提供的增益已小于腔损耗，于是 $\varphi(t)$ 迅速减小，受激辐射使 $\Delta N(t)$ 减小的速率亦相应减小。$t = t_4$ 时，由泵浦激励过程 $\Delta N(t)$ 增大的速率恰好等于受激辐射使 $\Delta N(t)$ 减小的速率，原子集居数反转 $\Delta N(t_4)$ 达到极小值，光子总数 $\varphi(t_4) = \varphi_s$。

4. $t_4 - t_5$ 阶段

在这一阶段，一方面由于 $\Delta N(t) < \Delta N_t$，$\varphi(t)$ 继续迅速减小到很小值，另一方面由泵浦所产生的 $\Delta N(t)$ 又一次增大。当 $t = t_5$ 时，$\Delta N(t_5) = \Delta N_t$ 达到阈值，相继重复前述的过程，于是又产生第二个尖峰。

在整个泵浦激励的时间内(例如，脉冲氙灯的激励持续时间约为毫秒量级，上述过程反复发生，最终使激光输出脉冲呈现为一个尖峰序列)。由于激光器腔内光子数 $\varphi(t)$ 的增大与减小的变化速率迅速，并且远大于腔损耗速率 γ_R，因此激光尖峰很陡峭且很窄。两个相邻尖峰脉冲之间的时间间隔比较长，因为它是由泵浦使 $\Delta N(t)$ 恢复到大于阈值 ΔN_t 需要较长的

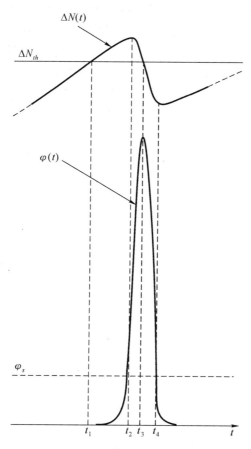

图 6-2-2　单个激光尖峰形成过程示意图

时间所决定的。值得指出的是,在多数激光器中,这一类大信号的尖峰行为最终会衰减为准正弦的驰豫振荡,这是因为在激光器中,$\varphi(t)$ 特别是 $\Delta N(t)$ 每次尖峰都不会减小到 0,这使得相继尖峰所开始的初始条件会越来越接近于激光器的稳态值。

二、激光尖峰的相平面描述

激光器的动力学状态可用腔内总光子数 $\varphi(t)$ 及原子集居数反转 $\Delta N(t)$ 来描述,分别以 $\Delta N(t)$ 及 $\varphi(t)$ 为横、纵坐标建立一坐标平面。显然,在任一时刻,激光器的状态都可用该坐标平面上的某个点来代表。通常称该坐标平面为所给激光动力学系统的相平面,相平面上代表点的运动轨迹为相轨道,相轨道簇构成了所给系统的相图,利用相图亦可以描述激光器的尖峰特性。

将方程组(6-1-8)的两式相除,得到

$$\frac{\mathrm{d}\varphi}{\mathrm{d}\Delta N} = \frac{B_R(\varphi+1)\Delta N - \gamma_R\varphi}{R_P - B_R\Delta N_\varphi - \gamma_2\Delta N} \tag{6-2-1}$$

该式给出了 φ-ΔN 曲线,即相轨道通过相平面内任一点的斜率。图 6-2-3 示出了典型自由振荡激光器的相轨道。从图中可知,曲线最终将向着 S 点,即稳态值 ΔN_s、φ_s 收敛。具有螺旋线状的相轨道从 A 点开始,A 点的坐标是 $(1, \varphi_{\min}/\varphi_s)$,它对应激光器的泵浦开始之后第一次达到集居数反转阈值,即第一个尖峰振荡开始时刻,此时的光子总数 $\varphi_{\min}$ 由自发辐射噪声所决定。随着代表点沿相轨道从 A 经 B 移到 c，腔内光子数 φ 从而输出激光尖峰功率迅速增大，到达 c 时达到极大值，c 点的坐标是 $(1,\varphi_{max}/\varphi_s)$。超过 c 点，φ 迅速减小经 D 达到略高于 φ_{min}/φ_s 值，即达到图中之 E 点。E 之后第二个尖峰开始，也就是说相图中的每圈螺旋线都向着 S 点趋近，这表示激光尖峰行为最终将衰减为稳态值附近的弛豫振荡。读者可以将尖峰的相图描述与前面的定性初步描述进行对照，这样可以将相轨道上的特定点与尖峰形成的不同时刻建立对应关系，这也有助于对相图物理意义的理解。

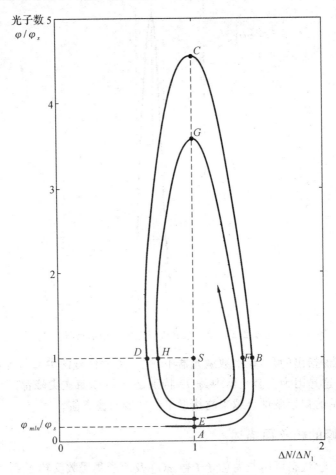

图 6-2-3　激光尖峰的相平面描述

对激光器尖峰行为的更精确的详细的计算需借助于计算机模拟求解速率方程组 (6-1-8)。图 6-2-4 给出了对一台假想的激光器计算机数值求解速率方程的结果。激光器的假定参数是 $\tau_2 = 5\mathrm{ms}, \tau_R = 16\mathrm{ns}$，泵浦速率 $R_P = 2600$，它远大于激光器的阈值。

三、弛豫振荡的线性化近似分析

对速率方程组(6-1-8)式作线性化的小信号微扰分析可给出激光器弛豫振荡现象的近似解析解。由(6-1-8)式令 $\dfrac{\mathrm{d}\varphi}{\mathrm{d}t} = \delta, \dfrac{\mathrm{d}\Delta N}{\mathrm{d}t} = 0$，求得速率方程的稳态解为

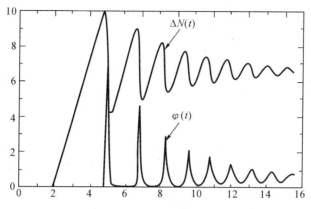

图 6-2-4　激光尖峰的计算机模拟结果

$$\begin{cases} \varphi_s = \dfrac{R_P}{B_R \Delta N_s} - \dfrac{\gamma_2}{B_R} = \dfrac{\gamma_2}{B_R}(r-1) \\ \Delta N_s \approx \Delta N_t = \dfrac{\gamma_R}{B_R} \end{cases} \tag{6-2-2}$$

在弛豫振荡的范围内,腔内光子数及原子集居数反转的瞬态值偏离稳态值不大,可以将它们表示成

$$\varphi(t) = \varphi_s + \varphi'(t)$$
$$\Delta N(t) = \Delta N_s + \Delta N'(t) \tag{6-2-3}$$

式中微扰小量 $\varphi'(t) \ll \varphi_s$, $\Delta N'(t) \ll \Delta N_s$。将该式代入速率方程组(6-1-8)并忽略二阶小量,利用(6-2-2)式所给出的稳态解结果,得到关于 $\varphi'(t)$ 及 $\Delta N'(t)$ 的线性方程组为

$$\begin{cases} \dfrac{\mathrm{d}\varphi'(t)}{\mathrm{d}t} = (r-1)\gamma_2 \Delta N'(t) \\ \dfrac{\mathrm{d}\Delta N'(t)}{\mathrm{d}t} = -\gamma_R \varphi'(t) - r\gamma_2 \Delta N'(t) \end{cases} \tag{6-2-4}$$

考虑到弛豫振荡为准正弦阻尼振荡的特点,可以假设微扰小量 $\varphi'(t)$、$\Delta N'(t)$ 按 e^{st} 规律变化,即令

$$\begin{cases} \varphi'(t) = \varphi'_0 \mathrm{e}^{st} \\ \Delta N'(t) = \Delta N'_0 \mathrm{e}^{st} \end{cases}$$

将上式代入(6-2-4)式得到久期列式及方程为

$$\begin{vmatrix} S & -(r-1)\gamma_2 \\ \gamma_R & S + r\gamma_2 \end{vmatrix} = 0$$

即　　$S^2 + r\gamma_2 S + (r-1)\gamma_2 \gamma_R = 0$

该方程的两个本征根,即弛豫振荡的指数衰减速率和振荡频率为

$$S_{1,2} = -\frac{r\gamma_2}{2} \pm \sqrt{\left(\frac{r\gamma_2}{2}\right)^2 - \gamma_2 \gamma_R (r-1)} \tag{6-2-5}$$

据激光器参数的取值以上两个根分别对应两种不同的情况。

1. 无尖峰激光器

若 γ_2 与 γ_R 具有相同的数量级,且 γ_R 相当小,泵浦激励水平不太高使得泵浦超阈度 r 不

太大,从而使激光器诸参数满足条件:

$$(r-1)\gamma_2\gamma_R < \left(\frac{r\gamma_2}{2}\right)^2 \tag{6-2-6}$$

由(6-2-5)式经二项式展开得到

$$S_{1,2} \approx \begin{cases} -r\gamma_2 \\ -\left(\frac{r-1}{r}\right)\gamma_R \end{cases} \tag{6-2-7}$$

上式表示激光器状态微扰量的瞬态响应具有两个随时间指数衰减的解。激光器则呈现为过阻尼而无振荡的工作状态,腔内光子总数及原子集居数反转微扰量随时间之衰减常数大致相当于原子本身和谐振腔的衰减速率 γ_2 及 γ_R。在这种情况下,开启激光器将观测不到明显的尖峰和弛豫振荡现象,激光器工作收敛于稳态。大多数的气体激光器就属于这种情况。

2. 强尖峰激光器

另一种情况是原子衰减常数远小于谐振腔的衰减常数,即激光器参数满足条件

$$\gamma_2 \ll \gamma_R \tag{6-2-8}$$

由(6-2-5)式得到

$$S \qquad S_{1,2} = -\frac{r\gamma_2}{2} \pm i\sqrt{\gamma_2\gamma_R(r-1) - \left(\frac{r\gamma_2}{2}\right)^2} \equiv -\gamma_{sp} \pm i\omega_{sp} \tag{6-2-9}$$

式中下脚标"sp"代表尖峰参数,且有

$$\left.\begin{array}{l} \gamma_{sp} \equiv \dfrac{r\gamma_2}{2} \\[2mm] \omega_{sp} \equiv \sqrt{\gamma_2\gamma_R(r-1) - \gamma_{sp}^2} \end{array}\right\} \tag{6-2-10}$$

(6-2-9)、(6-2-10)两式表示,激光系统微成具有振幅随时间指数衰减的阻尼正弦振荡形式的瞬态响应。激光器振荡模的腔内光子数可表示成

$$\varphi(t) = \varphi_s + \varphi'_0 e^{-\gamma_{sp}t} e^{\pm i\omega_{sp}t} \tag{6-2-11}$$

原子集居数反转则为

$$\Delta N(t) = \Delta N_s + \Delta N'_0 e^{-\gamma_{sp}t} e^{\pm i\omega_{sp}t} \tag{6-2-12}$$

可见,激光器弛豫振荡阻尼衰减速率为 γ_{sp},弛豫振荡的角频率为 ω_{sp},它们由(6-2-10)式给出。当 $t \gg 1/\gamma_{sp}$ 时,$\varphi(t)$、$\Delta N(t)$ 分别趋于稳态值 φ_s 和 ΔN_s。由于 $\gamma_{sp} \ll \gamma_2\gamma_R(r-1)$,弛豫振荡的频率

$$\omega_{sp} \approx \sqrt{\gamma_2\gamma_R(r-1)} = \sqrt{\frac{r-1}{\tau_2\tau_R}} \tag{6-2-13}$$

值得注意的是,对于通常的光泵浦脉冲持续时间 $1/\gamma_{sp}$ 在同一数量级的脉冲固体激光器,一般尚未趋于稳态值,因而输出激光脉冲多呈现为类峰振荡。

对大多数固体激光器及其他满足条件(6-2-8)式的激光器,实验观测到的单模输出的弛豫振荡与以上的讨论结果一致。例如,典型的 Nd:YAG 激光器,$r=1.5$,$\tau_2 \approx 230\mu s$,$\tau_R \approx 30ns$,按(6-2-13)式所算得的弛豫振荡频率 ω_{sp} 约为 $250KHz$,这与实验结果基本符合。虽然对于大振幅的尖峰现象与以上关于弛豫振荡的小信号微扰方法所得到的结果有所不同,但上述结果确给出了激光器参数与尖峰频率及阻尼速率的一般关系。应该注意的是,由于速率方程组(6-1-8)实质上是四能级激光系统的一种简化模型,所以前面关于激光尖峰的讨论适用于四能级激光系统。对于三能级激光系统(例如红宝石激光器),可以沿用完全类似

的方法和步骤,用三能级激光器速率方程导出 γ_{sp} 与 ω_{sp} 跟激光器参数的关系(习题 6.5)。结果表明,与四能级系统相比,ω_{sp} 具有类似的结果,但 γ_{sp} 要小得多,这表明三能级激光器具有弱阻尼特性。对于注入式半志体二极管激光器,原则上可以用四能级模型来讨论其尖峰和弛豫振荡特性,但由于激光器损耗大、腔长短而使 $\tau_R \ll \tau_2$(即 $\gamma_2 \ll \gamma_R$),因而弛豫振荡的频率 ω_{sp} 较典型的 Nd:YAG 系统大得多。例如,GaAs 半导体激光器,腔长为 $300\mu m$,折射率为 $3.35,\tau_R \approx 1.1ps,\tau_2 \approx 3ns$,当 $r = 1.5$ 时算得的 $\omega_{sp} \approx 2.4GHz$;它远大于典型 Nd:YAG 激光器约为数百 KHz 的水平。最后应指出,在实验中,由于激光器中难免出现的各种突然的瞬时扰动(例如,泵浦的扰动、腔的机械、声振动,热不稳定性、激光器中的跳模和多模振荡等)会使激光输出呈现某些瞬时变化和跳变,结果造成无规则的尖峰现象。通过仔细的模式选择,增大腔长以提高腔模寿命 τ_R,或采取某些稳定激光器机械结构、隔声及提高激光电源稳定性等技术措施可以在一定程度上控制尖峰或使尖峰更规则一些。

第三节　激光器调 Q 原理

在脉冲激光器中,为了克服自由振荡情况下由于尖峰振荡效应所造成的激光输出峰值功率低、时间特性差的缺点,常采用所谓的"调 Q"技术(亦称 Q 开关技术)以获得短而强的激光巨脉冲输出。"调 Q"就是采用一定的技术和装置来控制激光器谐振腔的 Q 值按一定的程序和规律变化,从而达到改善激光脉冲的功率和时间特性的目的。由于谐振腔的 Q 值直接依赖于激光腔的总损耗,所以激光器调 Q 通常都是通过对谐振腔损耗的调制来实现的。使光学谐振腔的 Q 值发生快速变化的装置叫作 Q 开关,目前常用的 Q 开关可分为两大类:主动式 Q 开关(包括转镜调 Q,电光调 Q、声光调 Q 等)和被动式 Q 开关(主要是染料调 Q)。调 Q 巨脉冲的持续时间一般仅为几十毫微秒,峰值功率可达兆瓦以上。由于激光能量在时间上的高度集中并可获得很高的功率密度,调 Q 激光脉冲已获得了相当广泛的应用。本节首先定性说明调 Q 激光器的工作原理及巨脉冲的形成过程,然后利用速率方程理论分析主动调 Q 激光器的工作特性。本节的分析限于单个调 Q 脉冲情况,对于重复率调 Q 以及被动调 Q 的速率方程分析,读者可参考文献[14],[19],[20] 等。至于调 Q 技术的细节和开关设计已超出本课程内容,读者可参阅有关激光技术的书刊。

一、激光器调 Q 概述

图 6-3-1 给出了激光器调 Q 及巨脉冲形成过程示意图。当泵浦激励刚开始时,激光器处于高损耗(低 Q 值)状态,此时激光器具有高的阈值。在泵浦激励下,此时介质中的原子集居数反转(从而介质的增益)及腔内储能随时间增大并提高到某个较通常激光器大得多的水平上,但由于高的振荡阈值而不能产生激光振荡。当泵浦接近终了、介质中的原子集居数反转已达到最大时,突然降低谐振腔的损耗到正常值,使激光器处于低损耗高 Q 值状态,激光器的振荡阈值亦降低到正常水平。由于此时激光介质中的集居数反转远大于阈值,激光振荡迅速形成,即腔内的光子数从最初的自发辐射噪声水平立即以非常快的速率增长并形成一个巨脉冲激光振荡。激光振荡的迅速增大致使在一个很短的时间内就消耗掉反转原子,介质的增益便迅速下降当达到新的腔损耗值时,激光振荡模的光子数达到极大值,继而由

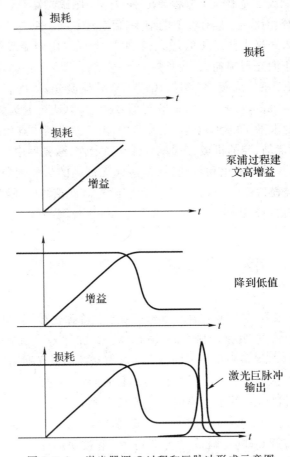

图 6-3-1   激光器调 Q 过程和巨脉冲形成示意图

于介质增益的继续饱和而使增益低于阈值,激光振荡迅速熄灭,于是,在激光器中就形成了一个调 Q 激光巨脉冲输出。

二、主动调 Q 的速率方程分析

尽管调 Q 激光器涉及到高的光强和短的光脉冲与激活介质中原子间的相互作用,但利用速率方程理论仍能给出调 Q 激光器一般特性的分析,所得到的结果亦很有用。

（一）调 Q 激光器速率方程

由于通常的调 Q 激光器激光脉冲的持续时间约为几十毫微秒,在这样短的时间内激光下能级的原子难以迅速抽空,因此采用三能级系统模型来描述调 Q 激光器更为适宜。三能级系统激光器速率方程组由(5-3-6)式可表示为

$$\begin{cases} \dfrac{d(\Delta N)}{dt} = W_P(N-\Delta N)\eta_1 - \left(1+\dfrac{g_2}{g_1}\right)B_R\varphi\Delta N - \left(\dfrac{g_2}{g_1}N+\Delta N\right)\dfrac{A_{21}}{\eta_2} \\ \dfrac{d\varphi}{dt} = \left(B_R\Delta N - \dfrac{1}{\tau_R}\right)\varphi \end{cases} \tag{6-3-1}$$

式中 $N,\Delta N$ 分别为激活介质中的总原子数和总集居数反转值,φ 为腔内总光子数。$B_R = (\sigma_{21}\upsilon/V_R)$,亦称为激光器介质中光子与原子间的耦合系数。据该方程组可讨论调 Q 激光器

在脉冲泵浦下(例如矩形泵浦)的泵浦特性,其分析方法在第五章第一节中已作了讨论。本节中,我们将利用速率方程来分析调 Q 激光脉冲的特性。由于调 Q 脉冲的持续时间很短,因而可以将速率方程组(6-3-1)中的自发辐射和泵浦激励对介质中集居数反转的影响忽略,于是,调 Q 激光器的速率方程在脉冲输出阶段可近似表示为

$$\begin{cases} \dfrac{\mathrm{d}(\Delta N)}{\mathrm{d}t} = -\left(1+\dfrac{g_2}{g_1}\right)B_R\varphi\Delta N \\[3mm] \dfrac{\mathrm{d}\varphi}{\mathrm{d}t} = \left(B_R\Delta N - \dfrac{1}{\tau_R}\right)\varphi \end{cases} \tag{6-3-2}$$

为使讨论简化,如图 6-3-2 所示,假设 Q 开关速率很快,因此,在开关过程中原子集居数反转 ΔN 的变化可以忽略,而由开关所致的腔损耗则用一个阶跃函数表示。设方程(6-3-2)式的初始条件是,取 Q 开关被打开(即腔的 Q 值从低值突然快速变为高值)时,$t=0$,相应的 $\Delta N = \Delta N_i = r\Delta N_t$($r$ 为激光器的泵浦超阈度),$\varphi_s \approx 1$ 远小于光子总数的峰值 φ_m。到调 Q 脉冲结束时,$\varphi_f \approx 0$,$\Delta N = \Delta N_f$。

(二)调 Q 脉冲特性分析

为便于讨论,据激光器的阈值振荡条件 $\Delta N_t = 1/(B_R\tau_R)$,可将调 Q 激光器速率方程给(6-3-2)表示为

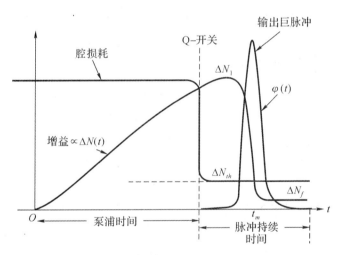

图 6-3-2　脉冲泵浦下的主动调 Q 过程示意图

可将调 Q 激光器速率方程组(6-3-2)表示为

$$\begin{cases} \dfrac{\mathrm{d}(\Delta N)}{\mathrm{d}t} = -\left(1+\dfrac{g_2}{g_1}\right)\dfrac{\Delta N}{\Delta N_t}\dfrac{1}{\tau_R}\varphi \\[3mm] \dfrac{\mathrm{d}\varphi}{\mathrm{d}t} = \left(\dfrac{\Delta N}{\Delta N_t}-1\right)\dfrac{\varphi}{\tau_R} \end{cases} \tag{6-3-3}$$

通常需对该方程组数值求解才能求得 $\Delta N(t)$ 及 $\varphi(t)$。但利用下述的解析方法可以求出 $\varphi(t)$ —$\Delta N(t)$ 之间的关系或者在相平面内画出激光器工作状态的相图,结合图 6-3-2 亦可对调 Q 激光器的某些特性给出很好地说明。

将方程组(6-3-3)中两式相除消去时间变量 t,得到

$$\frac{d\varphi}{d\Delta N} = -\frac{1}{1+\frac{g_2}{g_1}}\left(1 - \frac{\Delta N_t}{\Delta N}\right) \tag{6-3-4}$$

对上式积分,积分区间为 0 到任一时刻 t,则

$$\int_{\varphi_i}^{\varphi(t)} d\phi = -\frac{1}{1+\frac{g_2}{g_1}}\int_{\Delta N_i}^{\Delta N(t)}\left(1 - \frac{\Delta N_t}{\Delta N}\right)d\Delta N$$

积分结果为

$$\varphi(t) = \frac{1}{1+\frac{g_2}{g_1}}\left[\Delta N_i - \Delta N(t) + \Delta N_t \ln\frac{\Delta N(t)}{\Delta N_i}\right] + \varphi_i$$

$$\approx \frac{1}{1+\frac{g_2}{g_1}}\left[\Delta N_i - \Delta N(t) + \Delta N_t \ln\frac{\Delta N(t)}{\Delta N_i}\right]$$

$$= \frac{1}{1+\frac{g_2}{g_1}}\left[\Delta N_i - \Delta N(t) + \frac{\Delta N_i}{r}\ln\frac{\Delta N(t)}{\Delta N_i}\right] \tag{6-3-5}$$

其中 $r = \Delta N_i/\Delta N_t$ 为调 Q 激光器 Q 开关打开时的泵浦超阈度。利用速率方程组(6-3-3)、(6-3-4)及其近似解析解(6-3-5)式可以对调 Q 脉冲的特性作出说明。

1. 脉冲峰值功率

参照图 6-3-2,显然,当 $\Delta N(t) = \Delta N_t$ 时,$\frac{d\varphi}{dt} = 0$,此时腔内光子总数 φ 达到极大值 $\varphi(t_m) = \varphi_m$。由(6-3-5)式得

$$\varphi_m = \frac{1}{\left(1+\frac{g_2}{g_1}\right)r}(r - 1 - \ln r)\Delta N_i = \frac{1}{1+\frac{g_2}{g_1}}(r - 1 - \ln r)\Delta N_t \tag{6-3-6}$$

相应地,激光器的峰值输出功率应为

$$P_m \approx h\upsilon_0\varphi_m/\tau_t$$

式中 $\tau_t = L/(\delta_t\upsilon)$ 为调 Q 激光器,由输出损耗 δ_t 所决定的光子平均驻腔寿命。将(6-3-6)式代入上式得

$$P_m = \frac{h\upsilon_0}{\tau_t} \cdot \frac{1}{1+\frac{g_2}{g_1}}\Delta N_t(r - 1 - \ln r) \tag{6-3-7}$$

对于四能级激光器,由于激光下能级能够迅速抽空,因此速率方程(6-3-3)式中的因子 $(1 + g_2/g_1)$ 应以 1 代之。若定义因子 2^* 为

$$2^* = \begin{cases} 1 & \text{对四能级激光系统} \\ 1+\frac{g_2}{g_1} & \text{对三能级激光系统} \end{cases}$$

则可将三能级及四能级调 Q 激光器的腔内光子总数峰值和脉冲输出功率的峰值统一表示成为

$$\varphi_m = \frac{1}{2^*}(r - 1 - \ln r)\Delta N_t = \frac{1}{2^* r}(r - 1 - \ln r)\Delta N_i \tag{6-3-8}$$

以及

$$P_m = \frac{hv_0}{\tau_t} \frac{1}{2^*}(r - 1 - \ln r)\Delta N_t = \frac{hv_0}{\tau_t} \frac{1}{2^* r}(r - 1 - \ln r)\Delta N_i \qquad (6\text{-}3\text{-}9)$$

由(6-3-8)、(6-3-9)两式可以看出,φ_m 及 P_m 与激光器 Q 开关打开时刻的泵浦超阈度 r 密切有关,随着 r 的增大,φ_m 及 P_m 值均增大。当 $r \gg 1$ 时,$\varphi_m \rightarrow \frac{1}{2^*}\Delta N_i$,这就是说,若 Q 开关打开时的初始集居数反转远远高出阈值,激光器便具有很大的初始增益和光脉冲增长速率,调 Q 激光器基本上可将 $1/2^*$ 倍的初始反转原子转换成腔内光子,然后再以腔衰减速率 $\gamma^R = 1/\tau_R$ 衰减并输出至腔外成调 Q 巨脉冲输出。图 6-3-3 为调 Q 激光器的 $\varphi_m/\Delta N$ 值随泵浦超阈度 r 变化的理论曲线。显然,为了获得高的峰值功率应设法提高 r 值。下面分析 r 值与激光器的哪些参数有关。$r = \Delta N_i/\Delta N_t$,为了提高 r 就应提高 ΔN_i 或减小 ΔN_t。ΔN_i 值可由 Q 开关关闭时的速率方程求出,据第五章第一节讨论的结果可知,泵浦几率 W_P 愈大,激光上能级平均寿命越长,可以获得愈大的 ΔN_i 值。因此,激光上能级具有较长平均寿命的激活介质更适宜于做调 Q 器件。又由于 Q 开关关闭时的腔损耗愈大,可允许更大的 ΔN_i 值,这也有利于调 Q 输出。另一方面,为了减小 $\Delta N_t = \delta/\sigma$,这就意味着应尽量减小激光器 Q 开关打开时的腔损耗 δ。

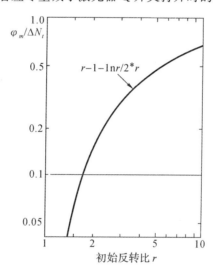

图 6-3-3　调 Q 激光器的 $\varphi_m/\Delta N_i$ 随 r 变化的理论曲线

2. 调 Q 脉冲能量

调 Q 脉冲的总能量对于许多的激光应用,特别是各种激光加工中是一个十分重要的参数。设激光脉冲结束时腔内光子总数为 $\varphi_f \approx 0$,集居数反转为 ΔN_f,在巨脉冲持续过程中激光介质发射光子总数应为 $(\Delta N_i - \Delta N_f)/2^*$。腔内巨脉冲的能量则为

$$E_{内} = \frac{1}{2^*}hv_0(\Delta N_i - \Delta N_f) \qquad (6\text{-}3\text{-}10)$$

若激光器谐振腔的效率为 $\eta_R = \delta_t/\delta$,则输出巨脉冲能量应为

$$E_{\text{out}} = E_{内} \cdot \eta_R = \frac{1}{2^*}hv_0\eta_R(\Delta N_i - \Delta N_f)$$

亦可将上式表示成

$$E_{\text{out}} = \frac{1}{2^*}hv_0\eta_R\Delta N_i\left(1 - \frac{\Delta N_f}{\Delta N_i}\right) = E_i\mu\eta_R \qquad (6\text{-}3\text{-}11)$$

式中 $E_i = h\upsilon_0\Delta N_i$，表示 Q 开关打开前介质内的储能，υ_0 为激光跃迁中心频率，参数 μ 定义为

$$\mu = \frac{1}{2^*}\left(1 - \frac{\Delta N_f}{\Delta N_i}\right) = \frac{E_{内}}{E_i} \tag{6-3-12}$$

显然，它代表激光器腔内储能的光能利用率。由(6-3-11)式可知，调 Q 脉冲的输出能量与 E_i 及 μ 成正比。下面再来分析 μ 与哪些因素有关，由(6-3-5)式知，当巨脉冲结束时应有

$$\Delta N_i - \Delta N_f + \frac{\Delta N_i}{r}\ln\frac{\Delta N_f}{\Delta N_i} \approx 0$$

上式亦可改写成

$$1 - \frac{\Delta N_f}{\Delta N_i} + \frac{1}{r}\ln\frac{\Delta N_f}{\Delta N_i} \approx 0 \tag{6-3-13}$$

显然，介质中原子集居数反转的末、初比仅仅是调 Q 激光器开关打开时的初始泵浦超阈度 r 的函数。由(6-3-12)及(6-3-13)两式可得

$$r = \frac{1}{2^*\mu}\ln\left(\frac{1}{1-2^*\mu}\right)$$

或 $\quad 1 - 2^*\mu = \exp(-2^*\mu r) \tag{6-3-14}$

因此，调 Q 激光器腔内储能的利用率 μ 仅仅是 r 的函数。图 6-3-4 为 $\mu - r$ 关系的理论曲线。当 $r \geqslant 2$ 时，$2^*\mu$ 迅速趋于 100%，因此，为了提高储能利用率和巨脉冲能量，在调 Q 激光器中应提高 r。

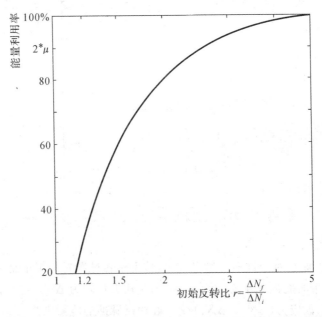

图 6-3-4　调 Q 激光器的能量利用率随泵浦超阈度变化理论曲线

3. 脉宽

参见图 6-3-2，调 Q 脉冲的形成从时间上看大致可分成几个阶段：$t < 0$，为储能阶段；$0 \leqslant t \leqslant t_m$ 为脉冲上升阶段（前沿）；$t_m \leqslant t < t_f$ 为脉冲下降阶段（后沿）；$t > t_f$ 为脉冲熄灭阶段。利用速率方程组(6-3-3)及其近似解(6-3-5)式可以数值计算出调 Q 脉冲的脉宽（FWHM），即 $\tau_P = \Delta\tau_1 + \Delta\tau_2$，其中 $\Delta\tau_1$ 为脉冲前沿时间，它表示腔内光子数由 $\varphi_m/2$ 上升到 φ_m 所需的时间，$\Delta\tau_2$ 为脉冲后沿时间，表示腔内光子数由峰值 φ_m 降至 $\varphi_m/2$ 所需时间，其结果可参考文献[1]。在一定的近似下亦可由速率方程求得近似解析解并求得脉宽[2]。通常还可

将调 Q 脉冲的脉宽近似表示成调 Q 脉冲的总能量除以峰值功率,即

$$\tau_P \approx \frac{E_{\text{out}}}{P_m}$$

由(6-3-9)及(6-3-11)两式得

$$\tau_P \approx \frac{2^* r\mu(r)}{r-1-\ln r} \cdot \tau_R \tag{6-3-15}$$

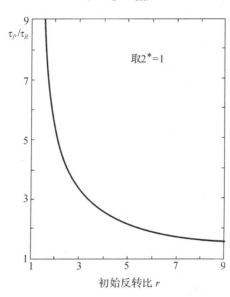

图 6-3-5　调 Q 脉宽随 r 变化的理论曲线

由该式所估算的脉宽并不严格等于 FWHM 脉宽的精确结果,但对大多数场合都已够了(其值约比精确值小 20% 左右)。图 6-3-5 给出了按(6-3-14)、(6-3-15)两式所得到的 $\tau_P - r$ 理论曲线。显然,当 r 增大时,τ_P 随之减小并趋于极限值 $2^* \tau_R$。为了获得窄的脉宽,除了增大 r 外,在设计调 Q 激光器时还应减小光子的平均驻腔寿命 τ_R,即腔长不宜过长,腔损耗不宜过小。图 6-3-6 给出了闪光灯泵浦的 Nd:YAG 激光器调 Q 脉冲的峰值功率与脉宽随泵浦速率(正比于闪光灯电流)变化的实验曲线。可以看出,它们与前述的理论分析结果是一致的,这也表明了本节所给出的分析方法是合理的。对调 Q 脉冲波形更精确的数值计算结果表明,当 r 增大时,波形将变得不对称,特别是前沿迅速变陡,但后沿由于主要取决于 τ_R 而变化不大。

应该指出,本节仅仅是在理想情况下对单个调 Q 脉冲的特性作了理论分析,实际调 Q 激光脉冲的诸参数(P_m、E_{oug}、τ_P)都较理论预期值要差,其主要原因有:泵浦不均匀造成的激光工作物质的热畸变、集居数反转密度分布的不均匀使脉宽变宽,Q 开关的速度快慢对脉冲及峰值功率的影响,介质中的空间烧孔效应使巨脉冲能量减小等,有关详细的讨论可参阅文献[19]。

在本节中,通过对速率方程近似求解,对调 Q 激光器输出脉冲的特性作了分析。此外,据方程式(6-3-4)或其近似解(6-3-5)亦可以在 $\varphi - \Delta N$ 相平面内作出调 Q 激光器的相图,借助于相图对激光器的工作特性作出分析。关于瞬态 Q 开关情况下,调 Q 激光器的相平面描述可参考文献[13]。

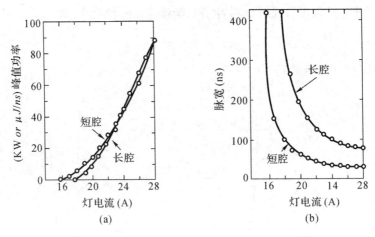

图 6-3-6　Nd：YAG 调 Q 激光器输出脉冲的实验结果

第四节　　激光器锁模

　　如上节所述,激光器调 Q 技术是压缩激光脉宽、提高峰值功率的有效方法。然而,调 Q 巨脉冲脉宽的下限决定于光子平均驻腔寿命 τ_R ,即约为 L/c 量级,因此,利用调 Q 技术通常只能获得脉宽约为毫微秒量级的激光脉冲。为了对物理、化学及生物学等领域的极其快速现象进行直接的瞬态研究,需要对激光脉宽进一步压缩以获得皮秒(ps),甚至飞秒(fs)量级的激光脉冲。不断改进和发展的激光器锁模技术,为获得超短光脉冲提供了有效的途径,利用锁模技术不难获得脉宽为 $10^{-12} - 10^{-13}$ s 的光脉冲,而目前对撞锁模已将激光脉宽压缩到仅有几个飞秒(fs)。本节将对锁模及其基本方式的原理作简要讨论,更详细的分析可参阅激光技术及有关超短光脉冲的文献。

一、锁模基本原理

　　据第五章第三节对激光器振荡原理的讨论,对于通常的激光器,不管其跃迁谱线的加宽类型如何,一般总呈现为多个纵模的同时振荡。由于不同的振荡模皆由不同的自发辐射噪声光子经由介质中的受激辐射放大而形成,因此,各个模式的振幅、初始相位一般均无确定关系,它们之间互不相干。激光器的输出则由各振荡模的非相干叠加而呈现为随时间的无规则起伏。利用锁模技术对激光束进行特殊的调制,使不同的振荡模间具有确定的相位关系,诸模相干叠加可得到超短脉冲。锁模包括纵模锁定、横模锁定及纵、横模同时锁定,本节以纵模锁定为例说明锁模基本原理。

　　(一)多纵模锁定的一般分析

　　设 N 个纵模振荡的激光器在均匀平面波近似下,在 t 时刻、给定空间 z 处每个纵模输出的光场可以表示为

$$E_q(z,t) = E_q \mathrm{e}^{i\left[\omega_q\left(t-\frac{z}{v}\right)+\frac{\Phi}{q}\right]} \tag{6-4-1}$$

式中 E_q 、ω_q 、Φ_q 分别为第 q 个模的振幅、角频率及初位相。激光器总的输出光场

$$E(z,t) = \sum_{q=-(N-1)/2}^{(N-1)/2} E_q e^{i\left[\omega_q\left(t-\frac{z}{v}\right)+\frac{\Phi}{q}\right]} \tag{6-4-2}$$

对于通常的激光器,诸纵模的振幅取决于介质的增益线型,其初始相位间无确定关系。又由于激光器中存在的频率牵引和推斥效应(将在本章下一节介绍),各相邻纵模的频率间隔亦不严格相等,因此各纵模间是不相干的。按(6-4-2)式所求得的激光器输出光强由于诸模间的非相干叠加而呈现出随机无规则起伏变化。其平均光强则可表示成诸模光强的简单和,即

$$\langle I \rangle = K \sum_q |E_q|^2 = \sum_q I_q \tag{6-4-3}$$

式中 K 为比例系数。若诸模的光场振幅相等,则上式可简化成

$$\langle I \rangle = NI。 \tag{6-4-4}$$

式中 I_0 为每个模的光强。假如各振荡纵模的相位被锁定,即振荡模的频率间隔保持一定,初始相位关系亦保持一定,那么激光器的输出光强由于诸模相干叠加的结果将发生很大的变化。下面对这种相位锁定的情况作进一步分析。

设(6-4-2)式满足

$$\Phi_{q+1} - \Phi_q \equiv \beta,即\ \Phi_q = \Phi_0 + q\beta$$

$$\omega_{q+1} - \omega_q \equiv \Omega \equiv 2\pi \cdot \frac{c}{2L'}$$

$$即\ \omega_q = \omega_0 + q\Omega$$

ω_0,Φ_0 为中心激光模角频率和初始相位,L' 为光学腔长。为简化计,设各纵模场振幅相等,且 $E_q \equiv E_0$,取 $z=0$,由(6-4-2)式求得各纵模被相位锁定时的合成光场振幅为

$$E(t) = \sum_{-(N-1)/2}^{(N-1)/2} E_0 e^{i\left[(\omega_0+q\Omega)t+(\Phi_0+q\beta)\right]} = E_0 e^{i(\omega_0 t+\varphi_0)} \sum_q e^{iq(\Omega t+\beta)}$$

$$= E_0 e^{i(\omega_0 t+\varphi_0)} \frac{e^{i\frac{N}{2}(\Omega t+\beta)} - e^{-i\frac{N}{2}(\Omega t+\beta)}}{e^{i\frac{1}{2}(\Omega t+\beta)} - e^{-i\frac{1}{2}(\Omega t+\beta)}} = A(t) e^{i(\omega_0 t+\Phi_0)}$$

式中合成场振幅为

$$A(t) = E_0 \cdot \frac{\sin\dfrac{N(\Omega t+\beta)}{2}}{\sin\dfrac{\Omega t+\beta}{2}} \tag{6-4-6}$$

合成光场的光强为

$$I(t) = I_0 \cdot \frac{\sin^2\dfrac{N(\Omega t+\beta)}{2}}{\sin^2\dfrac{\Omega t+\beta}{2}} \tag{6-4-7}$$

式中 $I_0 = KE_0^2$。

图 6-4-1 为 8 个纵模同时振荡的情况下,对应诸模间的不同相位、振幅关系,激光器在一给定空间点处的总光强 $I(t)$ 随时间变化的示意图。可以看出,当诸纵模实现相位锁定且振幅相等时,激光器将输出周期性的脉冲序列。

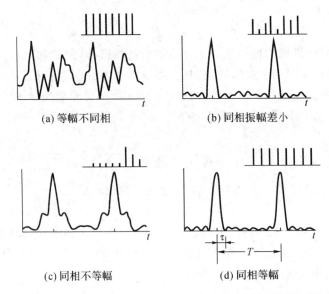

(a) 等幅不同相　　　　　　　　　(b) 同相振幅差小

(c) 同相不等幅　　　　　　　　　(d) 同相等幅

图 6-4-1　取 $N = 8$ 不同情况下的合成场光强随时间的变化

（二）纵模锁定激光器的输出特性分析

利用(6-4-5)、(6-4-6)以及(6-4-7)式对理想的纵模锁定激光器的输出特性可作出如下分析：

1. 激光器在给定空间点处的光场为振幅受到调制的、频率为 ω_0 的单色正弦波。

2. 当 $\Omega t + \beta = 2m\pi(m = 0,1,2,\cdots)$ 时，在空间确定位置上激光器输出光强取极大值，该峰值平均光强为

$$\langle I_{\max} \rangle = N^2 I_0 \tag{6-4-8}$$

与未经锁模的(6-4-4)式比较，锁模后的脉冲峰值光强(功率)提高了 N 倍。显然，激光器振荡的纵模数 N 愈大，可得到愈高的峰值功率。

3. 调幅波极大值出现的周期，即锁模主脉冲的周期，由 $\Omega t + \beta = 2m\pi$ 易得

$$T = \frac{2\pi}{\Omega} = \frac{1}{\Delta v_q} = \frac{2L'}{c} \tag{6-4-9}$$

(6-4-9)式表示锁模脉冲序列的周期恰好等于一个光脉冲在谐振腔内往返一次所需的渡越时间。因此，我们可以把锁模激光器的工作过程形象地看作仅有一个窄的光脉冲在腔内往返传播。每当该脉冲传播到激光器输出反射镜时便有一个锁模脉冲输出，从而得到时间间隔为 $2L'/c$ 的规则脉冲序列。在空间给定点所观测到的主脉冲出现的频率 $f = 1/T = c/2L'$，它恰好等于激光相邻纵模的频率间隔。可见，激光器纵模锁定的结果相当于一单色正弦波受到频率为纵模间隔的幅度调制。换言之，欲实现锁模，只需将谐振腔的纵模按纵模间隔的频率作幅度调制。

4. 两个锁模主脉冲之间有 $(N-1)$ 个零点，$(N-2)$ 个次极大值。易求出主脉冲峰值与最邻近的光强为零的谷值之间的时间间隔为

$$\tau = \frac{2\pi}{N\Omega} = \frac{T}{N} \tag{6-4-10}$$

通常将由上式所决定的时间间隔定义为主脉冲宽度，简称脉宽。激光器可振荡的纵模数按

(5-3-42)式可近似表示为 $N \approx \Delta v_F / \Delta v_q$，其中 Δv_F 为激光器给定激光跃迁的荧光线宽，即激活介质的未饱和增益线宽。将此近似式代入(6-5-10)式，得近似的锁模主脉冲宽度

$$\tau \approx \frac{1}{\Delta v_F} \qquad (6-4-11)$$

由此可见，锁模激光器激活介质给定激光跃迁的自发辐射荧光线宽越宽，可能振荡的纵模数就越多，锁模脉宽越窄。与调 Q 激光器相比，其脉宽可压缩约 N 倍。至于两锁模主峰之间的次极大由于当 $N \gg 1$ 时其幅度远小于主峰，通常可不予考虑。表6-4-1列出了几种主要激光器的激光跃迁锁模脉宽的实验值，可供参考。

表 6-4-1　几种主要激光跃迁锁模脉宽实验值

激光器	跃迁中心波长(μm)	脉宽实验值(s)	荧光线宽(Hz)
He-Ne	0.6328	$\approx 300 \times 10^{-12}$	1.5×10^9
He-cd	0.442	$\approx 400 \times 10^{-12}$	4×10^9
Ar^+	0.5145	$\approx 130 \times 10^{-12}$	6×10^9
Kr^+	$0.521 - 0.753$	$\approx 50 - 75 \times 10^{12}$	
KrF	0.2485	$\leqslant 2 \times 10^{-9}$	
XeF	0.351	$\leqslant 2 \times 10^{-9}$	
HF	≈ 2.7	$5 - 20 \times 10^{-12}$	
CO_2	10.6	$\leqslant 1 \times 10^{-9}$	
$< I_2$	1.31	500×10^{-12}	
Cr^{3+}：Ruby	0.6943	25×10^{-12}	3×10^{11}
Nd：YAG	1.06	5.25×10^{-12}	1.8×10^{11}
Nd：Glass	1.06	2×10^{-13}	6×10^{12}
GaALAs	0.86	16×10^{-12}	
GaInAsp	1.21	18×10^{-12}	
Dye	可见—远红外	$0.012 - 10 \times 10^{-12}$	
Colour Centre	$0.8 - 2.2$	4×10^{-12}	

最后，还应该指出，本节的分析是在假定诸振荡纵模之振幅相等的情况下进行的，在实际的激光器中，各纵模的振幅并不相等，具有不同频率纵模的振幅与激活介质增益曲线的形状密切有关，采用高斯型脉冲腔内循环光场模型对均匀加宽激光器锁模特性的分析，可对激光器锁模特性给出更好的描述，有关这方面的分析方法读者可参考文献[14]、[1]。

二、锁模方法及其原理概述

对于通常的自由振荡激光器，如上所述，各纵模间互不相干，为实现纵模锁定须采取一定的技术措施，以强制各纵模间保持确定的位相关系并使相邻模间频差相等。随着超短光脉冲技术的迅速发展，目前实现锁模的方法已有多种。按其工作原理可分为主动锁模、被动锁模、同步泵浦锁模、注入锁模、对撞锁模及其组合方式。本小节仅对主动锁模和被动锁模两种最基本、也是最常用的锁模方法的基本原理做出一般性的分析。

（一）主动锁模原理

如图6-4-2所示，在自由振荡的激光器谐振腔内安置一振幅或相位调制器，适当控制调

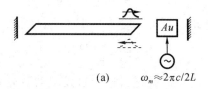

$$(a) \qquad \omega_m \approx 2\pi c/2L$$

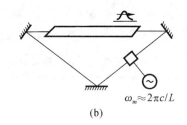

$$(b) \qquad \omega_m \approx 2\pi c/L$$

图 6-4-2　主动锁模（AM）激光器示意图

制频率和调制深度可以实现激光器的纵模锁定。由于该调制器的调制特性人为主动可控，通常称这类锁模方式为主动锁模。腔内的振幅调制锁模也称为损耗内调制锁模。相位调制锁模虽是对振荡模的相位进行调制，但就其锁模效果而言类似于前者。因此，以下将以损耗内调制为例说明主动锁模的工作原理。

设谐振腔内所安置的损耗调制器使腔损耗发生角频率为 Ω 的正弦周期变化。为实现纵模锁定，调制频率应严格等于激光振荡纵模的频率间隔，即 $\Omega = 2\pi c/2L' = \pi c/L'$，或者说调制周期须恰等于振荡光束在腔内往返一周所需的时间 T。由于腔损耗的变化，每个振荡纵模的振幅亦受到调制而发生角频率为 Ω 的周期变化。若调制器的调幅系数为 M_a，则频率为 ω_q 的振荡纵模光场可表示为

$$E_q(t) = E_0(1 + M_a\cos\Omega t)\cos(\omega_q t + \Phi_q)$$

将该式展开，得

$$E_q(t) = E_0\cos(\omega_q t + \Phi_q) + \frac{M_a}{2}E_0\cos[(\omega_q + \Omega)t + \Phi_q] + \frac{M_a}{2}E_0\cos[(\omega_q - \Omega)t + \Phi_q]$$

可见，腔损耗正弦调制的结果，从频域角度来看是使频率为 ω_q 的纵模又产生了频率为 $\omega_q \pm \Omega$、初始相位不变的两个边频带。因此，在振幅调制锁模激光器中，只要频率处在激活介质增益曲线中心频率附近的某个优势纵模形成振荡，就将同时激起与之相邻的两个纵模的振荡，继而这两个边频纵模经调制又产生新的边频并形成频率为 $(\omega_q \pm 2\Omega)$ 的纵模振荡，如此继续下去，直至介质增益线宽内满足振荡阈值条件的所有纵模均被耦合激发而产生振荡为止。由于所有的这些纵模皆有相同的初始相位（与 $\omega_q \approx \omega_0$ 优势模同初位相），彼此间又保持恒定的频率差 Ω，适当选择 M_a 大小可控制各模的振幅关系，它们相干叠加的结果激光器便得到锁模序列光脉冲输出。图 6-4-3(a) 画出了该过程的示意图。从时域的观点来看，由于损耗调制器的调制周期被控制而严格等于循环光场在腔内往返一周所需的时间 $T = 2L'/c$，即调制器的损耗速率为周期函数，其周期为 T，因此，某一时刻通过调制器的振荡光束在腔内经一次完全往返再通过调制器时将受到相同的损耗。如图 6-4-3(b) 所示，除了在调制器使腔损耗为最小时通过调制器的光信号之外，腔内所有的其他光束都将因具有大的腔损耗而不能形成振荡。于是，该调制器可等效为一个"光闸"，每隔 T 时间打开一次，结果激光器

将输出周期正好等于调制周期丁的锁模脉冲序列。

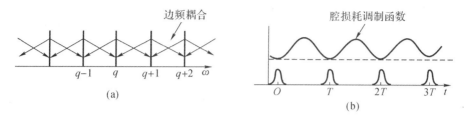

图 6-4-3　主动调制锁模的形成

主动锁模所采用的调制器主要有电光调制器和声光调制器,由于后者具有功耗低、热稳定性好等优点,因而获得更广泛的应用。主动锁模的关键是使调制器的调制频率严格等于激光器的纵模频差。为此,十分稳定的腔长、精确又可微调的调制频率以及适当的调制深度都是锁模激光器的关键技术问题。此外,为了获得好的锁模效果还必须尽量设法避免激光腔内诸光学元件和反射镜间所可能形成的寄生振荡的干扰,调制器的安放位置应尽量靠近腔反射镜。

（二）被动锁模原理概述

如图 6-4-4 所示,在自由振荡的激光器内置一很薄的可饱和吸收体(例如一可饱和染料盒),适当设计和选取激光器及吸收体的参数亦可实现激光锁模。由于这种锁模方式是基于

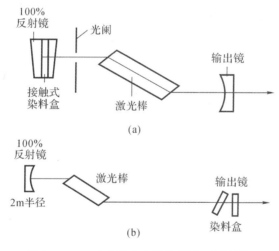

图 6-4-4　被动锁模激光器示意图(两种结构)

吸收体对通过它的光信号的非线性可饱和吸收特性,其过程非人为主动可控,因此通常称之为被动锁模。被动锁模可分为脉冲式与连续式两种形式,其锁模脉冲的形成过程有所不同。前者主要有闪光灯泵浦的固体激光器(如 Nd:YAG,Nd:Glass,红宝石激光器)和有机染料激光器;后者主要有连续的有机染料激光器、半导体激光器和 CO_2 激光器等,它可能获得脉宽更窄的超短脉冲(小于 ps 量级)。由于脉冲式的被动锁模有较多的应用,下面以它为例来说明(图 6-4-4 就属于这种情况)。

可以看出,与被动调 Q 激光器比较,被动锁模激光器具有完全相同的基本结构,但用于锁模的可饱和吸收体性能与调 Q 时有显著的不同。锁模用可饱和吸收体具有较光脉冲持

续时间短得多的能级弛豫时间,因此,在强光信号作用下(信号光强大于可饱和吸收体的饱和光强 I_{sa})可在瞬间使吸收体吸收饱和而变得透明(对染料亦称被"漂白"),当光信号作用结束(或光信号强度变弱而小于 I_{sa})时,又可在瞬间恢复具有大的吸收系数而具有很低的光透过率。也就是说,用于脉冲激光器锁模的是一种快饱和吸收体。对于可见及近红外锁模激光器一般都选用弛豫时间约为 ps 量级的各种类型的可饱和吸收有机染料,例如五甲川、十一甲川、DDI 及隐花青染料等,对于更长波长情况则可采用某些半导体材料和分子气体。可饱和吸收脉冲激光器的被动锁模过程比较复杂也难以解析描述,我们仅就其工作原理作定性说明。

在闪光灯泵浦的初始阶段,激活介质内工作原子的集居数反转随泵浦而增大,此时腔内光子数极少,由于可饱和吸收体(染料)具有大的吸收,腔损耗很大,激光器处于高阈值的贮能阶段。随着介质中激光上能级原子数的不断增多,腔内由于自发辐射会形成一些随机起伏的弱的噪声光幅射讯号,如图 6-4-5(a)所示,腔内光场分布可以看成是由振幅宽度和相位都随机变化着的许多窄的尖峰或噪声脉冲的集合。由于集居数反转的继续增大,腔内所建立起来的这种初始的尖峰和噪声脉冲分布由于反复通过增益介质而由弱变强,同时每个尖峰变宽、变光滑,这种情况如图 6-4-5(b)所示。在经过了若干的往返之后,在某个时刻,若某个光强最大的优势尖峰足以使可饱和吸收染料"漂白",染料"开关"被打开,优势尖峰脉冲便从噪声背景中突出出来,而且其光强获得迅速增大。由于染料具有很短的弛豫时间,当此优势尖峰通过开关之后,染料瞬即恢复具有大的吸收,即"开关"瞬刻又关闭,腔损耗恢复到极大状态。直到优势尖峰在腔内一次完全往返经增益介质放大后,光强进一步增强而再次通过可饱和染料盒,"开关"被再次瞬间打开,然后关闭。如此下去,优势脉冲相继多次往返,通过增益介质直到将介质中所有的储能转换为光脉冲能量,激光器则输出周期 $T=2L'/c$ 的锁模脉冲序列。由于腔内的循环光脉冲信号在通过可饱和吸收染料时脉冲前、后沿都受到染料吸收。因而,当它在腔内多次往返过程中脉宽不断被压缩变窄,并由此可获得窄的光脉冲,如图 6-4-5(d)所示。如果将染料"开关"在腔内主脉冲作用下的瞬时开、关过程视为腔损耗的周期调制,利用与前面主动内损耗调制锁模完全类似的考虑亦可说明被动锁模脉冲的形成。

从以上对被动锁模脉冲的形成过程的分析可以看出,为获得好的锁模效果应保证两个条件:其一是可饱和染料应有十分短的能级弛豫时间,以防止优势尖峰将染料开关打开后与它相继的其他的噪声尖峰脉冲被带过开关;二是当染料开关被瞬时打开时,增益介质应同时有部分的增益饱和,以便使优势尖峰光强能继续增大而其他弱的脉冲光强增长较慢并在多次往返后被减小,最终在腔内仅保留一个最强脉冲的振荡。

可饱和吸收被动锁模输出序列脉冲的脉宽不仅决定于激活介质的增益(即荧光)线宽,而且还与在脉冲形成过程中的脉冲宽度加宽及可饱和吸收染料的饱和对脉宽变窄的影响有关。这些都以比较复杂的方式依赖于激光器的泵浦速率、腔损耗、增益介质和可饱和吸收体的饱和特性及参数等。一台良好的锁模激光器都必须仔细选择和调整这些参数,并限制激光器的泵浦水平以使激光器不在过高的泵浦超阈度下工作。

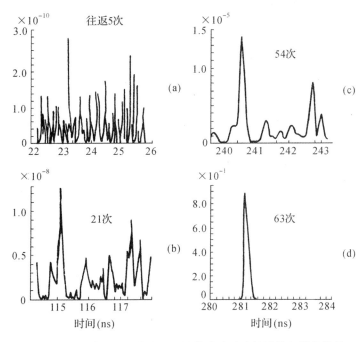

图 6-4-5　脉冲被动锁模激光器锁模脉冲形成的计算机模拟结果

第五节　激光器半经典理论概述

　　本节将对激光器的半经典理论做出简要介绍。半经典理论的基本思想是：激光腔内光场的运动用经典电动力学的麦克斯韦方程组描写，激活介质原子的运动用量子力学的薛定锷方程描写。场对介质的作用表现为薛定锷方程中的微扰哈密顿量，场的扰动使原子的运动状态发生变化，在宏观上就表现为介质的感应电极化效应；介质对光场的作用则归结为麦克斯韦方程组中的感应电极化强度项，极化作为场源或增益源而使场发生变化。在激光器内，光场与介质相互作用反复进行并在腔内形成自洽场，此时介质极化强度产生的场等于产生极化强度的场。利用半经典理论可导出激光器中腔与介质原子间耦合的更全面的运动方程，求解该方程便得到激光器自洽场的各种特性（例如，腔内激光场的振幅、频率）及一系列动力学过程的更深入和本质的描述。

　　在半经典理论中，极化强度是激光场与介质原子相互作用的关键量。考虑到在一般情况下，激光工作物质是由大量工作原子所组成的系综，不同的原子在每一瞬间都可能处于不同的运动状态，因此计算介质（系综）的宏观感应电极化强度就扯及到两种平均，一种是单个原子按其确定的微观态的量子力学平均，另一种是将所得结果再按各微观态出现的几率平均，即统计平均，也就是要对系综内大量原子的极化强度的量子力学平均值再求一次系综平均。由于涉及到两种平均，故采用量子统计学中的密度矩阵方法比较方便。在本节将先导出激光器中光场与原子耦合的基本方程组，然后介绍关于密度矩阵的基本概念，最后简要说明采用半经典理论分析激光振荡特性的基本思路和方法。由于该理论方法中与激光现象描述相对应的数学推导过程相当繁杂,详细的推导和更深入的讨论从略,有关内容可参阅文献[17,18]。

一、激光场的运动方程

按照经典电动力学,激光器谐振腔内的光频电磁场应满足由普遍的麦克斯韦电磁运动方程组所导出的矢量波动方程。对自由振荡激光器,在 t 时刻、空间坐标 $\vec{r}$ 处腔内光场为 $\vec{E}(\vec{r},t)$,若腔内充满均匀的、各向同性的、非铁磁性电介质,在线性极化情况下光场的波动方程为

$$\frac{\partial^2 \vec{E}(\vec{r},t)}{\partial t^2} + \frac{\sigma}{\varepsilon_0}\frac{\partial \vec{E}(\vec{r},t)}{\partial t} - \frac{1}{\mu_0 \varepsilon_0}\nabla^2 \vec{E}(\vec{r},t) = -\frac{1}{\varepsilon_0}\frac{\partial^2 \vec{P}(\vec{r},t)}{\partial t^2} \tag{6-5-1}$$

式中 $\vec{P}(\vec{r},t)$ 为介质的感应电极化强度矢量,ε_0,μ_0 分别为真空中的介电常数和导磁率,它们与真空中光速的关系是 $c^2 = 1/\mu_0\varepsilon_0$,$\sigma$ 为介质的电导率,对于通常的激光电介质而言,应有 $\sigma \approx 0$,方程中保留了含 σ 的项,用来唯象地表示由激光腔内各种损耗机制所导致的腔内光场的衰减。该方程是由电极化强度计算腔内光场的基本方程,在形式上它与经典的强迫阻尼振动方程相似,其所包含的极化强度项对应于强迫源,而含 σ 项则对应于阻尼项。

若无源腔内的本征模为 $\vec{u}_n(\vec{r})$,它应满足拉普拉斯方程及由给定谐振腔所决定的边界条件,即应有

$$\left[\nabla^2 + k_n^2\right]\vec{u}_n(\vec{r}) = 0$$

方程中波矢本征值 k_n 只能取某些特定的分立值,并可表示成为 $k_n \equiv \omega_{Rn}/c$,其中 ω_{Rn} 为与第 n 个本征模所对应的无源腔的谐振角频率,本征模应满足正交归一关系

$$\iiint\limits_{\text{腔}} \vec{u}_n(\vec{r}) \cdot \vec{u}_m(\vec{r}) d\vec{r} = V_R \delta_{mn}$$

式中积分系对整个腔体进行,V_R 为归一化因子,若取 V_R 代表腔模体积,则本征模应满足振幅归一,即 $|\vec{u}_n(\vec{r})| = 1$。

将激光器腔内光场按无源腔的归一化本征模 $\vec{u}_n(\vec{r})$ 展开,即

$$\vec{E}(\vec{r},t) = \sum_n E_n(t)\vec{u}_n(\vec{r}) \tag{6-5-2}$$

其中展开式系数 $E_n(t)$ 仅是时间的标量函数,当满足振幅归一条件 $|\vec{u}_n(\vec{r})| = 1$ 时,它表示特征模的振幅大小,亦可将介质的极化强度按本征模 $\vec{u}_n(\vec{r})$ 展开,即

$$\vec{P}(\vec{r},t) = \sum_n P_n(t)\vec{u}_n(\vec{r}) \tag{6-5-3}$$

将(6-5-2)、(6-5-3)两式代入光腔内场的波动方程(6-5-1)式,然后将方程式两边同乘以 $\vec{u}_n(\vec{r})$ 并在整个腔体积内积分,利用本征模的正交归一关系,得激光器特定腔模场振幅的标量运动方程为:

$$\frac{d^2 E_n(t)}{dt^2} + \gamma_{Rn}\frac{dE_n(t)}{dt} + \omega_{Rn}^2 E_n(t) = -\frac{1}{\varepsilon_0}\frac{d^2 P_n(t)}{dt^2} \tag{6-5-4}$$

式中 $\gamma_{Rn} = \sigma/\varepsilon_0$,表示第 n 个本征模的腔损耗速率。对于线性极化,极化强度的空间分量应为

$$P_n(t) = \frac{\chi \varepsilon_n E_n(t)}{V_R}\iiint\limits_{\text{介质}} \vec{u}_n(\vec{r}) \cdot \vec{u}_n(\vec{r}) d\vec{r} = \eta \chi_{\varepsilon_0} E_n(t) \tag{6-5-5}$$

其中

$$\eta_c = \frac{1}{V_R} \iiint_{\text{介质}} \vec{u}_n(\vec{r}) \cdot \vec{u}_n(\vec{r}) d\vec{r} \tag{6-5-6}$$

称为激光腔的填充系数,表示激光器激活介质中的有效模体积与腔模体积之比。对于不同的激光模,具有不同的 γ_{Rn}、ω_n 及 $P_n(t)$。对于实际的多模激光器不同的模 E 可以互相耦合,或者说极化项 $P_n(t)$ 不仅与 $E_n(t)$ 有关,还可能与另外模的振幅如与 $E_n(t)$ 有关($m \neq n$),因此必须要对每个模写出相应的运动方程。由(6-5-4)式及前面的讨论可看出,为了求解激光器腔内的光场,关键在于求介质的极化强度分量 $P_n(t)$。为便于进一步地讨论,经适当的变换可将方程式(6-5-4)简化为其他的形式。

(一)慢变化包络近似(SVEA)

设激光器腔内光场的振幅分量 $E_n(t)$ 及相应的极化分量 $P_n(t)$ 皆为准正弦量,其振幅和相位与其载波频率 ω_n 相比都是慢变化的,于是可将 $E_n(t)$ 及 $P_n(t)$ 表示成以下形式:

$$E_n(t) = \frac{1}{2}\left[\widetilde{E}_n(t)e^{i\omega_n t} + c \cdot c\right]$$

$$P_n(t) = \frac{1}{2}\left[\widetilde{P}_n(t)e^{i\omega_n t} + c \cdot c\right] \tag{6-5-7}$$

式中 $\widetilde{E}_n(t)$、$\widetilde{P}_n(t)$ 为相应量的复振幅,$c \cdot c$ 表示复数共轭项。将该式代入方程式(6-5-4)并忽略二阶小量(即含 $\frac{d^2}{dt^2}$ 及 $\gamma_{Rn}\frac{d}{dn}$ 等项),在共振近似下便得到所谓的慢变化包络近似场运动方程为

$$\frac{d\widetilde{E}(t)}{dt} + \left[\frac{\gamma_{Rn}}{2} + i(\omega_n - \omega_{Rn})\right]\widetilde{E}(t) = -i\frac{\omega_n}{2\varepsilon_0}\widetilde{P}_n(t) \tag{6-5-8}$$

与原来的二阶微分方程(6-5-4)式相比,该方程基本上有相同的精确性,但求解却容易得多,因此得到很广泛的应用。

(二)场的相位—振幅运动方程

在某些场合下,将关于 $\widetilde{E}_n(t)$ 及 $\widetilde{P}_n(t)$ 的复数方程(6-5-8)式分解成振幅和相位的两个运动方程会更方便。设(6-5-7)式中的场与极化强度分量的复振幅表示为

$$\begin{cases} \widetilde{E}_n(t) \equiv E'_n(t)e^{i\Phi_n(t)} \\ \widetilde{P}_n(t) \equiv [C_n(t) - iS_n(t)]e^{i\Phi_n(t)} \end{cases} \tag{6-5-9}$$

式中关于极化强度分量的复振幅表示式已考虑到介质的极化强度与引起极化的场在时间上可能不同相,函数 $C_n(t)$ 及 $S_n(t)$ 分别给出了正弦极化强度 $\widetilde{P}_n(t)$ 相对于场 $\widetilde{E}_n(t)$ 的瞬时相位 $\Phi_n(t)$ 的两个同相和正交分量,即分别相应于余弦和正弦部分。在线性极化时,它们亦分别对应于原子极化系数 χ 的实部 χ' 和虚部 χ''。将(6-5-9)式代入方程式(6-5-8),得激光器腔内场复振幅的振幅和相位运动方程为

$$\begin{cases} \omega_n - \omega_{Rn} + \frac{d\Phi_n(t)}{dt} = -\frac{\omega_n}{2\varepsilon_0}\frac{C_n(t)}{E'_n(t)} \\ \frac{dE'_n(t)}{dt} + \frac{\gamma_{Rn}}{2}E'_n(t) = -\frac{\omega_n}{2\varepsilon_0}S_n(t) \end{cases} \tag{6-5-10}$$

由该方程组可以看出,激光器模块振幅仅仅是由极化的正交分量 $S_n(t)$,即与 χ' 成正比的部分所决定,激光模场随时间变化的相位或频率则仅仅决定于同相位极化分量 $C_n(t)$,即与 χ''

成正比的部分。显然,由于介质的极化 $C_n(t) \neq 0$,激光器振荡模的频率 $\omega_n + \dfrac{\mathrm{d}\Phi_n(t)}{\mathrm{d}t}$ 将不等于无源腔的本征模频率叫 ω_{Rn}。方程组(6-5-10)通常称为拉姆自洽场方程。

由前面所得到的不同形式和近似的激光场的运动方程(6-5-4)、(6-5-8)或(6-5-10)式可看出,为了求解激光器腔内场,关键在于求介质的感应电极化强度分量 $P_n(t)$ 或其复振幅 $\tilde{P}_n(t)$,或复振幅的两个正交分量 $c_n(t)$ 及 $S_n(t)$。

二、密度矩阵与介质的宏观电极化强度

激光介质是由大量的微观粒子所组成的,如前所述,计算这样一个由大量原子的集合所组成的系统的宏观可观测量(例如电极化强度),也就是计算力学量算符的系系平均值,可采用密度矩阵方法。本小节将简要介绍密度矩阵的基本概念,以及如何用密度矩阵方法得到极化强度分量 $P_n(t)$ 的具体表达式。

(一)密度矩阵的基本概念

设所讨论的系综由 N 个原子组成,忽略原子间的相互作用,当存在外场时,按量子力学中的微扰理论,系综中单个原子(例如第 k 个原子)的状态波函数可以表示成它的能量本征波函数的线性叠加,即

$$\psi^k(q,t) = \sum_n a_n^k(t) u_n(q) \tag{6-5-11}$$

式中 $a_n^k(t)$ 为几率振幅,$u_n(q)$ 构成完全正交的函数集。据量子力学求力学量平均值的方法,第 k 个原子的力学量 F 的平均值可由其相应的算符 $\hat{F}$ 并用下式求得

$$\overline{F}_k = \int (\psi^k) * \hat{F} \psi^k \mathrm{d}q \tag{6-5-12}$$

该力学量的系综平均值则为

$$<\overline{F}> = \frac{1}{N} \sum_{k=1}^{N} \overline{F}_k \tag{6-5-13}$$

将(6-5-11)、(6-5-12)两式代入(6-5-13)式,得

$$<\overline{F}> = \sum_{m,n} \rho_{mn} F_{mn} \tag{6-5-14}$$

其中

$$\rho_{mm} = \frac{1}{N} \sum_{k=1}^{N} (a_m^k) * a_n^k \tag{6-5-15}$$

$$F_{mn} = \int u_m^* \hat{F} u_n \mathrm{d}q \tag{6-5-16}$$

显然,F_{mn} 为第 m 行第 n 列算符 $\hat{F}$ 的矩阵元,ρ_{mn} 为各几率振幅的二次积之和,它起着几率密度的作用,通常称 ρ_{mn} 的集合为系综的密度矩阵。密度矩阵的对角元

$$\rho_{nn} = \frac{1}{N} \sum_{k=1}^{N} (a_n^k) * a_n^k$$

表示系综中任意的一个原子系统处于由 $u_n(q)$ 所描述的本征态的平均几率。应用矩阵乘法法则可将(6-5-14)式表示成

$$<\overline{F}> = \sum_n (\rho F)_{nn} = \sum_m (F\rho)_{mm} = Tr(\rho F) \tag{6-5-17}$$

式中,$Tr(\rho F)$ 为由系综的密度矩阵和待求力学量的算符 $\hat{F}$ 矩阵之乘积所得矩阵的迹。该式

表明,一个宏观表 F 的系综平均值由矩阵 (ρF) 的对角元之和所确定,求系综的力学量平均值的问题就归结于求密度矩阵和进行矩阵运算。

容易证明,系综的密度矩阵有以下主要性质:

1. 密度矩阵的迹为 1,即

$$Tr(\rho)=1$$

2. 密度矩阵为厄密矩阵,即

$$(\rho_{mn})*=\rho_{nm}$$

3. 密度矩阵的对角元恒为正值,经表象变换可将矩阵对角化,但其迹及对角元的正值性不变。

在外场作用下,原子系统的状态随时间而变,故系综的密度矩阵亦随时间而变。由密度矩阵元的定义式(6-5-15)及含时间的薛定锷方程,再经一定的运算可得密度矩阵的运动方程为

$$\frac{\partial \rho}{\partial t}=-\frac{i}{\hbar}[H,\rho] \tag{6-5-18}$$

式中 $[H,\rho]=H\rho-\rho H$ 为量子力学泊松括号,H 为系统的哈密顿矩阵。该式表明,若已知初始时刻的密度矩阵,便可确定任何其他时刻的系综的密度矩阵。若考虑到由于种种机制所引起的原子在态上的衰减,可引进表征衰减的对角矩阵 γ,则密度矩阵的运动方程应改写成

$$\frac{\partial \rho}{\partial t}=-\frac{i}{\hbar}(H\rho-\rho H)-\frac{1}{2}(\gamma\rho-\rho\gamma) \tag{6-5-19}$$

(6-5-14)、(6-5-17)、(6-5-15)及(6-5-18)、(6-5—19)五式是利用密度矩阵方法处理量子力学系综问题的基本关系式和方程。

考虑到虽然原子可能具有许多不连续的能量本征态,但在激光器中,激光的产生往往只是在两个特定的激光上、下能级之间。为简化计,我们讨论简化了的二能级原子系综,原子的上、下两能态分别用 a、b 表示,相应的本征态波函数则用 u_a 和 u_b 表示。在此简化模型下,前述的基本关系具有比较简单的形式。设原子处于两本征态,其几率振幅分别以 a、b 来表示,则(6-5—11)式可简化为

$$\psi^k(q,t)=a^k(t)u_a(q)+b^k(t)u_b(q) \quad (k=1,2,\cdots,N) \tag{6-5-20}$$

由(6-5-15)式得二能级系综的密度矩阵元为

$$\begin{cases} \rho_{aa}=\dfrac{1}{N}\sum_{k=1}^{N}(a^k)*a^k \\[2mm] \rho_{bb}=\dfrac{1}{N}\sum_{k=1}^{N}(b^k)*b^k \\[2mm] \rho_{ab}=\dfrac{1}{N}\sum_{k=1}^{N}(b^k)*a^k \\[2mm] \rho_{ba}=\dfrac{1}{N}\sum_{k=1}^{N}(a^k)*b^k \end{cases} \tag{6-5-21}$$

相应的矩阵则为二行二列矩阵。对角元 ρ_{aa}、ρ_{bb} 分别表示系综处于 a 态及 b 态的平均几率。力学量 F 的系综平均值可表示为

$$<\bar{F}>=\rho_{aa}F_{aa}+\rho_{ab}F_{ba}+\rho_{ba}F_{ab}+\rho_{bb}F_{bb} \tag{6-5-22}$$

由于衰减矩阵可表示为

$$\gamma = \begin{bmatrix} \gamma_a & 0 \\ 0 & \gamma_b \end{bmatrix} \tag{6-5-23}$$

其中 γ_a、γ_b 分别为上、下能级的衰减常数。H 矩阵可表示成

$$H = \begin{bmatrix} E_a & \mathcal{V} \\ \mathcal{V} & E_b \end{bmatrix} \tag{6-5-24}$$

其中 E_a、E_b 分别为上、下能态的能量本征值,$\mathcal{V}$ 为微扰哈密顿矩阵元。若系统在外场作用下的哈密顿微扰算符号为 $\hat{H}_1$,则

$$\mathcal{V}(t) = \int u_a^* \hat{H}_1 u_b \, dp = \int u_b^* \hat{H}_1 u_a \, dq \tag{6-5-25}$$

二能级系统密度矩阵的运动方程可表示为

$$\begin{cases} \dfrac{\partial \rho_{aa}}{\partial t} = -\gamma_a \rho_{aa} - \dfrac{i}{\hbar}(\rho_{ba} - \rho_{ab}) \mathcal{V}(t) \\[2mm] \dfrac{\partial \rho_{bb}}{\partial t} = -\gamma_b \rho_{bb} - \dfrac{i}{\hbar}(\rho_{ba} - \rho_{ab}) \mathcal{V}(t) \\[2mm] \dfrac{\partial \rho_{ab}}{\partial t} = -(i\omega_{ab} + \gamma_{ab})\rho_{ab} + \dfrac{i}{\hbar}(\rho_{aa} - \rho_{bb}) \mathcal{V}(t) \\[2mm] \rho_{ba} = \rho_{ab}^* \end{cases} \tag{6-5-26}$$

该方程组中 $\omega_{ab} = (E_a - E_b)/\hbar$ 为原子在 a、b 能级间跃迁的角频率,$\gamma_{ab} = (\gamma_a + \gamma_b)2$ 为两能级的平均衰减常数。该方程组亦可归纳为矩阵形式的运动方程,其形式与(6-5-19)式相同,但其中的衰减矩阵和能量矩阵分别由(6-5-23)及(6-5-24)式给出。

(二)宏观电极化强度与密度矩阵

下面介绍介质的宏观电极化强度与其密度矩阵之间的关系。按定义,介质的宏观电极化强度表示单位体积介质内的原子感应电偶极矩之和。若第 k 个原子的感应电偶极矩的量子力学平均值为 $\overline{P}_k$,单位体积介质内的原子数为 n,总原子数为 N,则介质的宏观电极化强度应为

$$P = n(\overline{p}) = \frac{n}{N_k} \sum_{k=1}^{N} \overline{p}_k \tag{6-5-27}$$

由单个原子的感应电偶极矩的平均值为

$$\overline{p}_k = \int (\psi^k) * \hat{p} \psi^k \, dq$$

将(6-5-20)式代入上式,若与能级 a、b 间跃迁相对应的电偶极矩矩阵元为

$$\mathcal{P} = \int u_a^* e r u_b \, dq = \int u_b^* e r u_a \, dq \tag{6-5-28}$$

由(6-5-27)式经适当地运算并利用(6-5-21)式得

$$P = n\mathcal{P}(\rho_{ab} + \rho_{ba}) \tag{6-5-29}$$

(6-5-29)式表明,已知与能级 a、b 间跃迁相对应的电偶极矩矩阵元 $\mathcal{P}$,通过求解密度矩阵运动方程(6-5-26)得非对角密度矩阵元 ρ_{ab} 及 ρ_{ba},介质的宏观电极化强度 P 即可由(6-5-29)式确定。若进一步将所求得的极化强度 P(或其空间分量 $P_n(t)$)代入上节所得到的激光场运动方程并求解就可定量地讨论激光场的振幅和频率特性。

三、激光器半经典振荡理论概述

本小节将在前面两小节讨论的基础上以静止原子激光器为例,简要说明半经典理论分析激光振荡特性的基本思路和方法,由于数学推导过程相当繁杂,我们仅给出主要的步骤和主要结果,更详尽地推导可参阅有关激光物理的参考文献[17,18]。

利用拉姆的激光场振幅—相位方程(6-5-10)式求解激光场振幅和频率特性的具体步骤是:

(1)根据激光器工作物质中原子的物理运动状态(例如是静止的,还是运动的)并考虑到激光器中所存在的外界泵浦激励,可写出原子系综的密度矩阵运动方程。对该方程迭代求解,得不同近似程度(阶次)密度矩阵元的解。

(2)据(6-5-29)式由密度矩阵元的不同阶次近似解求得电极化强度的不同阶次近似解和相应的空间傅氏分量 $P_n(t)$,然后据(6-5-7)及(6-5-9)两式得到函数 $C_n(t)$ 及 $S_n(t)$。

(3)将所得到的不同阶次的近似解 $C_n(t)$ 及 $S_n(t)$ 代入激光场振幅—相位方程(6-5-10)式,求解得在不同近似阶次下激光振荡模的振幅和频率特性。下面以静止二能级原子系综、单模振荡激光器为例说明以上方法的具体应用。

(一)考虑激励—集居数矩阵(单位体积的密度矩阵)及其运动方程

在激光器中,激活介质工作能级 a 和 b 上的原子数由于泵浦激励而发生变化,按系综密度矩阵的定义,在时刻 t、位置 z 处的系综密度矩阵应是 t 时刻位于 z 处的体积元 ΔV 内的所有在 t 之前不同时刻被激发到 a 态和 b 态的原子密度矩阵的统计平均。若此时、此地单位体积内被激发到 a、b 态的原子数速率分别为 $\lambda_a(z,t)$ 和 $\lambda_b(z,t)$,那么,系综的密度矩阵可表示成

$$\rho(z,t) = \frac{1}{n\Delta V}\int_{-\infty}^{t} dt_0 \sum_a \Delta V \lambda_a(z,t_0)\rho(\alpha,z,t,t_0,t) = \frac{1}{n}\sum_a \int_{-\infty}^{t} dt_0 \lambda_a(z,t_0)\rho(\alpha,z,t,t_0,t)$$
(6-5-30)

式中 n 为介质中的工作原子密度,求和是对状态 a 和 b 进行的。若定义单位体积的密度矩阵,亦称集居矩阵,即

$$\rho'(z,t) = n\rho(z,t) = \sum_a \int_{-\infty}^{t} dt_0 \lambda_a(z,t_0)\rho(\alpha,z,t_0,t)$$
(6-5-31)

利用含参变量积分求导公式将上式两边对时间求导和密度矩阵运动方程(6-5-19)式可得集居数矩阵的运动方程

$$\frac{\partial \rho'(z,t)}{\partial t} = \lambda - \frac{i}{\hbar}[H,\rho'] - \frac{1}{2}[\gamma\rho' + \rho'\gamma]$$
(6-5-32)

式 $\lambda = \begin{pmatrix} \lambda_a & 0 \\ 0 & \lambda_b \end{pmatrix}$ 称为系统的激发矩阵。将该方程展开成矩阵元形式,则

$$\begin{cases} \frac{\partial \rho_{aa}}{\partial t} = \lambda_a - \gamma_a\rho_{aa} + \frac{i}{\hbar}\mathscr{P}E(\rho_{ba} - \rho_{ab}) \\ \frac{\partial \rho_{bb}}{\partial t} = \lambda_b - \gamma_b\rho_{bb} + \frac{i}{\hbar}\mathscr{P}E(\rho_{ba} - \rho_{ab}) \\ \frac{\partial \rho_{ab}}{\partial t} = -(i\omega_{ab} + \gamma)\rho_{ab} + \frac{i}{\hbar}\mathscr{P}E(\rho_{aa} - \rho_{bb}) \\ \rho_{ba} = \rho_{ab}^* \end{cases}$$
(6-5-33)

在该方程组中,为书写简便已将 $\rho'(z,t)$ 一律写成 ρ,因此应注意方程组中的 ρ 均指集居数矩阵的矩阵元。另外,在关于非对角元的变化率方程中已考虑到横向弛豫过程(例如弹性碰撞、声子与激活原子相互作用等)的影响而将衰减常数表示成 $\gamma = \gamma_{ab} + \gamma_0$,其中 γ_0 表示由横向弛豫过程所决定的能级衰减常数。方程的推导过程中还利用了在外光场 $E(z,t)$ 作用下原子的微扰哈密顿算符与感应电偶极矩算符的关系,即

$$\hat{H}_1 = -\hat{p}E(z,t)$$

因此,相应矩阵元亦有关系

$$\mathcal{V}(z,t) = -\mathcal{P}E$$

由集居数矩阵的定义式(6-5-31)及(6-5-29)可知,介质宏观极化强度在考虑到泵浦激发时与集居数矩阵元的关系为

$$P = \mathcal{P}(\rho_{ab} + \rho_{ba}) \tag{6-5-34}$$

可见,求介质的宏观极化强度可归结于求系统的集居数矩阵的非对角元。

(二)集居数矩阵运动方程的迭代近似求解

显然,对存在耦合的集居数矩阵元运动方程组(6-5-33)精确求解是相当困难的,通常采用以下的迭代方法求得方程组的具有不同近似程度或阶次的解。

作为零阶近似,可令场强 $E \approx 0$ 时,两个能级上的集居数差 $\rho_{aa}^{(0)} - \rho_{bb}^{(0)} = N(z)$ 为与时间无关的常量,由方程组(6-5-33)第三式可知,非对角元的解为

$$\rho_{ab} = \rho_{ab}^{(0)} \exp[-(i\omega_{ab} + \gamma)t]$$

当存在外场时,设该式的解仍具有相同的形式,即以试解(此时 $\rho_{ab}^{(0)}$ 应看做时间的函数)代入方程组第三式,由(6-5-2)、(6-5-7)及(6-5-9)式知单模驻波激光器腔内光场

$$E(z,t) = \frac{1}{2}\{E'_n(t)e^{i[\omega_n t + \Phi_n(t)]}u_n(z) + c \cdot c\} \tag{6-5-35}$$

式中 $u_n(z) = \sin k_n z$。若场振幅 $E'_n(t)$、相位 $\Phi_n(t)$ 及集居数反转 $\rho_{aa} - \rho_{bb}$ 在时间 $1/\gamma$ 内皆为缓变函数并可近似看成常数。这就是所谓的速率方程近似,求解方程得到集居数矩阵非对角元 ρ_{ab} 的一阶近似解为

$$\rho_{ab}^{(1)} = -\frac{1}{2}\frac{i}{\hbar}E'_n(t)\mathcal{P}u_n(z)[\rho_{aa}^{(0)} - \rho_{bb}^{(0)}] \cdot \left\{\frac{\exp[-i(\omega_n t + \Phi_n)]}{i(\omega_{ab} - \omega_n) + \gamma} + \frac{\exp[-i(\omega_n t + \Phi_n)]}{i(\omega_{ab} + \omega_n) + \gamma}\right\}$$

$$\tag{6-5-36}$$

该式右边大括号内第二项(反共振项)的贡献在共振相互作用 $\omega_n \approx \omega_{ab}$ 时比第一项(共振项)小得多,故可将其忽略。这一近似通常称为转动波近似,结果得到非对角元 ρ_{ab} 的一阶近似解为

$$\rho_{ab}^{(1)} = \frac{1}{2\hbar}E'_n(t)\mathcal{P}u_n(z)(\rho_{aa}^{(0)}\rho_{bb}^{(0)})\exp[-i(\omega_n t + \Phi_n)] \cdot \frac{(\omega_n - \omega_{ab}) - i\gamma}{(\omega_n - \omega_{ab})^2 + \gamma^2} \tag{6-5-37}$$

及 $\rho_{ba}^{(1)} = \rho_{ab}^{(1)*}$,即

$$\rho_{ba}^{(1)} = \frac{1}{2\hbar}E'_n(t)\mathcal{P}u_n(z)(\rho_{aa}^{(0)} - \rho_{bb}^{(0)})\exp[i(\omega_n(t) + \Phi_n)] \cdot \frac{(\omega_n - \omega_{ab}) + i\gamma}{(\omega_n - \omega_{ab}) + \gamma^2} \tag{6-5-38}$$

将所得到的一阶近似 $\rho_{ab}^{(1)}$ 代回方程组(6-5-33)中的第一、二式,可求得集居数(即对角元)的二阶近似解 $\rho_{aa}^{(2)}$ 及 $\rho_{bb}^{(2)}$。于是,集居数反转在二阶近似下可表示为

$$\rho_{aa} - \rho_{bb} = (\rho_{aa}^{(0)} - \rho_{bb}^{(0)}) + (\rho_{aa}^{(2)} - \rho_{bb}^{(2)}) \tag{6-5-39}$$

将上式再代入矩阵元方程组(6-5-33)中的第三式,可求得非对角元 ρ_{ab} 及 ρ_{ba} 的三阶近似解

$\rho_{ab}^{(3)}$ 和 $\rho_{ba}^{(3)}$,……,如此继续迭代可求得 ρ_{aa} 及 ρ_{bb} 的各偶数阶,ρ_{ab} 及 ρ_{ba} 的各奇数阶近似解。

集居数反转的稳态二阶近似解为

$$\rho_{aa}^{(2)} - \rho_{bb}^{(2)} = -\frac{\mathscr{P}^2 E'^2_n}{\hbar^2} N(z) u_n^2(z) \cdot \frac{\gamma \gamma_{ab}}{[\gamma^2 + (\omega_n - \omega_{ab})^2] \gamma_a \gamma_b} \tag{6-5-40}$$

相应地,集居数矩阵非对角元的三阶近似解为

$$\rho_{ab}^{(3)} = \frac{i}{2\hbar^3} \mathscr{P}^3 E'^3_n N(z) u_n^3(z) \frac{\gamma_{ab}}{\gamma_a \gamma_b} \cdot \frac{\gamma}{\gamma^2 + (\omega_{ab} - \omega_n)^2} \cdot \frac{\exp[-i(\omega_n t + \Phi_n)]}{i(\omega_{ab} - \omega_n) + \gamma} \tag{6-5-41}$$

据(6-5-39)式,求得二阶近似下的集居数反转

$$\rho_{aa} - \rho_{bb} = N(z) \left\{ 1 - \frac{\mathscr{P}^2 E'^2_n u_n^2(z) \gamma \gamma_{ab}}{\hbar^2 [\gamma^2 + (\omega_{ab} - \omega_n)^2] \gamma_a \gamma_b} \right\} = N(z) \left(1 - \frac{R}{R_s} \right) \approx \frac{N(z)}{1 + \dfrac{R}{R_s}} \tag{6-5-42}$$

式中

$$R = \frac{\mathscr{P}^2 E'^2_n u_n^2(z)}{2\hbar^2} \cdot \frac{\gamma}{\gamma^2 + (\omega_{ab} - \omega_n)^2} \tag{6-5-43}$$

$$R_s = \frac{\gamma_a \gamma_b}{2\gamma_{ab}} \tag{6-5-44}$$

称 R_s 为饱和参量。

$$N(z) = \frac{\lambda_a}{\gamma_a} - \frac{\lambda_b}{\gamma_b} \tag{6-5-45}$$

集居数矩阵非对角元取至三阶近似,则为

$$\rho_{ab} = \rho_{ab}^{(1)} + \rho_{ab}^{(3)} = -\frac{i}{2\hbar} \mathscr{P} E'_n u_n(z) N(z) \left(1 - \frac{R}{R_s} \right) \cdot \frac{\exp[-i(\omega_n t + \Phi_n)]}{i(\omega_{ab} - \omega_n) + \gamma} \tag{6-5-46}$$

(三)电极化强度的近似结果

将集居数矩阵非对角元的不同阶次的近似结果代入(6-5-34)式,可得到相应的电极化强度的近似结果。进而便得出极化强度的空间傅氏分量 $P_n(t)$ 和相应的函数 $C_n(t)$ 及 $S_n(t)$ 的不同阶次近似下的结果。

1. 一阶结果

将(6-5-37)、(6-5-38)两式代入(6-5-34)式,得宏观电极化强度的一阶近似

$$P(z,t) = \frac{1}{\hbar} \frac{E'_n \mathscr{P}^2 u_n(z) N(z)}{(\omega_n - \omega_{ab})^2 + \gamma^2} \cdot [(\omega_n - \omega_{ab}) \cos(\omega_n t + \Phi_n) - \gamma \sin(\omega_n t + \Phi_n)] \tag{6-5-47}$$

则相应的空间傅时叶分量

$$P_n(t) = \frac{2}{L} \int_0^L P(z,t) \sin(k_n z) \mathrm{d}z \tag{6-5-48}$$

又据(6-5-7)、(6-5-9)两式,$P_n(t)$ 与函数 $C_n(t)$ 及 $S_n(t)$ 的关系可表示为

$$P_n(t) = C_n(t) \cos[\omega_n t + \Phi_n(t)] + S_n(t) \sin[\omega_n t + \Phi_n(t)] \tag{6-5-49}$$

将(6-5-47)式代入(6-5-48)式并与(6-5-49)式比较,得到函数 $C_n(t)$ 及 $S_n(t)$ 的一阶近似结果

$$\begin{cases} C_n(t) = \frac{E'_n(t) \mathscr{P}^2 \bar{N}}{\hbar} \cdot \frac{\omega_n - \omega_{ab}}{(\omega_n - \omega_{ab}) + \gamma^2} \\ S_n(t) = -\frac{E'_n(t) \mathscr{P}^2 \bar{N}}{\hbar} \cdot \frac{\gamma}{(\omega_n - \omega_{ab})^2 + \gamma^2} \end{cases} \tag{6-5-50}$$

式中
$$\overline{N}=\frac{2}{L}\int_0^L N(z)\sin^2(k_n z)\,\mathrm{d}z \tag{6-5-51}$$

L 为谐振腔腔长。

2. 三阶结果

将(6-5-46)式及其共轭式代入(6-5-34)式,可得宏观电极化强度的三阶近似,求其空间傅里叶分量进而得到函数 $C_n(t)$ 及 $S_n(t)$ 的三阶近似结果为

$$\begin{cases} C_n(t)=\dfrac{\mathscr{P}^2 E'_n \overline{N}}{\hbar}\cdot\dfrac{\omega_n-\omega_{ab}}{(\omega_n-\omega_{ab})^2+\gamma^2}+\dfrac{3\mathscr{P}^2 E'_n \overline{N}}{2\hbar}\cdot\dfrac{\gamma_{ab}\gamma I_n(\omega_{ab}-\omega_n)}{[(\omega_n-\omega_{ab})^2+\gamma^2]^2} \\[3mm] S_n(t)=-\dfrac{\mathscr{P}^2 E'_n \overline{N}}{\hbar}\cdot\dfrac{\gamma}{(\omega_n-\omega_{ab})^2+\gamma^2}+\dfrac{3\mathscr{P}^2 E'_n \overline{N}}{2\hbar}\cdot\dfrac{\gamma_{ab}\gamma^2 I_n}{[(\omega_{ab}-\omega_n)^2+\gamma^2]^2} \end{cases} \tag{6-5-52}$$

式中
$$I_n=\frac{\mathscr{P}^2 E'^2_n}{2\hbar^2\gamma_a\gamma_b}$$

称为无量纲光强。

(四)激光场振幅—相位运动方程的近似解及激光振荡模振幅和频率特性的讨论

将前面所得到的介质宏观极化强度或其空间傅氏分量 $P_n(t)$、亦或函数 $C_n(t)$ 及 $S_n(t)$ 的不同阶次的近似结果代入激光场运动方程并求解,即可得在不同阶近似下激光器振荡模特性的描述。以下我们将函数 $C_n(t)$ 及 $S_n(t)$ 的近似结果代入激光自洽场振幅—相位运动方程(6-5-10),据此方程的解讨论激光场的振幅和频率特性。

1. 一阶结果

将函数 $C_n(t)$ 及 $S_n(t)$ 的一阶近似结果(6-5-50)式代入方程式(6-5-10),得单模激光场的振幅和相位运动方程为

$$\begin{cases} \dfrac{\mathrm{d}E'_n}{\mathrm{d}t}=\left\{-\dfrac{\gamma_{Rn}}{2}+\dfrac{\mathscr{P}^2\overline{N}\omega_n\gamma}{2\varepsilon_0\hbar[(\omega_n-\omega_{ab})^2+\gamma^2]}\right\}E'_n \\[3mm] \omega_n+\dfrac{\mathrm{d}\Phi_n}{\mathrm{d}t}-\omega_{Rn}=-\dfrac{\mathscr{P}^2\overline{N}\omega_n(\omega_n-\omega_{ab})}{2\varepsilon_0\hbar[(\omega_n-\omega_{ab})^2+\gamma^2]} \end{cases} \tag{6-5-53}$$

由该方程组的第一式,即振幅方程可以看出,方程右边由两项组成,第一项代表谐振腔的损耗导致场振幅随时间的衰减速率为 $\gamma_{Rn}/2$,第二项表示介质极化使场随时间的增率速率为

$$\frac{\mathscr{P}^2\overline{N}\omega_n\gamma}{2\varepsilon_0\hbar[(\omega_n-\omega_{ab})^2+\gamma^2]}$$

由于一阶近似是假定 $E'_n\approx 0$ 时,集居数反转 $\overline{N}(z)$ 不随时间而变所得到的,所以在此近似下只能得到激光器在小信号情况下或在阈值区域的某些特性的描述。介质的小信号增益系数为

$$G(\omega_n)=\frac{\mathscr{P}^2\omega_n\gamma\overline{N}}{\varepsilon_0\hbar\upsilon[(\omega_n-\omega_{ab})^2+\gamma^2]}=\frac{\mathscr{P}^2\omega_n\overline{N}}{\omega_0\hbar\upsilon\gamma}\cdot\mathscr{L}(\omega_n-\omega_{ab}) \tag{6-5-54}$$

式中 υ 为介质中的光速,$\mathscr{L}(\omega_n-\omega_{ab})$ 为无量纲洛仑兹函数,其定义为

$$\mathscr{L}(\omega_n-\omega_{ab})=\frac{\gamma^2}{(\omega_n-\omega_{ab})^2+\gamma^2}$$

(6-5-54)式表明,激活介质的小信号增益系数与集居数反转 $\overline{N}$ 成正比,其频率响应函数为洛仑兹函数,这与上章速率方程理论对均匀加宽单模激光器的分析结果是一致的。

由振幅方程还可以求出激光振荡的阈值条件和集居数反转阈值。令 $\dfrac{\mathrm{d}E'_n}{\mathrm{d}t}=0$,得激光

器阈值条件

$$\frac{\mathscr{P}^2 \omega_n \gamma \overline{N}_T}{\varepsilon_0 \hbar \left[(\omega_n - \omega_{ab})^2 + \gamma^2\right]} = \gamma_{Rn} \tag{6-5-55}$$

即振荡器的小信号增益等于腔损耗。由上式的求得的集居数反转阈值（取 $\omega_n = \omega_{ab}$）

$$\overline{N}_T = \frac{\varepsilon_0 \hbar \gamma \gamma_{Rn}}{\mathscr{P}^2 \omega_{ab}} \tag{6-5-56}$$

由相位方程可以看出，由于介质的极化，激光振荡模的频率$(\omega_n + \frac{\mathrm{d}\Phi_n}{\mathrm{d}t})$并不等于无源腔本征模频率 ω_{Rn}。当 $\omega_n > \omega_{ab}$ 时，激光振荡模频率小于无源腔模频率；当 $\omega_n < \omega_{ab}$ 时，激光振荡频率大于无源腔模频率；当 $\omega_n = \omega_{ab}$ 时，激光频率与无源腔模频率相等。这就是我们所熟知的激光器频率牵引效应。

2. 三阶结果

将函数 $C_n(t)$ 及 $S_n(t)$ 的三阶近似结果(6-5-52)式代入方程式(6-5-10)得三阶近似下单模激光场的振幅和相位运动主程：

$$\begin{cases} \dfrac{\mathrm{d}E'_n}{\mathrm{d}t} = E'_n(\alpha_n - \beta_n I_n) \\ \omega_n + \dfrac{\mathrm{d}\Phi_n}{\mathrm{d}t} = \omega_{Rn} + \sigma_n - \rho_n I_n \end{cases} \tag{6-5-57}$$

方程组中诸系数及其物理意义见表6-5-1。

表6-5-1　三阶近似下激光自洽场运动方程中的系数

系　　　数	物理意义（名称）
$\alpha_n = \mathscr{L}(\omega_n - \omega_{ab})F_1 - \dfrac{\omega_n}{2Q_n}$	线性振幅净时间增益系数
$\beta_n = \mathscr{L}^2(\omega_n - \omega_{ab})F_3$	自饱和系数
$\sigma_n = \dfrac{\omega_{ab} - \omega_n}{\gamma} \mathscr{L}(\omega_n - \omega_{ab})F_1$	线性模牵引系数
$\rho_n = \dfrac{\omega_{ab} - \omega_n}{\gamma} \mathscr{L}^2(\omega_n - \omega_{ab})F_3$	模推斥系数
$F_1 = \dfrac{\omega_n \mathscr{P}^2 \overline{N}}{2\varepsilon_0 \hbar \gamma}$	一阶因子
$F_3 = \dfrac{3\gamma_{ab}}{2\gamma} F_1$	三阶因子
$Q_n = \varepsilon_0 \dfrac{\omega_n}{\sigma} = \dfrac{\omega_n}{\gamma_{Rn}}$	品质因数

由方程组(6-5-57)第一式可得激光场光强方程

$$\frac{\mathrm{d}I_n}{\mathrm{d}t} = 2I_n(\alpha_n - \beta_n I_n)$$

上式积分后，得到光强随时间变化的关系为

$$I_n(t) = \frac{\alpha_n \left[I_0/(\alpha_n - \beta_n I_0)\right]\exp(2\alpha_n t)}{1 + \beta_n \left[I_0/(\alpha_n - \beta_n I_0)\right]\exp(2\alpha_n t)} \tag{6-5-58}$$

式中 I_0 为初始光强,若取激光器刚点燃时 $t=0$,则 I_0 很小,上式可简化为

$$I_n(t) \approx \frac{I_0 e^{2a_n t}}{1 + I_0 \frac{\beta_n}{\alpha_n} e^{2a_n t}}$$

显然,当 $t \to 0$ 时,$I_n(t) \approx I_0 e^{2a_n t}$,激光光强随时间指数增大;当 $t \to \infty$ 时,$I_n(t) = \alpha_n/\beta_n$,激光光强达到一稳态值,直接令 $\dfrac{dI_n}{dt} = 0$ 亦可得到此稳态解。将表 6-5-1 所给出的 α_n, β_b 值代入得到稳态光强

$$I_n = \frac{2}{3} \frac{\mathscr{L}(\omega_{ab} - \omega_n) \mathscr{N}^{-1}}{(\gamma_{ab}/\gamma)\mathscr{L}^2(\omega_n - \omega_{ab})} \tag{6-5-59}$$

式 $\mathscr{N} = \dfrac{\overline{N}}{N_T}$,为激光器的激发参量(亦即泵浦超阈度)。

由振幅方程还说明:由于振荡模本身光强的增大,由 $\beta_n I_n$ 项会导致介质增益下降,即熟知的增益饱和效应。

据方程组(6-5-57)第二式,即相位运动方程可以看出,激光器振荡模的实际频率是由符号相反的频率牵引项 σ_n 和推斥项 $\rho_n I_n$ 共同决定的,随着激光光强的增大,频率推斥效应不可忽略。因此,激光器振荡模的频率或者大于腔模频率 ω_{Rn},或小于 ω_{Rn},这取决于具体激活介质参数、振荡模光强大小以及频率调谐情况。在稳态情况下由运动方程可得到单模激光器在三阶近似下的模频率公式为

$$\omega_n = \frac{\omega_{Rn} Q_n + \omega_{ab} Q_a}{Q_n + Q_a} \tag{6-5-60}$$

式中,$Q_a = \omega_n/(2\gamma)$ 称为原子的品质因素。

最后,还应指出,将本节所描述的基本方法和步骤应用于多模工作的激光器,可以得到激光器多模运转的某些特性的半经典描述(例如模间耦合、竞争以及频率自锁等)。应用于运动原子系综,则可给出单模气体激光器(多普勒加宽情况下)功率调谐曲线拉姆下陷现象的半经典定量描述等特性。更为详细地讨论可参阅文献[2],[18]等。

习　题

6.1　一台单模全内腔 He-Ne 激光器工作于中心波长 $\lambda_0 = 0.6328\mu m$。若两腔反射镜的反射率分别为 100% 及 98%,其他腔损耗可忽略不计,激光器稳态输出功率为 0.5mW,腔长为 10cm,输出束径为 0.5mm,试求腔内光子总数。假设介质中的原子集居数反转在 $t=0$ 时刻,突然从。增加到阈值的 1.1 倍,(1)在不计饱和效应的情况下,粗略估算腔内光子数自一个噪声光子增至所得到的稳态光子数需经多长时间?(2)考虑到饱和效应的影响,估算当腔内光子数 1 个噪声光子增至所得到的稳态值的 90% 所需的时间。

6.2　证明若原子激光上能级的平均寿命决定于上、下能级间的自发辐射寿命,则激光器的稳态腔内总光子数 φ_s 由(6-1-13)式给出。

6.3　对简化的二能级激光系统模型,由方程组(6-1-8)式导出原子集居数反转的精确结果,分析在阈值区域,集居数反转随泵浦速率 R,或泵浦超阈度 r 的变化(为简化计取 $\gamma_2 = \gamma_{rad}$)。

6.4 试利用相平面的特殊点(例如 $\dfrac{d\varphi}{d\Delta N}=0$ 或 ∞ 点)来分析激光器的尖峰行为。

6.5 由三能级激光系统的速率方程导出激光器弛豫振荡频率和阻尼衰减速率与激光器参数的关系。

6.6 一台快速 Q 开关红宝石激光器,已知泵浦超阈度(亦称初始反转比)$r=3$,红宝石晶体棒长 $10cm$,截面积为 $1cm^2$,腔长为 $20cm$,两腔镜的反射率分别为 $R_1\approx1$,$R_2=0.64$,工作离子 cr^{3+} 的总掺杂密度为 $1.58\times10^{19}cm^{-3}$,激光上能级的平均寿命为 $3ms$,峰值发射截面为 $1.27\times10^{-20}cm^2$,介质中的光速为 $1.685\times10^{10}cm/s$,激光跃迁中心波长为 $0.6943\mu m$,不计其他损耗。求(1)在 Q 开关打开前的瞬间,激光上能级的集居数密度;(2)为保持由(1)所给出的集居数密度反转值,泵浦功率 $P_P=?$;(3)调 Q 脉冲的峰值功率、能量和脉宽值为多大?

6.7 有一台 Nd:YAG 激光器,晶体棒尺寸为 $6\times60mm$,工作离子 Nd^{3+} 的掺杂浓度为 $6\times10^{19}cm^{-3}$,谐振腔光学腔长为 $50cm$,两腔镜的反射率分别为 100% 及 10%,激光器单程内损耗为 2%,已知初始集居数密度反转为 $3.408\times10^{17}cm^{-3}$,阈值集居数密度反转为 $1.26\times10^{17}cm^{-3}$。试求在阶跃调 Q 情况下的腔内最大光子数 φ_m、脉冲峰值功率 P_m、光脉冲能量及激光器腔内储能的利用率 μ 和脉宽。若腔长减半,激光器的输出特性有什么变化?

6.8 在调 Q 激光器中,对于固定的腔损耗或光子的平均驻腔寿命 τ_R,随着初始原子集居数反转 ΔN_i 或泵浦能量的增大(即泵浦超阈度 r 的增大),调 Q 脉宽 $\tau_P\approx\tau_R$。证明当 $r=3$ 时,$\tau_P\approx3.1\tau_R$。

6.9 一台调 QNd:YAG 激光器,具有洛仑兹均匀加宽线型,线宽为 $4cm^{-1}$,腔长 $L=60cm$,输出耦合率为 80%,对中心频率而言,泵浦超阈度 $r=5$。若腔内有一只可调谐选模器可迫使腔模稳定地振荡于非跃迁中心频率。讨论当泵浦不变时,调 Q 脉冲脉宽,峰值功率和脉冲能量随频率调谐的变化。

6.10 设激光器各模式的功率分布为(1)高斯型;(2)洛仑兹型,分别讨论其锁模脉冲的峰值功率和脉宽。若一台 Ar^+ 激光器各纵模的功率分布呈高斯型,已知荧光线宽为 $5GHz$,腔长为 1 米,$r=3$,未锁模时的平均输出功率为 $4W$,计算可振荡的纵模数目及锁模时的峰值功率和脉宽。

6.11 一台 Nd:YAG 激光器,已知其可振荡的频率范围为 $\Delta\nu_{os}=12\times10^{10}Hz$,谐振腔的光学腔长为 $0.5m$,计算该激光器可能振荡的纵模数目。假设各纵模振幅相等,求经锁模后输出脉冲的脉宽和周期。锁模后激光脉冲功率为自由振荡时功率的多少倍?

6.12 在二阶近似下,写出二能级系统工作物质上、下能级的集居数密度变化率方程并求稳态解 $\rho_{aa}-\rho_{bb}$(考虑到激发、衰减和受激跃迁),讨论集居数密度反转的饱和效应。

6.13 有一三能级工作物质,其能级 a 和 b 分别代表激光跃迁所对应的上、下能级,能级 g 为基态。若能级 a 和 b 的单位体积内激励速率分别为 λ_a 和 λ_b,能级 a 以速率 γ_a 衰减到能级 b,能级 b 以速率 γ_b 衰减到基态 g。写出并求解稳振荡时的速率方程,将所得结果与习题5.9的结果比较。

6.14 据稳态情况下单模激光器在三阶近似下所得到的频率公式(6-5-60)分别讨论 (1)当 $Q_n\gg Q_a$ 时;(2)当 $Q_a\gg Q_n$ 时的激光振荡频率并与第五章第三节中的结果比较,从中你可以得出什么结论?

附录　常用激光及原子常数表

普朗克常数	$h = 6.6256 \times 10^{-34}$ Js
电子电荷	$e = 1.60210 \times 10^{-19}$ c
电子静止质量	$m = 9.1091 \times 10^{-31}$ kg
真空中光速	$c = 2.99792 \times 10^{8}$ m/s
波尔兹曼常数	$K = 1.38154 \times 10^{-23}$ J/K
真空介电常数	$\varepsilon_0 = 8.854 \times 10^{-12}$ F/m
原子质量单位	$u = 1.66043 \times 10^{-27}$ kg
摩尔气体常数	$R = 8.3144$ Jmol^{-1} · K^{-1}

参 考 文 献

1. 周炳昆,高以智,陈倜嵘等. 激光原理. 北京:国防工业出版社,1984.

2. 沈柯. 激光原理教程. 北京:北京工业学院出版社,1986.

3. 吕百达. 激光光学. 成都:四川大学出版社,1986.

4. 卢亚雄,吕百达. 矩阵光学. 大连:大连理工大学出版社,1989.

5. 魏光辉,朱宝亮. 激光光束学. 北京:北京工业学院出版社,1988.

6. Weber H. Optisehe Resonatoren. T. U. Belin,1988.

7. 维德延 J T,陈尔绍,吴芝兰译. 北京:电子工业出版社,1987.

8. Fox A G,Li T. B·S·T·J, 1961;40:453.

9. Gordon J P,Kogelnik H. B·S·T·J, 1964;43:2873.

10. 梁铨庭. 物理光学(修订本). 北京:机械工业出版社,1987.

11. 朱如曾,封开印编译. 激光物理. 北京:国防工业出版社,1974.

12. Svelto O,吕云仙,陈天杰,孙陶亨译. 激光原理. 北京:科学出版社,1983.

13. Tarasov L V Translated from the Russian by WadhWa,Ram S. Laser physics. MIR Moscow,1983.

14. Siegman A E. Lasers. Mill Valley,california,1986.

15. Peter W,Milonni,Joseph H E. Lasers. John Wiley & sons,Inc USA,1988.

16. Yariv A. Quantum Electronics(3rd ed). John Wiley & sons,Inc USA,1989.

17. 萨晋Ⅲ M,斯考莱 M O,兰姆 W E,杨顺华,彭放译. 激光物理学. 北京:科学出版社,1982.

18. 钱梅珍,崔一平,杨正名. 激光物理. 北京:电子工业出版社,1990.

19. 徐荣甫,刘敬海. 激光器件与技术教程. 北京:北京工业学院出版社,1986.

20. 克希奈尔 W,华光译. 固体激光工程. 北京:科学出版社,1983.